本书系国家社会科学基金重大项目“中国西南少数民族灾害文化数据库建设”

（项目编号：17ZDA158）阶段性成果

本书系2019年云岭学者培养项目“‘一带一路’视域下中国西南与

南亚东南亚综合防灾减灾体系构建研究”项目阶段性成果

本书系云南省教育厅（第八批）“云南省高校灾害数据库建设与

边疆社会治理科技创新团队”项目培育成果

本书系云南省民族宗教事务委员会2019—2020年度民族文化“百项精品”工程

“云南世居少数民族传统灾害文化丛书”项目阶段性成果

中国西南地区灾害响应与社会治理研究

周　琼◎主　编

科　学　出　版　社
北　京

内 容 简 介

本书从灾害史的角度出发，重点探讨了中国西南地区灾害响应和社会治理之间的关系。全面、系统考察各个阶段不同团体、组织及个人等主体对不同灾害类型的响应，分析产生不同响应方式的社会根源，深入探讨灾害文化的传承机制，灾害文化知识与现代科技的结合应用，考证分析当地民众生产生活实践中的灾害文化，深入剖析不同地域之间灾害响应方式与社会治理之间的内在机理，以期为我国防灾减灾救灾体系建设提供本土与现代相结合的理论指导和实践路径。

本书适合高等院校、科研机构从事历史学等专业的科研人员，以及从事环境保护和灾害史研究的相关专业师生阅读和参考。

图书在版编目（CIP）数据

中国西南地区灾害响应与社会治理研究 / 周琼主编. —北京：科学出版社，2022.11

ISBN 978-7-03-073670-3

Ⅰ. ①中… Ⅱ. ①周… Ⅲ. ①灾害 – 应急对策 – 研究 – 西南地区 ②社会管理 – 研究 – 西南地区 Ⅳ. ①X4 ②D677

中国版本图书馆 CIP 数据核字（2022）第 203118 号

责任编辑：任晓刚 / 责任校对：张亚丹

责任印制：苏铁锁 / 封面设计：润一文化

科学出版社出版

北京东黄城根北街 16 号

邮政编码：100717

http://www.sciencep.com

北京凌奇印刷有限责任公司印刷

科学出版社发行　各地新华书店经销

*

2022 年 11 月第 一 版　开本：720×1000　1/16

2022 年 11 月第一次印刷　印张：16 1/4

字数：280 000

POD定价： 98.00元

（如有印装质量问题，我社负责调换）

前　言

中国西南地区在气候、地理地貌、生态系统、民族文化构成上，都是中国乃至世界范围内最具多样性及独特性的区域，对各种生物的生存具有最佳的适宜性及利于繁殖的条件及基础。正因如此，该区域也是生态环境最为脆弱的地区，大部分山区、半山区、喀斯特地貌区，尤其是地质构造复杂、断裂发育、岩石易于破碎的风化区，其地质结构及生态系统一经破坏，就很难再恢复，生态稳定也会因之被破坏。西南山林川泽中聚居繁衍的各民族，也因此受到各种自然灾害的频繁威胁，防灾、减灾、避灾、救灾成为各民族生产劳动及日常生活的主要内容之一。在长期与自然灾害相伴相生的过程中，各民族积累了丰富的防灾、减灾、避灾、救灾经验，在各种经验的传承及实践中，适宜于各民族地区自然灾害的预防、救治及躲避灾害侵袭、减轻灾害损失的文化逐渐产生，并代代相传，成为各民族传统文化的有机组成部分。

一、中华民族优秀传统文化的传承研究是学术研究服务国家战略的途径

西南少数民族地区经过漫长的历史发展及融合交流，形成了大杂居、小聚居的民族分布格局，西南民族发展史实际上就是一部西南各民族逐渐成为中华民族多元一体格局组成部分的历史。西南地区自然灾害多发，地质灾害、气象灾害、生物灾害尤为突出。各民族在共同开拓、建设家园的历史过程中，不断与各种自然灾害做斗争，逐步形成不同的灾害防范、应急、拯救等方法及传

统，并在各民族的交往交流交融中取长补短，逐渐完善，进而在各民族与自然共处、战胜灾害的过程中发挥了积极作用，成为中华民族优秀传统文化的有机组成部分。

2017 年 1 月，中共中央、国务院下发了《关于实施中华优秀传统文化传承发展工程的意见》，对于中华优秀传统文化所发挥的社会功能进行了详细阐述："中华优秀传统文化积淀着多样、珍贵的精神财富……是中国人民思想观念、风俗习惯、生活方式、情感样式的集中表达。"中国西南民族地区的灾害文化是中华优秀传统文化的重要组成部分，对于我国乃至南亚、东南亚国家联合防灾减灾的理论研究、区域实践及国际防灾减灾救灾体系的建设具有极为重要的意义，发掘西南各民族优秀的灾害文化，充实中华民族优秀传统文化的内涵，是目前的主要任务之一。本书对西南少数民族聚居地区的灾害情况及防灾减灾的记忆、思想、应对方式和地方性知识等优秀传统文化进行初步研究，为民族政策的制定、民族团结进步示范区的建设及传承中华民族优秀传统文化事业添砖加瓦；为西南特定地质地貌区特殊灾害的防治，构筑生态安全屏障；为各民族共有精神家园和构建同呼吸、共命运、心连心的中华民族共同体，提供样本和支撑，为相关的学术研究提供助力。

本书对西南灾害文化进行的初步研究，就是要在深刻领会和把握中华民族共同体丰富内涵的基础上，增强铸牢中华民族共同体意识的历史自觉，坚持以铸牢中华民族共同体意识为主线，全面贯彻党的民族理论和民族政策，坚持各民族共同团结奋斗、共同繁荣发展的目标，推动中华民族走向包容性更强、凝聚力更大的命运共同体，为新时代铸牢中华民族共同体意识提供理论遵循和行动指南。

本书旨在保护和传承灾害文化遗产，创新各民族灾害文化的表达方式和传承路径，是深入阐发民族文化精髓、创造性转化和创新性发展各民族灾害文化核心价值的必然要求，也是推进各民族地区防灾减灾体系建设的重要工作内容，对推进边疆民族地区治理体系和治理能力现代化，不断巩固拓展脱贫攻坚成果，巩固夯实全面建成小康社会成果具有一定的促进作用。

2017 年，我们申报的国家社会科学基金重大招标项目"中国西南少数民族灾害文化数据库建设"（项目编号：17ZDA158）有幸获得立项。2019 年，项目组启动云南少数民族优秀文化保护传承和精品工程项目"云南世居少数民族灾害文化纪实丛书”调查研究项目，力图在 20 世纪 50 年代大规模民族社会历史调查的基础上，尤其是在学习、借鉴该次调查路径及方法的基础上，进行适当拓展和延续，试图通过对彝、白、哈尼、壮、傣、苗、回、傈僳、拉祜、佤、纳西、瑶、景颇、藏、布朗、布依、阿昌、普米、蒙古、怒、基诺、德昂、水、满、独龙等 25 个世居民族聚居区防灾减灾救灾的地方性传统文化和知识体系进行深入挖掘及系统研究，以铸牢中华民族共同体意识为主线，系统总结各世居民族地区可示范、可推广的防灾、减灾模式和经验，提升民族文化软实力、巩固民族团结和谐的良好局面，推进民族团结进步示范区建设，以世居民族传统灾害文化的保护传承和创新转化，进一步推进中华民族共同体意识铸牢的进程。

西南地区是全国世居少数民族最多、特有民族最多、跨境民族最多、民族自治地方最多的区域。我们要牢记习近平总书记的嘱托，争创民族团结进步示范区，巩固维护边疆民族团结进步事业，坚持各民族一律平等，依法处理民族事务，推进边疆民族地区治理体系和治理能力现代化；全面加强党对民族工作的领导，认真落实民族区域自治制度；深入实施兴边富民工程和人口较少民族脱贫攻坚、改善沿边群众生产生活条件行动计划；深入实施民族团结进步创建工程，促进各族群众全面小康同步、公共服务同质、法治保障同权、精神家园同建、社会和谐同创。梳理中国共产党成立 100 周年来、中华人民共和国建立 73 年以来西南各民族积淀深厚、内容宏富的灾害文化，寻找各民族传统灾害文化与现代文明的适应范例及转化机制，有助于探索西南少数民族聚居区灾害文化传承和社会共同体治理的内在逻辑和路径模式。

中华民族共同体意识是维护国家统一的思想基础，是促进民族团结的必要条件，是实现中华民族伟大复兴的必然要求。以科学研究及其成果的集成创新担负起新时代铸牢中华民族共同体意识的使命责任，促进各民族共同团结奋斗、共同繁荣发展，共创美好未来，就是本书研究的基本原则。换言之，本书就是在少数民族灾害文化的发掘整理及研究中，探索铸牢中华民族共同体意识的路径及方法，持续开展好学术研究，弘扬中华优秀传统文化，在国家防灾减灾体系建设中、在中华民族优秀传统文化传承工作中，发挥好智库的基本作用。

二、中国西南地区的灾害文化是中华民族共同体意识建设的组成要素

中华民族共同体是对中华民族概念的发展与深化，强调中华民族的整体性和一体性特征，是新时代中华民族发展的新特点。中华民族共同体意识是中国各族人民对中华民族和中华民族共同体的主观认知，是人民对中华民族和中华民族共同体的态度、评价和认同，是中华民族生生不息、永续发展的力量之源。

《中华人民共和国国民经济和社会发展第十四个五年规划和2035年远景目标纲要》明确指出："深入实施中华优秀传统文化传承发展工程，强化重要文化和自然遗产、非物质文化遗产系统性保护，推动中华优秀传统文化创造性转化、创新性发展""增强边疆地区发展能力，强化人口和经济支撑，促进民族团结和边疆稳定""聚焦铸牢中华民族共同体意识，加大对民族地区发展支持力度，全面深入持久开展民族团结进步宣传教育和创建，促进各民族交往交流交融"，进一步铸牢中华民族共同体意识，促进各民族共同团结奋斗、共同繁荣发展。

文化认同是民族团结进步示范区建设的精神家园，增进文化认同在促进民族团结中是长远之计和根本之举，加强社会主义核心价值观教育，树立正确的祖国观、民族观、文化观、历史观，是构筑各民族共有精神家园的重要路径。本书的研究扎根于做好民族工作要坚定不移走中国特色解决民族问题的正确道路的基本原则，让各族人民增强对伟大祖国的认同、对中华民族的认同、对中华文化的认同、对中国特色社会主义道路的认同。

人类命运共同体理念倡导文化交流、互鉴、共进，是中华优秀传统文化追求和平、和谐、大同世界的精神实质，推动中华优秀传统文化走出去是构建人类命运共同体的钥匙。本书旨在弘扬民族精神，传承各少数民族优秀传统文化，铸牢中华民族共同体意识。本书的相关研究将集中呈现民族学、人类学、历史学、社会学、管理学、哲学等学科的最新研究成果，力图在推进中国特色哲学社会科学学科体系、学术体系建设和创新，加快构建全方位、全领域、全要素哲学社会科学体系过程中发挥积极作用。我们项目组一直强调实证研究的原则，力图做出具有学科交叉渗透、各种创新要素深度融合的研究成果，在不

同问题的研究中提出具有鲜明的问题意识和创新意识，体现创新学术思想、独到学术见解的观点。

本书的研究是在深入学习贯彻党的二十大精神和习近平新时代中国特色社会主义思想、全力推进新时代防灾减灾救灾事业创新发展的原则展开的，以人类命运共同体理念为指导，集中反映中国西南少数民族地区经济、政治、文化、社会、生态等方面取得的成就及防灾、减灾、救灾的史实和经验，力图推动西南少数民族地区自然灾害治理的深度变革，增强各类防灾、减灾、避灾、救灾活动的协同性，促进灾害数据信息的共享和政策协调，为筑牢中华民族共同体思想和理论基础服务。

文化是人们灵魂深处的存在，要加强对中华民族共同体的认同，促进民族大团结。20世纪50年代，中央为全面了解我国少数民族生产生活情况开展了民族识别工作，有关部门开展了少数民族社会历史调查，留下了大批反映我国少数民族社会历史基本情况的珍贵资料，为党和国家制定民族政策、解决民族问题提供了重要依据，也为民族理论的丰富发展做出了重要的历史贡献。中华人民共和国成立以来，我国社会主义革命、建设和改革的实践历程以及所取得的辉煌成就证明，党的领导是中华民族一切事业成功的关键和根本。本书在学习、借鉴20世纪50年代大规模少数民族社会历史调查成果的基础上，将调查对象有针对性地集中在少数民族村寨。力图通过调查研究，深入分析当代西南少数民族社会经济变迁与灾害风险防范的关系，为新时期党和国家民族研究及民族工作提供参考，从民族团结的实践维度促进西南各民族文化的繁荣发展。

本书选取西南少数民族极具代表性的村寨进行田野走访调查，搜集灾害文化的相关信息及资料，为西南民族社会历史调查积累经验。作为中国高校首次根据国家社会科学基金重大项目的研究，持续组织开展防灾、减灾、救灾文化的调查，是西南灾害史及民族文化史研究中极为有益的开拓和尝试。在西南少数民族的传统文化中，有许多关于灾害的族群记忆，如在各民族的神话传说、村规民约中，灾害认知经过历史的沉淀，散见于各民族地区官方及民间文献之中，尤其是通过口耳相传及各种途径保留下来的图像资料和象征性的符号史料，是各民族在长期生产生活中遗留下来的宝贵财富，对民族灾害文化的文本解读与信息转化具有重要作用，有助于西南少数民族社会历史文化的研究成果积极主动融入国家防灾、减灾、救灾体系建设的战略，更好地服务“民族团结进步示范区”的建设。

中华民族共同体意识是国家统一之基、民族团结之本、精神力量之魂。弘扬少数民族优秀传统文化，传承世居民族灾害文化的丰富内涵，牢牢把握铸牢中华民族共同体意识的主线，是增进各民族成员对中华民族这一共有身份的认同，是多谋长远之策、多行固本之举和推进民族团结进步示范区建设的关键环节。因此，推进西南少数民族地区对防灾减灾的本土生态智慧的挖掘和传承，有助于增强各民族对中华民族的认同感和自豪感。

中国西南少数民族本土化的防灾、减灾知识体系，尤其是民间传统知识的运用，共同塑造着各民族的灾害观和文化观。各民族灾害叙事和防灾、减灾、救灾的文化记忆，内涵丰富、特点鲜明，是新时代汇聚起构建人类命运共同体的文化合力。在铸牢中华民族共同体意识视域下进一步深化对西南少数民族灾害应对方式和救灾经验总结的系统认知，有助于累积多民族文化共生的能量场，推动建构多民族国家的和美境界。

西南地区各民族和谐、交融的历史进程与实践路径，是中华民族多元一体格局产生、发展、形成的缩影与表现，铸牢中华民族共同体意识关乎国家团结稳定、社会和谐和中华民族的伟大复兴。在与灾害斗争的实践中，团结互助的精神为中华民族战胜灾难提供了强大的精神动力。充分挖掘西南少数民族面对灾难时所展现的优秀精神品质，使中华民族铭记灾难的悲惨记忆，延续中华民族勇于抗争的伟大精神，筑牢防灾、减灾、救灾的人民防线。在开展民族团结进步示范区建设的过程中，大力传承和弘扬中华民族优秀的传统灾害文化，总结出可复制、可推广的防灾、减灾模式和经验，有助于提升民族文化软实力，继续巩固民族团结和谐的良好局面，加快推进民族团结进步示范区建设，并为丰富中国特色解决民族问题的正确道路的理论与实践做出理论探索和实践指引，助力铸牢中华民族共同体建设的伟大事业。

三、中国西南地区的灾害文化是南亚、东南亚防灾、减灾、救灾体系建设的桥梁

中国西南少数民族聚居区的自然灾害在表现形态、类型、特征、规律、趋势及原因等方面都具有显著的独特性，决定了西南少数民族地区灾害文化的特殊性、多样性，决定了西南地区自然灾害应急管理需要一定的前瞻性，尤其是

要具备预测、预警及预防的能力和效力，要求各民族对自然灾害应急管理及其防范提出新思路、新方法。本书的研究，旨在根据西南少数民族地区自然灾害的历史状况及其现当代应急管理的重要性和特殊性，研究各民族防灾、救灾、避灾的具体经验及实践成效，总结西南少数民族地区自然灾害应急管理的主要做法、成功经验，为新时代西南少数民族地区加强自然灾害的应急管理、提高灾害风险防范水平提供思考和建议。

本书以西南少数民族尊重自然、爱护自然的生态观念、生态伦理、生态行为及灾害文化为出发点，对源于各民族生活实践的认识观、适应环境的和谐观、适度开发的发展观、天人合一的生态伦理观和灾害认知进行深入探究，通过田野调查广泛收集各世居民族的传统灾害文化，对各民族口耳相传的灾害文化进行采访和辑录，抢救性地发掘和保护各民族优秀的传统灾害文化，探索西南少数民族聚居区灾害文化传承的实践路径，推进西南少数民族聚居地区灾害文化和生态文明建设的实践经验及示范作用，加强西南少数民族灾害文化遗产保护和生态文明建设的理论经验的总结，推动各民族传统灾害文化创造性转化、创新性发展。

“南方丝绸之路”“茶马古道”是中国西南进入南亚、东南亚地区的重要通道和便捷枢纽，并见证了千百年来中国与南亚、东南亚之间的商贸往来与文化传播的印记。时至近代，“滇越铁路”“滇缅公路”“中印公路”“驼峰航线”的相继开辟和融通，促进了中国与南亚、东南亚在经济和文化领域的交流，并编织起更加紧密的共同利益网络。因此，建设中国与南亚、东南亚防灾减灾体系，有助于推进中国和南亚、东南亚防灾、减灾从应对单一灾种向综合减灾转变、从减少灾害损失向减轻灾害风险转变，更是“一带一路”建设过程中践行人类命运共同体理念、引领人类社会走向生态文明的新方略。本书的研究力图为中国与南亚、东南亚各国在生态环境保护和地方性防灾、减灾、救灾领域的深层次交流与跨国协同合作中，在构建跨国际跨地区的灾情灾报体系、灾害应急救援体系及灾后协作重建体系中，做出力所能及的贡献，为维护中国及南亚、东南亚各国防灾、减灾、救灾体系的共同利益提供历史经验的资鉴。

中国及南亚、东南亚各国的自然灾害呈现出跨国、跨区域的典型特征。减少自然灾害带给西南丝绸之路沿线各国造成的损失，是推动跨国际、跨区域综合性防灾、减灾合作和践行利益共同体与命运共同体理念的重要行动。中国与南亚、东南亚国家的区域安全合作，是基于国家和地区的利益共识而做出制度性的理性选择；中国与南亚、东南亚综合防灾、减灾体系的构建，对维系南方丝绸之路沿线国家和地区区域安全格局具有重要的保障作用。在国际防灾、减灾、救灾体系建设的过程中，对南亚、东南亚国家和地区自然灾害成因、规律及应对方式进行准确的研判，从各民族的传统灾害防治智慧中吸取防灾、减灾、救灾的养分，为我国制定"一带一路"沿线国家安全体系提供重要参考。这是符合中国—东盟"命运共同体"的战略合作及发展目标的科研项目，能够为全球气候变化背景下中国与南亚、东南亚综合防灾、减灾的现实需求提供决策支撑。

这些研究成果的陆续出版，是在探索西南少数民族地区防灾、减灾、救灾实践案例、总结经验，明晰西南少数地区防灾、减灾、救灾的历史及当前发展状况中形成的初步成果，为党和政府制定民族地区的相关政策提供参考，在中国与南亚、东南亚的跨国防灾、减灾、救灾体系构建中，发挥中华民族优秀传统文化的辐射力、影响力，并在全球防灾、减灾体系的构建中，承担大国责任、发挥大国灾害文化深厚的凝聚力。

目　　录

第一章　昭通彝族的灾害认知研究

昭通地区是彝族的发源地之一，位于昭通市昭阳区旧圃镇境内的葡萄井是彝族“六祖分支”之地（也有说在巧家县境内的堂狼山），后来人口增加才分往各地。直至雍正朝在乌蒙地区“改土归流”之前，彝族一直是这一地区的世居民族。[①]现昭通市境内彝族多与其他民族杂居，一个村内既有彝族，也有汉族、苗族等民族，其分布特征呈现出大杂居、小聚居的局面。

通过对昭阳区小龙洞回族彝族乡的宁边村[②]、旧圃镇三善堂村[③]、彝良县奎香苗族彝族乡寸田村[④]、镇雄县果珠彝族乡高坡村[⑤]4个彝族村寨实地调研，我们发现昭通市境内的多数彝族村寨已经不再说彝语。甚至1958年的社会调查就已发现昭通许多地方彝族已不再使用彝语交流，如“彝良梭戛彝族，以汉语为通用语言，本民族的语言很久不使用，无论在家庭生活中或社会生活中，都更

---

* 本章由国家社科基金重大项目“中国西南少数民族灾害文化数据库建设”（项目编号：17ZDA158）成员谢仁典的中期研究成果《生境、生计与灾害文化：昭通彝族灾害认知与传统节日中的禳灾仪式》改编而成。

① 陈本明，傅永祥编著：《昭通彝族史探》，昆明：云南民族出版社，2001年，序，第3页。

② 小龙洞回族彝族乡宁边村位于云贵边境海拔2600多米的高寒山区，主要有汉族、彝族和苗族。

③ 旧圃镇三善堂村位于昭通坝区，此地彝族亦与汉族杂居，其中小寨子是彝族聚居的寨子，彝族文化保持相对较多，但亦不再说彝语。

④ 奎香苗族彝族乡寸田村亦是位于云贵交界的彝族村，其中后山彝族自然寨是彝良县境内唯一一个也是本次调查中唯一一个还在说彝语的寨子，寨内有一位省级文化传承人。

⑤ 果珠彝族乡高坡村位于镇雄县东北面的山区半山区，是一个彝族聚居村寨，镇雄县仅存的两个比较有名的毕摩之一便在高坡村。

多时习惯使用汉语”[①]。且代表彝族文化传承人的彝族毕摩，除了镇雄县还有两个比较有名的毕摩[②]以外，其他两个地区都已经没有毕摩，即便是现在还在说彝语的彝良县奎香苗族彝族乡寸田村后山彝族自然寨也没有了。据《彝良县志》载：“1950 年前，县内有金、禄、王几个毕摩，最后 1 个比摩是梭嘎的禄毕摩，于 1988 年去世。”[③]当需要毕摩时，当地村民只好从四川凉山或者贵州威宁请来。毕摩是彝族村民生产生活中很多活动的主持者和彝族文化的传承者，没有了毕摩，很多活动都难以进行，一些传统文化亦因此而丢失。而彝族先民对灾害的认知和应对根植于传统文化中，由此而形成的应对灾害的经验和教训是彝族人民集体智慧的结晶，也是留给后人宝贵的精神财富。因此，笔者在收集文本资料的基础上，结合田野调查来探讨昭通彝族人民在长期应对各种灾害的过程中所形成的灾害认知，同时亦期借此能为后人存史。

生存环境上的差异，不仅决定着人们生计方式的不同，也导致人们所面对的主要灾害类型及所采取的主要应对措施存在差异。为了更好地探讨不同生存环境之间的此种差异，下面我们先介绍昭通彝族的地理环境与农业生产。

第一节　地理环境与农业生产

一、地理环境

昭通曾是巴蜀入滇的重要门户，享有“锁钥南滇，咽喉西蜀”之称。境内地势西南高、东北低，高差大，最高海拔达 4040 米，而最低海拔只有 267 米，高差达 3773 米，平均海拔 1685 米。[④]虽然高山低谷纵横交错，河流众多，全境大小河流共 393 条[⑤]，如金沙江、牛栏江、洛泽河、白水江、昭鲁河等，但分布有不少的坝区，如昭通坝区[⑥]、鲁甸坝区、镇雄坝区等。

---

① 陇永志编著：《昭通彝族》，内部资料，2005 年，第 54 页。

② 注：镇雄县花山乡小米地村的 ZYX 和果珠彝族乡高坡村的 XMQ，因两人懂彝语，所以多次到贵州威宁和四川凉山学习。

③ 彝良县志编纂委员会：《彝良县志》，昆明：云南人民出版社，1995 年，第 621 页。

④ 昭通地区地方志编纂委员会：《昭通地区志》，昆明：云南人民出版社，1997 年，第 62 页。

⑤ 昭通地区地方志编纂委员会：《昭通地区志》，昆明：云南人民出版社，1997 年，第 64 页。

⑥ 注：坝子即山间小盆地。

从笔者对昭阳区、彝良县和镇雄县境内的彝族村寨调研来看，昭通彝族主要分布在山区半山区，如彝良县奎香苗族彝族乡的寸田村、镇雄县果珠彝族乡的高坡村。亦有分布于高寒山区和坝区的，分布在高山区的，如昭阳区小龙洞回族彝族乡宁边村位于海拔2600多米的韭菜坪上；分布于坝区的，如昭阳区旧圃镇三善堂村位于昭通坝区。昭通境内年均气温为6.2—21.0℃，河谷地带气温高，坝区和高山区气温低，如位于金沙江河谷地带的巧家县、永善县、绥江县、水富市年均气温分别为21.0℃、16.4℃、17.8℃、18.1℃，位于洛泽河河谷的彝良县和位于关河河谷的盐津县年均气温分别为16.9℃和17.1℃；而位于坝区的昭阳区、鲁甸县、镇雄县等年均气温分别为11.6℃、12.1℃、11.3℃，巧家县和镇雄县年均气温温差近10℃。位于高山区的昭通大山包、宁边等地年均气温仅为6.2—7.1℃，属于高寒山区。①从以上数据可以看出，昭通全境气温可以分为三个梯度：一是高寒山区，年均气温为6.2—7.1℃；二是坝区，年均气温为11.3—12.1℃；三是河谷地带（亦称热区），年均气温为16.4—21.0℃，即境内各地随着海拔的升高，气温逐渐下降。境内分为四个雨量区：一是雨量丰沛区，年降雨量在1000毫米以上；二是雨量适中区，年降雨量在850—1000毫米；三是雨量偏少区，年降雨量在700—850毫米；四是少雨区，年降雨量在700毫米以下。②而昭阳区属于雨量偏少区，昭阳区的旧圃镇三善堂村年降雨量在744.5—875.5毫米，小龙洞回族彝族乡宁边村年降雨量稍高，在950.9—1140毫米。③彝良县和镇雄县属于雨量适中区，彝良县年平均降雨量960.7毫米，呈现北高南低的特点，北部以牛街为最，降雨量达1150.5毫米，南部县城只有772.7毫米。奎香苗族彝族乡年均降雨量则为927.2毫米。④通过以上梳理可以看出，不同分布区内的气温、降水、地势地貌均存在较大的差异。正是生存环境上的这种差异，决定了不同分布区内的彝族人民在生计方式上的差异。

二、农业生产

彝族的农业生产活动开始很早，山地农业也是彝族农业经济的典型形式，

① 昭通地区地方志编纂委员会：《昭通地区志》，昆明：云南人民出版社，1997年，第68页。

② 昭通地区地方志编纂委员会：《昭通地区志》，昆明：云南人民出版社，1997年，第73页。

③ 云南省昭通市地方志编纂委员会：《昭通市志（初稿）》，1993年，第21页。

④ 彝良县志编纂委员会：《彝良县志》，昆明：云南人民出版社，1995年，第98—99页。

"彝族社会至迟在清代已进入以农耕为主、畜牧为辅的经济阶段。《皇清职贡图》载：'白罗罗……居处依山箐，或居村落……勤于耕作。'"[①]昭通彝族在高寒山区、山区半山区和坝区都有分布，因这些地区在地形地貌、气候、降水等方面存在差异，其种植的农作物亦有差别。位于高寒山区的彝族村寨，如小龙洞回族彝族乡宁边村由于海拔高（2600多米）、气温低，不适宜种植苹果和烤烟（昭通地区的两大主要经济作物），主要种植马铃薯、荞麦等耐寒作物（马铃薯3000多亩[②]，荞麦600—700亩），以及少量的玉米。而位于坝区的旧圃镇三善堂村则主要种植水稻、玉米、马铃薯等农作物和苹果。据三善堂村村民介绍："三善堂村从20世纪六七十年代就已经开始零星地种植苹果，但大面积种植始于1986年，现在全村苹果种植面积约3000亩。"位于降雨量较少的山区半山区的奎香苗族彝族乡寸田村和果珠彝族乡高坡村主要种植旱地作物，农作物有玉米和马铃薯，经济作物有板栗、核桃、烤烟等。寸田村CLX介绍说："寸田村的主要粮食作物是玉米和马铃薯，经济作物有少量的核桃。"[③]据曾在果珠彝族乡工作过十多年的LSY介绍："果珠彝族乡种有烤烟，但两个彝族村（高坡村和拉埃村）位于高地，不适宜种植烤烟，只有拉埃村种有少部分。"[④]自然地理环境因素和农作物的生物属性是决定人们选择种植农作物或经济作物类型的客观因素，而作物的产量及种植该类作物所需投入的劳动力多少亦成为人们在选择作物时考虑的因素，如高坡村杨家坪自然寨村民ZDX介绍说："高坡村之前种植水稻，到1984年、1985年后，由于种植水稻太辛苦，产量低，收入又不稳定，所以就开始改种玉米和马铃薯。"[⑤]除了种植业外，部分山区半山区还以养殖业作为生存发展的补充手段。通过梳理可以看出，分布在坝区、山区半山区、高寒山区的彝族因气温、降水、地势地貌等自然因素的差异在生计方式上存在不同。

生存环境和生计方式上的差异，决定了各地孕灾环境和承灾体的不同，从而使位于坝区、山区半山区和高寒山区的彝族人民所面对的主要灾害类型、

① 白兴发：《彝族文化史》，昆明：云南民族出版社，2002年，第135页。

② 1亩≈666.7平方米。

③ 讲述者：CLX，男，彝族，27岁，时间：2020年1月13日，地点：寸田村村委会。

④ 讲述者：LSY，男，汉族，46岁，时间：2020年1月15日，地点：镇雄县民族宗教事务局。

⑤ 讲述者：ZDX，男，彝族，52岁，时间：2020年1月17日，地点：高坡村杨家坪自然寨。

灾害认知亦存在较大差别。

第二节 昭通彝族地区的灾害类型与灾害认知

一、灾害类型

昭通境内各地彝族由于生存环境的差异，所面对的主要灾害类型亦不相同。根据地方志等相关资料及实地调研发现，昭通地区的主要灾害类型有洪涝（主要发生在河谷和坝区）、旱灾、雹灾、风灾、霜冻等气象灾害及地震、滑坡、泥石流等地质灾害。而此次调研的 4 个彝族村寨涉及的主要灾害类型有冰雹、旱灾、低温冷冻和风灾等，且各个村寨所遭受的灾害类型亦有不同。

位于坝区的，如旧圃镇三善堂村遭受最频繁、最严重的是雹灾，其次是洪涝和旱灾。三善堂村 KXB 介绍说："三善堂村基本每年都有雹灾，几乎每三年就有一次大的雹灾，主要集中在 5—9 月。"由于三善堂村种植有大量苹果，雹灾又集中发生于苹果成熟前期，"对苹果造成的损失很大，严重的雹灾可能会导致某些果农分文无收。苹果成熟期为 10—11 月，苹果若在成熟前期被砸烂，则很难卖出去。……雹灾成为三善堂村最频繁、危害最大的灾害。此外，在 2002 年渔洞水库修建之前，三善堂村的旱灾也比较严重，当时村民集体挖水沟，用水泵抽昭鲁河的水来灌溉。渔洞水库修建之后，成为三善堂村的主要灌溉水源，有效缓解了当地的旱情"。[①]民国九年（1920 年）夏，"洪水泛滥，淹没昭通东区花鹿圈、南区大闸海边、西区三善塘、洒渔河低处田 4379 亩。"[②]据《昭通地区志》统计，1918—1990 年，昭阳区共发生了 20 次旱灾。[③]现在由于渔洞水库的修建，抗旱能力得到很大提高，旱灾已不再是三善堂村的主要灾害类型。另外，苹果的大面积种植使受灾体发生了变化，加之雹灾又集中发生于苹果成熟前期，苹果对雹灾的反应更为敏感，雹灾成为三善堂村最严重的灾害。

位于高寒山区的宁边村主要的灾害类型是风灾和旱灾。据宁边村 SZC 介

---

① 讲述者：KXB，男，彝族，53 岁，时间：2020 年 1 月 10 日，地点：三善堂村村委会。

② 昭通地区地方志编纂委员会：《昭通地区志》，昆明：云南人民出版社，1997 年，第 101 页。

③ 昭通地区地方志编纂委员会：《昭通地区志》，昆明：云南人民出版社，1997 年，第 104 页。

绍："由于宁边村海拔高，地势开阔，所遭受的灾害主要是风灾和旱灾，风灾主要集中在8—9月，正值荞麦成熟季节，造成的损失较大。而冰雹灾害基本没有，冰雹主要集中在坝区。"①根据《昭阳年鉴》记载，2005年、2007年、2010年、2013年全区遭受严重旱灾，而尤以2010年最为严重，"2010年上半年，昭阳区遭受百年一遇的特大旱灾。灾情持续时间长，涉及面积广，毁损程度较深"②。2007年5月开始，小龙洞回族彝族乡"连续干旱天气给全乡农作物的种植和生长造成极大的影响，政府积极组织动员群众，协调箐门水库和段家石桥水库开闸放水，利用乡境内的一切水源，开展抗旱保苗工作"③。

位于山区半山区的奎香苗族彝族乡寸田村和果珠彝族乡高坡村是坝区和高寒山区的过渡地带，因此两村灾害类型两者兼具，主要有雹灾、霜冻、旱灾、滑坡等。据寸田村的WXC说："寸田村最主要的农作物是玉米和土豆，而对这两种农作物影响最大的灾害就是冰雹灾害，20世纪60年代发生过一次严重的冰雹灾害，玉米和土豆基本都被打烂了，没有收成，从那以后基本每年都有冰雹灾害，只是每年严重程度不一样而已。"④寸田村CLX也说道："这里冰雹灾害比较严重，基本每年都有，是最频繁的一种灾害类型。旱灾也比较严重，其他灾害则很少。"⑤据《彝良年鉴》记载，2005年、2011年奎香乡遭受严重的霜冻冰冻灾害，"2005年4月底，奎香遭遇罕见霜冻灾害，白天冰雹铺天盖地下来，正在繁花期的梨树、苹果树、花椒、核桃和开始挂果的桃树被砸得稀烂，遍地都是树叶、花絮，地里盖上厚厚的冰雹，庄稼被暴雨冲得面目全非，夜里又加了一层霜，造成林果绝收、农业减产，灾害涉及全乡8村204个村民组"⑥。2011年1月彝良县部分乡镇又遭受冰冻灾害，其中就包括奎香苗族彝族乡。"连日来，受蒙古西伯利亚强冷空气的影响，致使全县气温骤降，高二半山以上乡镇冰冻天气突出，部分乡镇不同程度受灾。据不完全统计，截

---

① 讲述者：SZC，男，彝族，42岁，时间：2020年1月9日，地点：小龙洞回族彝族乡宁边村村委会。

② 云南省昭通市昭阳区《昭阳年鉴》编辑委员会：《昭阳年鉴（2011）》，芒市：德宏民族出版社，2013年，第228页。

③ 云南省昭通市昭阳区《昭阳年鉴》编辑委员会：《昭阳年鉴（2008）》，芒市：德宏民族出版社，2010年，第76页。

④ 讲述者：WXC，男，彝族，72岁，时间：2020年1月14日，地点：寸田村。

⑤ 讲述者：CLX，男，彝族，27岁，时间：2020年1月13日，地点：寸田村村委会。

⑥ 彝良县地方志办公室：《彝良年鉴（2004—2006）》，北京：中国文化出版社，2007年，第20页。

至1月14日，已造成县内树林乡、奎香乡、龙街乡、海子乡、龙海乡、荞山乡6乡镇32个村321个村民小组8917户39 510人受灾，造成直接经济损失634.28万元。其中农业经济损失245.2万元，基础设施损失147.67万元，家庭财产损失241.41万元。”[①]可见，除了雹灾和旱灾外，霜冻灾害亦对寸田村村民的农业生产造成了很大影响。

而镇雄县果珠彝族乡的高坡村则主要是低温冷冻、淫雨、雹灾、滑坡等灾害，据高坡村村民ZM介绍说：“高坡村以前冰雹灾害比较严重，现在少很多了，基本没有了，最主要的是低温冷冻和淫雨，由于高坡村气温低、雨水多，阴雨绵绵，种的土豆都烂掉了，没有收成，最严重2018年和2019年。”[②]今年52岁的ZDX介绍说：“他长这么大至少遇到过20次冰雹灾害，印象最深刻的一次是在20世纪80年代五六月份，玉米都有人这么高了，一阵大风把玉米成片吹倒。当时正在地里挖土豆，冰雹来的时候只能用竹筐盖住头保护自己。”[③]而据镇雄县档案馆编的《镇雄县四十年自然灾害史（1950—1990）》记载，1987年5月18—23日仅6天时间，全县就发生了4次冰雹、洪水灾害，“其中严重的是雨河、南台、泼机、塘房、花鱼洞、果珠等六个区的二十九个乡、三百零五个农业社，这些地方冰雹密集，有的如鹅蛋，堆积尺余厚，使接近成熟的苞谷禾苗和快要收获的麦子及洋芋被捣毁如泥，烤烟和其他农作物就更不必说，总之，绝大部分部需要重新栽种，就像树木叶子一样落个精光”[④]。可见此次雹灾之大，损失之重。除了低温冷冻灾害外，2013年1月11日8时18分高坡村曾发生过一次严重的山体滑坡，造成14户受损，赵家沟及在滑坡点周边的曾家寨和高洞寨整体都搬迁至杨家坪安置点。访谈过程中，很多村民对此次滑坡事件记忆犹新。

从以上各地发生的各类灾害来看，主要是与农业生产息息相关的各种气象灾害，由于气温、降水、地势地貌等自然条件的差异，各地所发生的自然灾害亦有差异。高寒山区主要是风灾和旱灾，山区半山区则是雹灾、低温冷冻、旱灾、滑坡，而坝区则是雹灾和旱灾。通过实地调研及相关资料，造成损失最为

① 彝良县地方志办公室：《彝良年鉴（2011）》，北京：中国文化出版社，2013年，第28页。

② 讲述者：ZM，男，彝族，65岁，时间：2020年1月17日，地点：高坡村杨家坪自然寨。

③ 讲述者：ZDX，男，彝族，52岁，时间：2020年1月17日，地点：高坡村杨家坪自然寨。

④ 镇雄县档案馆：《镇雄县四十年自然灾害史（1950—1990）》，内部资料，1992年，第41页。

严重和最频发的灾害是雹灾、旱灾和低温冷冻三类，其他灾害则相对较少。雹灾和低温冷冻灾害涉及的地区较窄，而旱灾在高寒山区、山区半山区和坝区均有分布。

二、灾害认知

所谓灾害认知，即“民众对灾害成因、灾害风险和可减少灾害暴露与能降低灾害脆弱性之行动（个人的和集体的）等的了解程度”[①]。在人类的早期发展阶段，彝族先民将自己在生产生活中经历过的各种灾难归结于自然崇拜，从而逐渐形成了各种与灾害有关的传说和禁忌，如冰雹灾害传说、干旱灾害传说、洪涝灾害传说、地震灾害传说、蝗虫灾害传说，以及在农业生产和狩猎活动中的各种禁忌等。

一是干旱灾害传说。果珠彝族乡高坡村的XMQ说：“传说有彝族两兄弟到山上开荒，结果第二天再到山上时，发现昨天开垦的荒地恢复了原样，于是他们继续开荒，等到第三天再上山看的时候，开垦好的地又恢复了原样。他们觉得很奇怪，第四天他们便带着饭和睡席到山上住，想看看究竟是怎么回事，等到晚上时有个老翁告诉他们这块地不能开垦……如果开垦，不仅会害了他们自己，也会害了其他人，会引起干旱，导致他们没有水喝，于是他们没有再挖那块地。”[②]这一传说从侧面反映出开荒与干旱的关系，过度毁林开荒，没有树林涵养水源，导致地下水枯竭，从而引发干旱。这虽然是一种传说，但在客观上起到了保护水源的作用。

二是蝗虫灾害成因认知。彝族火把节的由来众说纷纭，据镇雄县果珠彝族乡高坡村 XMQ 的说法，远古时期，彝族人民勤劳勇敢，开垦荒地，种的庄稼收成很好，招来了蝗虫。为了消灭蝗虫，彝族人民用火把蝗虫烧死，保护了庄稼，火把节就是为了纪念这个日子。

从以上梳理可以看出，彝族人民对各类灾害有着独特的认知，这种灾害认知是彝族人民认识世界的重要内容之一。现在看来，“这些根植于信仰、禁忌等文化因素中的灾害观念，一方面可能会导致不积极和不恰当的灾害应对态度

---

① 转引自孙磊，苏桂武：《自然灾害中的文化维度研究综述》，《地球科学进展》2016 年第 9 期，第 907—908 页。

② 讲述者：XMQ，男，彝族，71 岁，彝族毕摩，时间：2020 年 1 月 17 日，地点：高坡村纳支寨。

与行为；但另一方面，也可能对促进人们适应灾害存在积极影响……对于那些在困境中缺少足够能力和资源来调解生活和心理压力的民众来说，带有宿命论的灾害观念恰是他们在文化和心理上对灾害做出的适应”①。另外，在人类发展的早期阶段，由于生产力低下，在与自然斗争的过程中，人类处于被动，过度依赖自然，对各种自然力产生了崇拜和敬畏之心，于是将各种自然力量加以神化，但这真实地反映了早期人类对自然的认知，同时也是彝族人民敬畏自然的体现。

实践决定意识，意识亦反过来指导实践，由于对灾害的这种独特认知，为了避免各类灾害的发生，彝族人民在日常生产生活中逐渐形成了各种各样的禁忌，其中有许多有利于保护生态环境的禁忌。如禁止砍伐龙潭周边的林木，禁止在龙潭旁边洗脸、洗衣服、大小便等，这在客观上对于涵养水源、保护水源可以起到积极的作用。这些禁忌有利于保护野生动物，维护生态平衡，对于今天保护生态环境亦有着积极的促进作用。

彝族这种根植于民间信仰中的灾害观念及由此形成的应对方式，在长期发展中逐渐演变成了传统的民俗活动和传统节日，如白龙会、火把节等。

第三节　火把节与灾害认知

在彝族诸多的民间习俗和传统节日中，火把节是重要内容。下面以彝族各地盛行的民俗活动——火把节为例，具体分析其与灾害认知之间的关系。

火把节是彝族人民最为隆重的传统节日，是彝族的文化符号，过节时间是每年的农历六月二十四日。虽然各地彝族在过火把节的具体细节上稍有差异，但节日的内涵却是一样的。有关火把节的由来众说纷纭，朱文旭在《彝族火把节》一书中认为：“其真正的来源乃是彝族先民对火的崇拜。”②另一说法则是消灭蝗虫说。对此，笔者认为两者并不冲突，其最深层的根源是彝族先民对火的崇拜，而用火赶走蝗虫，保护庄稼，是彝族先民用火和对火的作用认识的

① 转引自孙磊，苏桂武：《自然灾害中的文化维度研究综述》，《地球科学进展》2016 年第 9 期，第 908 页。

② 朱文旭：《彝族火把节》，成都：四川民族出版社，1999 年，第 2 页。

具体体现，是火把节形成的关键节点。

因此，彝族先民对火的崇拜是火把节形成的根本，是最深层次的原因，而先民用火消灭蝗虫、保护庄稼，让人们免于饥荒。这对于火把节成为彝族传统节日的形成、强化彝族的火崇拜理念，起到了重要的推动作用，是节日文化形成的重要原因。所以，为了纪念先民的这一功绩，每年的农历六月二十四日，男女老少都举起火把，走向田野，驱赶虫害，这对于火把节的形成起到了重要的推动作用，是火把节形成的重要原因。

火把节通常为三天，前两天最为热闹和隆重，活动内容众多，而各家各户举着火把驱赶虫害是最重要的内容之一。从前文彝族火把节的由来传说及过火把节时所念的文字可以看出，彝族地区历史上曾经遭受过重大蝗灾，而火把节不仅是他们纪念祖先灭蝗功绩的节日，也成为他们祈祷消灾及祈福的重要精神寄托。

本 章 小 结

昭通境内各彝族地理环境和农业生产上的差异，导致孕灾环境和承灾体亦不尽相同，各分布区所遭受的主要灾害类型也存在差别。高寒山区主要遭受的灾害类型是风灾和低温冷冻灾害，坝区则主要是雹灾和旱灾，而山区半山区作为高寒山区与坝区的过渡地带，兼具两地的灾害类型，而旱灾在境内各个彝族地区均有分布。

由于长期遭受各类灾害的影响，彝族先民在应对各类灾害的过程中，逐渐形成了与之相适应的文化现象。我们可以通过对这类文化现象的分析来探讨彝族人民的灾害认知与灾害观念，并由此来理解当地彝族人民所采取的各种灾害应对措施中的文化内涵。在人类发展的早期阶段，由于生产力低下，对各种自然力产生了崇拜和敬畏心理，故面对各种自然灾害时，彝族先民多将其归结于自然崇拜等。

第二章　西盟县翁嘎科镇龙坎村雷击灾害活动研究

我国佤族主要聚居于云南省西南边境的阿佤山地区，他们在长期应对各类灾害的过程中逐渐形成了独具特色的传统文化，这是表达佤族人民世界观、人生观、价值观的重要载体。雷灾消灾活动是佤族聚居区诸多灾害祭祀中的一种重要类型，也是反映佤族人民精神活动的重要媒介。

西盟县翁嘎科镇龙坎村位于云南省西南边境，以南卡江为界与缅甸隔河相望，气候炎热多雨，每年雨季长达5个月。①其所处环境海拔较高，雨季长，雨量大，导致下垫面潮湿地多；地势较开阔，且地底下储藏有矿物，独特的自然地理条件成为龙坎村雷灾相对多发的重要原因之一。②加上当地防雷措施相对缺乏，村民防雷意识较为淡薄等原因，使其成为一个雷击灾害频发区。

本章以西盟县翁嘎科镇龙坎村为例，试图通过对该地区雷灾消灾活动的研究，探讨佤族人民对雷击灾害的认知与应对方式，以及这一应对方式给当地民众生产生活造成的影响。

---

* 本章由国家社科基金重大项目“中国西南少数民族灾害文化数据库建设”（项目编号：17ZDA158）成员谢仁典的中期研究成果《云南佤族雷击灾害祭祀浅析——以西盟佤族自治县翁嘎科镇龙坎村为例》改编而成。

① 全国人民代表大会民族委员会办公室：《云南省西盟卡瓦族社会经济调查报告》，1958年，第121、162页。

② 龙坎村戈斗组的金矿点是西盟佤族自治县的主要金矿分布点之一。

第一节 龙坎村雷击灾害概况

由于龙坎村雷击灾害零星分散，鲜有相关的文献记载，本文通过实地调查和口述访谈的方法在龙坎村收集第一手资料，发掘和整理出了近60年来龙坎村的几次典型雷击灾害，具体如下：

龙坎村戈斗下组村民XAG说：

1963年，戈斗片区永厅寨（现龙坎村戈斗组）发生火灾。这次火灾是由雷击引起的，发生在晚上八九点，当时下着小雨，火灾持续了一个小时左右。这次火灾共烧毁了20多个粮仓，但没有造成人员伤亡，也没有房子被烧毁（当地粮仓建在远离住宅的村寨周边）。①

据龙坎村戈斗上组村民AML介绍：

2002年，由于雷击中电线，导致家住学校旁边的一个老师受伤住院。②

而西盟县气象局的LML介绍：

翁嘎科镇的龙坎村是雷击灾害发生的典型区域。2008年2月20日，西盟佤族自治县翁嘎科乡③龙坎村靠来组发生了一起2死7伤、电力设备损失达15万元、大量家用电器被损坏的雷击事故，这是近几年西盟境内发生的较为典型的一次雷击灾害事故。此次雷击事故，是雷电击中高压线路后形成闪电电涌（高电位），沿着电源线路侵入龙坎村靠来组各家各户室内造成的。④

龙坎村AQ也说：

2005年8、9月，龙坎村英布龙上组，一个22岁的男子到地里打农药

---

① 讲述者：XAG，男，佤族，66岁，原龙坎村干部，时间：2019年1月26日，地点：龙坎村戈斗下组，访谈人员：谢仁典、陈金龙、李天玲。

② 讲述者：AML，男，佤族，74岁，龙坎村戈斗上组村民，时间：2019年1月26日，地点：龙坎村戈斗上组，访谈人员：谢仁典、陈金龙、李天玲。

③ 2012年翁嘎科乡撤乡设镇。

④ 讲述者：LML，男，拉祜族，31岁，时间：2019年1月22日，地点：西盟佤族自治县气象局，访谈人员：杜香玉、何云江、魏进华、魏丽梅。

时下着大雨，他跑到窝棚里面躲雨就被劈死了。

另外，2010 年五六月某天晚上 10 至 11 点，龙坎村靠来上组和中组发生雷击灾害事件，造成两人死亡。其中一人是靠来上组人，男，56 岁，原因是晚上没有拉闸；另一人是靠来中组人，女，32 岁，原因是起来拔电视插座。当时的房子都是空心砖房，没有安装避雷针。①

访谈过程中 AQ 对造成两人死亡的这一雷击事件发生的具体时间记得并不清楚，而其他几个访谈对象均表示这次雷击事件是近十几年来最严重的一次，说明此次雷击灾害事件应该发生在 2010 年以前。另外，从 LML 和 AQ 所描述的 2008 年和 2010 年雷灾事件的受灾情况亦可推断，AQ 所说的 2010 年的雷击事件与 LML 所说的 2008 年雷击事件应是同一事件。

虽然以上雷击事件的例子只是通过部分访谈者口述获取的资料，但足以看出龙坎村是一个雷灾多发区，且受灾程度较为严重。此外，从 AQ 所描述的两次雷击灾害发生时受害人的活动情况可以看出，当地村民的防雷意识仍然很淡薄，这是这一地区屡发生雷击灾害的另一个原因。

第二节　龙坎村雷灾活动形成的原因

根据 1958 年的《云南省西盟卡瓦族社会经济调查报告》，龙坎村“以永不灵寨建寨最早，但据说也只有 7 代，其余的 9 个寨子，都是从永不灵先后分出去的”②，若一代人按 20 年计算，到 1957 年为止，龙坎村建寨已有 140 年的历史。由此可以推算龙坎人生活在这一雷灾频发区至今已有 200 年左右。

在 1950 年以前，位于中缅边境的佤族聚居区仍处于社会发展早期阶段，与外界交流较少，所以有关龙坎村建寨以来的雷灾情况的文献资料基本没有，直至 20 世纪初，才出现了“撒拉文”（旧佤文）。可见在 200 年左右的时间里，龙坎村究竟发生过多少次雷灾，具体受灾情况如何，我们难以统计。但不可否认的是，频繁的雷灾给他们造成了精神上的极大恐慌。

谈及此事时，XAG 明显表现出一种不安的心理，足见频繁的雷灾给他们带

① 讲述者：AQ，男，佤族，51 岁，龙坎村人，时间：2019 年 1 月 25 日，地点：龙坎村村委会，访谈人员：谢仁典、陈金龙、李天玲。

② 全国人民代表大会民族委员会办公室：《云南省西盟卡瓦族社会经济调查报告》，1958 年，第 161 页。

来的伤害之大，以及他们在面对雷击时的恐惧与无助。这种恐慌心理是促使他们不惜一切代价来举行盛大消灾活动的一个重要动因。

另外，我国佤族是一个从原始社会直接过渡到社会主义社会的民族，其生产生活方式和社会经济发展比内地其他地区相对缓慢，导致部分地区的民众对于雷灾这一自然灾害没有形成科学的认识。

可见，虽然现代先进的医疗技术能把他们身上的伤病治好，但他们内心的恐惧仍然挥之不去，只有借助这种消灾活动才能消除他们内心的恐慌，并在一次次的活动中，这种灾害认知不断得到强化和传承，这是该地区雷灾消灾活动形成并得到延续的另一个重要原因。

最后，在人类社会的早期阶段，普通都存在自然崇拜的现象。西盟县佤族是一个普遍信仰万物有灵的民族，在他们的认知中，只有通过虔诚的消灾活动才能减少灾祸、远离灾祸。即将一些自然现象作为解释各种灾害发生的原因，体现了佤族人民在人与自然关系中的灾害伦理观，这才是龙坎村雷灾消灾活动仪式形成的最深层次、最根本的原因。

第三节　雷灾消灾活动得以延续的原因

龙坎佤语中的“du sha”即雷击的意思。他们对雷击事件的独特认知，主要通过隆重繁杂的雷灾消灾活动体现出来。雷击中不同的物体，其具体的消灾过程也略有不同。

从以上描述可以看出，即使是三十几岁的年轻人，对消灾过程中的各种认知也是十分清晰和明确的，这种认知除了源自佤族的原始宗教信仰外，也与当地长期以来社会生产发展缓慢和基础教育缺乏有很大的关系。直至中华人民共和国成立前夕，这一地区仍然处于人类原始社会发展的早期阶段，社会生产相对内地其他地区发展缓慢一些。

在教育方面，虽然清末曾在今西盟县境内创办过一所土民简易识字学塾，但影响极其有限，难以普及至基层民众。“历经清末民国 40 余年，境内断断续续开班 9 个班次，没有办成一所学校，直到 1952 年全境解放时，学校教育几乎一片空白。”①基础教育的欠缺成为他们难以对雷电这一自然现象形成科学认识。直至中华人民共和国成立后，这一地区的基础教育才逐步发展起来。但雷灾消灾活动是在长期的社会发展中逐步形成的，一时难以改变。

另外，消灾活动能延续至今的一个重要原因是当地较低的建房成本。当地的房子结构简单，易于修建，当地木材资源丰富，可以就地取材。且在建房时，当地仍保留着“寨人送竹子、茅草，亲友送米、水酒等原始互助”②。房子基本上都能在当天建好，所以说较低的建房成本亦是这一消灾活动能够延续的重要原因。

从龙坎村繁杂的雷灾消灾活动过程可以看出，村民认为雷击是给他们带来各种灾祸的原因。但同时也从侧面反映出，这一地区长期以来频繁遭受雷击灾害，对他们造成了重大的伤害和损失，成为难以摆脱的痛苦，进而导致面对雷击时出现恐惧心理。而在没有形成有效的防雷击措施和应对方式时，他们唯一能做的就是通过消灾活动来获得心理安慰。③这一活动成为抚平他们心理创伤的重要方式和精神寄托，所以尽管生活再艰难，他们也不惜花费巨大的财力、物力和人力来举行如此重大的活动。

第四节　雷灾消灾活动的功能及其影响

雷灾消灾活动在维系村落稳定、促进村民团结等方面发挥着意想不到的作用，有着重要的地方性功能，主要体现在以下三个方面：

一是心理功能，即寻求心理上的安慰。从消灾的具体过程可以看出，在这一活动中，村民之所以愿意耗费庞大的财力来举办这一消灾活动，以及愿意虔诚地恪守消灾活动中种种繁杂的规定，其最主要目的就是表达他们的诚意和敬畏。在他们的观念中，这一活动能达到消灾祈福的目的，消除内心的恐惧感，获得心理上和精神上的安慰。

二是社会功能，即促进寨内村民的团结。雷灾消灾活动虽是受灾户主办

① 岩再：《西盟佤族自治县概况》，北京：民族出版社，2008 年，第 172 页。

② 全国人民代表大会民族委员会办公室：《云南省西盟卡瓦族社会经济调查报告》，1958 年，第 147 页。

③ 赵富荣：《中国佤族文化》，北京：民族出版社，2005 年，第 253—254 页。

的，但却是全寨村民都会参加的集体性活动，通过这一活动，可以树立一个村寨对外的整体形象，给村民以一种群体的归属感，有利于促进村寨内部的团结，提高民众的凝聚力。

三是佤族伦理道德的教化与传承的功能。这一活动是全寨村民聚在一起的好机会，活动主持者通常会借助这一机会来向村民宣传佤族的各种传统伦理道德。此外，这一活动过程本身就是佤族各种传统伦理道德展现的过程，这对于参加者来说亦可起到宣传教化的作用。所以说这在一定程度上可以传承延续佤族传统伦理道德，同时教化和警醒村民的道德行为规范。

从雷灾消灾活动的过程可以看出，其带来的影响是多方面的，既有消极影响，也有积极影响。

虽然在雷灾消灾活动中，各种讲究繁多，且多数带来的是消极影响，但亦有起到防灾减灾作用的效果，如被雷击中的房子不能再住人，必须选择其他地方另建房子，这一讲究虽然造成了一定的浪费，但却搬离了雷击点，避免雷击再次发生，这在一定程度上亦起到了减灾的作用。

本章小结

龙坎村雷灾消灾活动是当地佤族人民在与自然长期相处过程中形成的一种独具地方和民族特色的文化现象，对村域的经济社会发展产生了很大影响。随着历史的推进，这种文化的部分内容已不适应地方社会经济的发展，应对其内容进行取舍。因此，相关部门亟须加强雷击灾害的宣传工作，引导当地村民正确认识这一自然灾害。

另外，亦需加强当地的防雷设施建设，向民众宣传基本的防雷方法与措施，提高民众的防雷能力，从而减少雷击灾害给当地村民带来的经济损失及心理上的恐慌。

第三章　布朗族聚居区茶叶虫害与应对——以景迈山芒景村为例

茶树种植在我国已有上千年的历史。我国地域辽阔，各地也形成了不同的茶树种植模式。在长期的茶树种植中，各族人民积累了丰富的经验。无论是茶树的培植、茶叶的采摘，还是种茶采茶中所遇到的各种风险灾害，各族人民都有自己的应对路径。

澜沧拉祜族自治县芒景村作为一个主要依靠茶生产生活的布朗族村社，在茶树种植中形成了具有民族性和地域性的茶树应灾模式。学术界也对这种茶树应灾模式进行了研究。郭静伟从文化的角度对景迈山布朗族面对病虫害发生所采取的本土化应对方式进行了分析思考。①录丽平等通过对景迈山古茶园病虫害的种类、范围、危害程度等方面的调查，发现景迈山古茶园病害有十种，虫害则有十六种之多，作者也根据自己的调查，提出了多项建议。②仝佳音等通过对景迈山古茶园的调查，分析总结了此地茶树所易发生的病虫害，并指出古茶园病虫害的频繁发生与古茶园原有的生态系统被人类破坏有着密切联系。③

* 本章由国家社科基金重大项目“中国西南少数民族灾害文化数据库建设”（项目编号：17ZDA158）成员胡广杰的中期成果《布朗族聚居区茶叶虫害与应对——以景迈山芒景村为例》改编而成。

① 郭静伟：《文化防灾的路径思考——云南景迈山布朗族应对病虫害的个案探讨》，《原生态民族文化学刊》2019 年第 2 期。

② 录丽平等：《云南景迈古茶园病虫害调查及其防治》，《安徽农业科学》2014 年第 34 期。

③ 仝佳音等：《云南景迈山古茶资源现状的调查与分析》，《安徽农业科学》2015 年第 5 期。

尽管目前学术界对景迈山的茶树病虫害已有关注，但可以看出，目前研究成果相对较少。笔者利用实地调研访谈和资料查询的方法，在前人研究的基础上，以景迈山芒景村应对虫灾的路径方式为案例，探讨布朗族人民应对虫灾所形成的少数民族防灾减灾模式，力求为构建少数民族防灾减灾体系提供借鉴。

第一节　芒景村茶树种植历史

景迈山芒景村位于云南省普洱市澜沧拉祜族自治县城的南部，距县城勐朗坝约 80 千米，地理坐标为东经 99°59′14″—100°33′55″，北纬 22°08′14″—22°13′32″。全村下辖芒洪、芒景上寨、芒景下寨、翁基、翁哇、那耐 6 个村民小组。截止到 2019 年底，芒景村共有 712 户，2897 人。芒景村的山脉由西向东延伸，地势西北高，东南低。最高海拔 1500 米，平均海拔 1400 米，年平均气温 18℃。北邻景迈傣族村，东南邻西双版纳傣族自治州勐海县，西邻糯福乡。景迈山芒景村有全国乃至世界上保存最完整、人工种植面积最大的上亿亩古茶园之一。这里有茂密的原始森林、珍贵的野生药材和各种各样的鸟兽。它一直是人与自然和谐发展的宝地。

芒景村布朗族茶树种植有着悠久的历史，笔者了解到，芒景村布朗族苏国文老师根据村寨老人们生前所提供的有关芒景村古茶园种植的线索，曾亲自到缅甸的布朗族聚居区进行考证、资料搜集，结果显示，芒景村茶树种植距今大概有 1800 年的历史，可以说，布朗族人民与茶有着千丝万缕的关系。据布朗族文史资料记载，“茶”是布朗族祖先在迁徙途中发现的一种绿色食品。据老人们讲，布朗族之所以如此重视茶，是因为在历史时期，布朗族族群曾染上一种传染病，几乎全族人都被感染了，最后用茶叶才将整个族群治愈。[①]之后布朗族先民便非常注重茶树的种植，来到景迈山后，便带领本族人民种植茶树，经过数代人的发展，芒景村的茶树已经形成了一定的规模。

布朗族是在迁徙途中发现茶树的。他们在芒景村定居后，首先将野茶苗从山上移植到房前屋后，进行人工栽培。这是生活的需要，也是种植数千亩土地的古老茶园的开端。芒景村的茶树不是自然形成的，而是经过几代先民的移

---

① 苏国文编著：《芒景布朗族与茶》，昆明：云南民族出版社，2009 年，第 7—15 页。

植、栽培而成的。布朗族口传的史诗唱道："……晚上哎冷领我们在'亚戈给'的灰堆里滚睡，白天领我们上山寻找茁壮的野生茶苗，在寨旁栽起来。采来饱满的茶籽，在家旁育起了一片片茶。太阳出来又落山，月亮落山又出来，一日又一日，几经雨露滋润，小茶树开出闪闪的银花，大茶树开出闪闪的金花。"①就这样，布朗山开启了人工茶的新时代，茶树从一棵到几棵，从几棵到成片种植。

经过几十代人的努力，终于形成了山和谷的种植规模，在布朗山上形成了今天具有千年历史的古茶园。史诗还唱道："哎冷的脸比天宽，哎冷的心比地大，哎冷开创的人工种茶奇迹传遍天下。"②芒景村的茶树种植不同于现代茶园，采用的是林下栽植的方法。以人为本，坚持人与自然和谐发展的原则，保持植物多样性的优势，以林下栽植为培育方式，使茶树与其他树木、数百种野花、各种动物共存。从远处看，这是一片茂密的原始森林，当你走进森林中时，你会看到一望无际的古老茶园。尽管随着社会的发展，景迈山原始森林在20世纪遭到严重破坏，但笔者在调研访谈过程中了解到，目前芒景村正在逐渐恢复林下种植的茶叶种植模式。

布朗族的祖先不仅注重茶园的种植和建设，更重要的是他们善于管理茶园，关注茶园的生态环境。在古代，芒景古茶园的周围都有护林线，这是一条从未被砍伐过的原始林带，起到了防风、防火、防冻、规范人们行为的作用。除在保护线内种植茶树外，不得种植任何农作物。

布朗族的祖先在采茶时注重季节，掌握采茶的量。采鲜叶要注意标准，有一叶一芽、二叶一芽、三叶一芽，不超过三叶一芽。一般来说，为了保证茶树的光合作用，夏季采茶较少。春天茶叶开采之前，要先进行占卜，向茶魂树进行供奉。采茶由年长的人先进行采摘。采茶时，要明确户与户之间的界限，严格遵守相关规定，绝不能超越自己的界限采茶。采摘的茶叶必须在同一天加工。茶园内的杂草必须每年清除两次，以确保茶树的水和肥料供应。

直到现在，芒景村村民在种茶、采茶时都会特别注重养树这一生态理念。③尤其是在采茶时，对茶林最外面的茶树，布朗族人民始终不进行采摘，这是为

---

① 苏国文编著：《芒景布朗族与茶》，昆明：云南民族出版社，2009年，第11页。
② 苏国文编著：《芒景布朗族与茶》，昆明：云南民族出版社，2009年，第11页。
③ 苏国文编著：《芒景布朗族与茶》，昆明：云南民族出版社，2009年，第11—12页。

了让茶林最外面的茶树长得又高又壮，在遇到大风天气时能够抵御强风侵袭茶园。随着现代社会的发展，这种利用外围高大茶树保护茶园内部的优势愈发凸显，因为芒景村独特的气候导致当地经常发生干旱，在遇到干旱和大风时，由大风卷起的粉尘也会被茶园最外围的高大茶树所抵挡，使茶园内部的茶树避免被粉尘污染。

第二节　芒景村茶叶虫害概况及原因

芒景村尽管已经有一千多年的茶叶种植历史，但是对于茶叶虫害的相关文献记载相对较少，笔者通过实地调研和资料查阅，发掘整理出了近70年芒景村几次比较典型的茶叶虫害概况。

1963—1964年，景迈茶山发生茶毛虫灾害，受灾茶园达1600亩，成灾508亩。①景迈山芒景村的茶叶灾害主要是虫害，较多的虫害是红蜘蛛，主要发生在五六月，尤其是6月高温高湿阶段，红蜘蛛的繁殖速度极快，几天之内，成百上千亩茶园都会受到影响，远远看去黄黄的一片，对茶叶危害极大。这种害虫在夏季雨季到来之后，被雨水冲刷而迅速减少。还有一些害虫，如茶小绿叶蝉（常年发生）、茶毛虫等。2015年，景迈山发生了一次大的虫灾，这次虫灾发生在7月左右，是茶黑毒蛾，成灾数百亩。②

据村民介绍，芒景村虫害主要发生在冬季之后，比较严重的是2009年和2010年，当时的虫子是茶毛虫，大片茶树叶子被吃光，其中受灾较严重的是芒景村上寨。③此外，芒景村在1979年和1986年都发生了虫灾，大面积的茶叶被虫子吃光，对当时茶叶的产量造成了严重影响。④与此同时，学者郭静伟经过调查指出，芒景村在2010年及之后的两年都发生了大的虫灾，这几年的虫灾主

---

① 云南省澜沧拉祜族自治县志编纂委员会：《澜沧拉祜族自治县志》，昆明：云南人民出版社，1996年，第81页。

② 讲述者：CTH，男，时间：2021年1月28日，地点：澜沧拉祜族自治县茶叶和特色生物产业局，访谈人员：胡广杰、莫振国。

③ 讲述者：SGW，男，时间：2021年1月23日，地点：景迈山芒景村上寨，访谈人员：胡广杰、莫振国。

④ 讲述者：SD，男，布朗族，芒景村村民，时间：2021年1月24日，地点：景迈山芒景村下寨，访谈人员：胡广杰、莫振国。

要是由茶黑毒蛾等害虫引起的，由于此次虫灾乃是几百年来最为严重的，所以当地政府专门请来茶学专家、民族学家来商讨虫灾应对策略。①

尽管目前资料和访谈到的大规模的虫灾并不是很多，但是笔者在走访调研中了解到，实际上几乎每年每家每户的茶园都会发生虫害，只是可能不是特别严重，所以村民们对于小规模的虫灾，自己便将受灾的茶树砍去，并不会上报政府或者采取其他措施。

芒景村的虫灾为何会持续存在？笔者在走访调研中了解到主要有以下几方面原因：

第一，生态环境恶化，生态链遭到严重破坏。芒景村古茶园在 20 世纪 50 年代之前，茶树的种植始终保持着林下种植的模式。采取林下种植这种模式，一方面这些原始森林能够保持土壤湿润，为茶树遮挡强光暴晒；另一方面，这些原始森林中树种繁多，很多树种具有驱虫的效果。但后来为了追求经济效益，作为茶树保护伞的大量原始遮阴森林被砍伐，原本可以驱虫害的诸多树种被砍伐殆尽，包括一些害虫的天敌鸟类等生物被大量捕杀。大量驱虫树种被砍伐、鸟类等生物被捕杀，导致原本依靠自然生态形成的驱虫生态链被破坏，给害虫侵害茶树提供了机会。

第二，种植模式发生改变。在 20 世纪后期，村民为了获取更高的茶叶经济利益，一方面砍伐森林进行售卖；另一方面则扩大茶树种植面积，依靠提高茶叶产量来增加收入。村民将大片森林砍伐，种植茶树，改变了原本的林下种植模式。不在森林中种植茶树的这种模式被当地人称为台地茶。台地茶的典型特点就是密植，大量茶树密密麻麻地种植，依靠产量提效益。据布朗族苏国文老师介绍，这种茶树种植模式，使茶树、茶地始终暴晒在太阳之下，由于没有遮阴森林的保护，茶叶的品质也相对较差。由于台地茶是密植模式，茶林中杂草丛生，难以祛除，鸟类、兽类等生物无法在茶地内活动，茶树非常容易发生病虫害，而且病虫害发生频率高、破坏性大，导致村民损失严重。

第三，受气候条件影响。据相关资料记载，1978—2005 年，澜沧拉祜族自治县年平均气温为 19.6℃。整体上 1 月最冷，月平均气温 13.2℃；6 月最热，月

---

① 郭静伟：《文化防灾的路径思考——云南景迈山布朗族应对病虫害的个案探讨》，《原生态民族文化学刊》2019 年第 2 期。

平均气温 23.5℃。总体来说，气候相对温暖。此外，降水具有明显的干湿两季，雨季集中于每年的 5—10 月，雨水占全年的 88%左右，干季时间则相对较长，为每年 10 月至次年 4 月，雨水仅占全年的 12%左右。①芒景村所生活的区域正是典型的冬春季节干旱少雨，而且气候较为温暖。温暖干燥的气候条件导致大量害虫能够顺利度过冬季，到春季进行大量的繁殖，从而形成虫灾。

第四，茶园管理不当。布朗族人民一直认为茶树是其祖先留给自己的宝贵遗产，不能随意破坏。这种理念也是茶园虫害多发的重要原因。因为茶树生长到一定高度或者围度，需要适当地修剪。定期为茶树进行修剪，一方面能够将躲在茶树中的害虫祛除；另一方面有利于茶树的生长。芒景村布朗族人民未能够对茶树进行合理、定期修剪，这就为害虫提供了较为安全、稳定、舒适的生存环境，为下一年虫害的发生埋下了隐患。

第三节　虫灾的应对方法

芒景村布朗族人民在长期的茶树种植过程中，总结了具有本民族特色的应对茶叶虫害的方法。笔者在调研过程中了解到，芒景村布朗族人民在茶树种植培育中始终坚持人与自然和谐共生的生态理念，在面对虫灾发生时不使用化学农药，而主要依靠的是祭祀祈祷，其次是人工生态防治，而其中又分为灾前预防与灾后应对两种方法。

一、灾前预防

芒景村布朗族人民在长期的茶叶种植中，总结摸索出茶叶可能会发生的灾害尤其是虫灾。在灾害发生之前，他们会举行一些祭祀仪式，也就是庆祝本民族节日的一些仪式。其中主要是山康茶祖节、开门节、关门节及丰收节等。笔者在调研访谈过程中了解到，山康茶祖节是芒景村最盛大的民族节日，其他节日次之。庆祝这些节日都有一个共同的目的，即祈求本民族平安健康、无灾无难、年年丰收等。通过一系列的节日庆祝，布朗族人民始终相信茶叶及各种农

① 澜沧拉祜族自治县地方志编纂委员会：《澜沧拉祜族自治县志（1978—2005）》，昆明：云南人民出版社，2013 年，第 73 页。

作物都会获得丰收，人们无灾无难。

除了举行大型的祭祀活动祈求祖先神灵进行保佑以外，芒景村布朗族人民还会根据时节适时地防控虫灾。

首先，关于采茶，布朗族人民在采茶的过程中就已经在刻意地进行虫灾防控了。芒景村布朗族人民主要是在春、夏、秋三季采茶，由于春茶品质高、口感好，能够获取更高的经济利益，村民们会尽可能地多采一些，但是也不会全采。到了夏季，茶树更为茂盛，虫害也多有发生，村民们在采茶时，每棵茶树会专门留下 1/3 的茶芽不进行采摘，这样做是由于夏季雨水丰沛，降雨时间长，虫子在降雨期间难以觅食，而村民们留下的 1/3 的茶芽也难以满足大量虫子的需求，大量虫子便会饿死，从而降低虫害发生的概率。

其次，芒景村人民善于利用自然条件来避免虫害的发生。这种依靠自然条件来避免虫害发生的方法，就是在雨季时节，村民们不进行采茶，靠自然降雨的方式杜绝虫灾。其主要原因是，一方面，雨季采茶，村民行动不便，也不利于茶树保养；另一方面，在雨季来临时，大量的害虫也需要躲雨，长时间的降水，导致大量害虫要么被雨水冲刷掉，要么因长时间未进食而饿死，剩下的极少部分害虫也会因天气转晴后人们迅速采摘茶芽得不到食物而最终饿死。

可以说，芒景村布朗族人民利用本土化的生态知识体系，通过自己的努力和借助自然条件等方式，极大地降低了虫害发生的概率，是生态的、有效的方法。

二、灾后应对

随着时代的发展，芒景村布朗族人民在灾害发生后的应对方法也有了新的变化，除了利用传统的祭祀祈祷方法来祛除灾害外，也在政府的帮助下采取了一些生物控制的方法，但是主体的应对方法依然是通过生态减灾来应对灾害的发生。

生态减灾主要是借助生物与物理减灾的方法进行。随着社会的发展，为了更好地保护古茶园，芒景村在政府的帮助下，使用杀虫灯、粘虫板及种植遮阴树等。

目前芒景村应对虫灾始终秉持绿色防控的理念。据了解，芒景村用的是黄色粘虫板，人们将粘虫板挂在茶树行间，利用粘虫板上的性诱剂来诱捕害虫。粘虫板生态环保、成本低、效果好，全年使用，可以大大降低茶叶虫害的发生。另外则是杀虫灯，利用昆虫见光聚集的原理铲除害虫。杀虫灯有多种多样，但大部分都是利用太阳能，有些是利用电将虫子杀死，有些则是装水，将虫子淹死。当然，一些人会担心在使用粘虫板和杀虫灯的时候，一些益虫也会被杀死，其实这不用过于担心，因为这两种方法只会把害虫整体的数量降低，降低在茶树生长的可控范围之内，而不会完全消灭害虫，并不会破坏生态平衡。①

目前在茶叶虫害的现代化防治中，使用杀虫灯与粘虫板已经较为普遍，国家也较为提倡。一方面，利用这两种方法可以大面积地将有害虫类杀死，最大限度地降低农作物受灾的损失；另一方面，这两种方法较为生态环保，依靠太阳能等自然资源是生态化农业发展的实践，也充分体现了布朗族人民的生态发展观。

这种在茶园种植遮阴树的生态避灾方式，可以说是一种更为生态，更为环保，能够实现生态与经济双丰收的减灾路径。具体来说，种植遮阴树能够改善茶树的生长环境，增加有益生物，依靠生物控制的手段，减少虫害的发生。

当然，在茶园种植遮阴树并不是随意选择树种，而是经过科学实验筛选出来的，包括肋果茶、桤木、冬樱花、黄樟等，主要是有益于或者能驱虫的树木。在选择树种时，布朗族人民也会进行综合考量，比如不会选择叶子太大的树，因为叶子太大则会影响茶树的光合作用。在茶园种植遮阴树，一方面这些树能够驱虫；另一方面这些树能够让茶树避免缺水时期因阳光过度照射而干旱枯死。②

在虫害发生不太严重的时候，芒景村布朗族人民还有一种更为直接的减灾方法，那就是将有虫害的茶树悉数砍掉，然后将其烧掉，这样就很好地解决了茶树虫害的传播问题，次年茶树还会继续发芽生长。

第四节　虫灾应对方式的效果及反思

芒景村布朗族人应对虫灾所采取的灾前灾后的不同方式，无疑是本民族独

① 讲述者：CTH，男，时间：2021 年 1 月 28 日，地点：澜沧拉祜族自治县茶叶和特色生物产业局，访谈人员：胡广杰、莫振国。

② 讲述者：CTH，男，时间：2021 年 1 月 28 日，地点：澜沧拉祜族自治县茶叶和特色生物产业局，访谈人员：胡广杰、莫振国。

特的灾害应对文化，影响深远。但纵观深思芒景村虫灾的应对方式，可以说整体上喜忧参半，笔者在调研走访的过程中了解到，目前芒景村应对虫灾时，除了采取一些生态的现代化措施，也会通过传统方法来预防、解决虫灾。

首先，芒景村布朗族人民在虫灾发生之前，积极地举办活动庆祝本民族的节日，祈求祖先保佑。一方面，通过庆祝本民族的节日，能够在心理上给予芒景村布朗族人民安慰，让他们可以安心地进行农业生产。另一方面，芒景村布朗族人民每年庆祝节日活动，也是传承本民族文化的重要途径。通过庆祝本民族节日，能够让布朗族人民传统的祭祀仪式、民族歌谣、民族歌舞、民族服饰等文化不断地传承。此外，在开展民族节日活动时，全村老少都会参加，这可以对外塑造整个村庄的全局形象，使村民有一种归属于集体的感觉，从而促进村庄内的团结，并增强人们的凝聚力。

其次，芒景村布朗族人民在虫灾发生之前利用本土化的知识体系、依靠自然条件消灾的方法是生态的、有效的。秉持减少采芽数量和雨季不采茶的理念，充分利用自然条件，使大量的害虫在未造成茶树损害的情况下就已经死去。这既有利于茶树的生长，也有利于保持自然生态的平衡，是一种值得推广的因地制宜的方法。

最后，虫灾发生后芒景村布朗族人民积极地采取人工消灾的方法是值得肯定的。芒景村布朗族人民在传统消灾方法的基础上，积极采用生态的现代化减灾方法，有效地减轻了虫害。这充分体现了芒景村布朗族人民在长期的生产生活实践中所秉持的生态发展理念，是符合现代社会发展的路径。

尽管芒景村布朗族人民在茶叶虫害的应对方面有诸多值得肯定的地方，但是我们也应该进一步客观地思考依靠传统消灾方法的应对方式。

首先，对于灾害发生前后所采取的传统消灾方法。通过这一方法来消除灾害，客观上是难以实现的一种行为。传统消灾方法要频繁地举办本民族的节日活动，客观来讲，这需要消耗大量的人力、物力。笔者在调研访谈的过程中也了解到，芒景村在举行大型节日活动的时候，全村人员都要参加，包括在外的本村人员，全村人员在节日活动期间也都不进行劳作，这无疑是金钱和时间的双重浪费。这就需要各民族客观合理地安排本民族的文化节日，在保持本民族文化传承的基础上，合理安排民族节日的庆祝活动。

其次，针对虫灾及其他灾害，应对的形式应该多样化、生态化。芒景村所采取的通过传统方法消灾，客观上是难以实现的。而借助自然条件（雨水冲刷等）及粘虫板、杀虫灯、种植遮阴树这些方法，其实是值得推荐的好方法。但有一个问题值得政府关注，即在推广粘虫板与杀虫灯等现代化的措施时，政府应考虑到布朗族人民目前的知识文化水平，及时地进行指导，最大限度地提高布朗族人民的现代化治虫技能。此外，芒景村布朗族人民在结合有效的虫害生态消除技术手段的同时，也应积极培育，改良茶树品种，在保证茶叶品质的情况下，及时地培育嫁接新的抗灾能力强的茶树苗，以此来改善茶树虫害的状况。

最后，芒景村布朗族人民要始终传承本民族发展模式，秉承生态发展的理念，继续发扬人与自然和谐发展的思想观念。在当今生态文明建设的重要时期，芒景村布朗族人民茶树种植、采摘的生态发展观，是当今时代的需要，是芒景村发展的基石。

本章小结

芒景村面对虫灾的应对措施尤其是虫灾发生前后的消灾活动是本民族独有的民族灾害文化。这种民族灾害文化的存在与发展，对于本民族在生产生活、生存发展的过程中起到了重要作用。随着时代的进步、社会的发展，依靠传统方法来消除灾害无疑是难以实现目的的。本族人民应在正确的指导下，以科学的思想观念应对灾害，在通过传统祭祀活动慰藉族人心理的基础上，应积极学习更多现代的、有效的、生态的应灾技术。芒景村上万亩的古茶园是布朗族的祖先留给后代的宝贵遗产。它是国内乃至世界上独一无二的，是中国茶市和普洱茶之都的历史见证，是中国古代茶文化的典范，是布朗族人民的骄傲，同时也是布朗族利用自然生态的方式驱虫避灾，保持茶园的生态平衡等传统文化的组成部分，成为布朗族防灾减灾遗产不可或缺的内容。

第四章　云南生态环境变迁管窥
——基于孔雀的视角

自然生态系统是一个有机联系的整体，自然界的动物、植物、微生物与人类有着密不可分的联系，任何一种动植物及微生物的存在都具有合理性，是与自然生态系统相适应的存在。正是它们的存在，使人类的生产生活得以延续。人类与孔雀之间的互动交流，是人类与自然发展演变关系的一个缩影。孔雀属鸡形目雉科，分为蓝孔雀、绿孔雀和刚果孔雀。蓝孔雀目前主要分布在印度和斯里兰卡。刚果孔雀主要分布在非洲刚果盆地。绿孔雀除分布在我国云南省的西南部之外，在马来西亚等东南亚国家也有分布。目前我国的孔雀主要为绿孔雀（以下简称孔雀）。孔雀主要栖息在海拔2000米以下有针叶、阔叶等树木的开阔高原地带，或开阔的稀树草地，灌丛、竹菱地带。[①]孔雀的栖息环境与自然生态变迁有着密切的关系，孔雀对生态变化的反映尤其敏锐。1971—1974年，由河南省发掘的淅川县城南的下王岗遗址第九文化层（仰韶文化早期）发现了孔雀化石，以此可以说明历史上孔雀在秦岭地区也是存在的。[②]而且据资料显示，历史上孔雀在长江流域、岭南、滇西南等地区均有分布。而如今孔雀

---

* 本章由国家社科基金重大项目“中国西南少数民族灾害文化数据库建设”（项目编号 17ZDA158）成员胡广杰的中期成果《布朗族聚居区茶叶虫害与应对——以景迈山芒景村为例》改编而成。

① 何业恒：《中国珍稀鸟类的历史变迁》，长沙：湖南科技出版社，1994年，第149页。

② 贾兰坡，张振标：《河南淅川县下王岗遗址中的动物群》，《文物》1977年第6期。

在我国仅分布于滇西南，除了孔雀本身的生长习性以外，应该也与生态环境的变化、人类的活动密切相关。

笔者通过对资料的搜集整理发现，目前国内对于孔雀的研究已有相当丰富的成果。文焕然、何业恒两位先生在 20 世纪 80 年代就已经对中国古代的孔雀进行了研究。他们从孔雀的属性、历史时期孔雀在中国的分布、孔雀的价值及数量减少的原因等方面进行了介绍，让我们对历史时期孔雀在中国的分布有了一个初步的认识。[①]

随着人类对野生动物保护的意识不断加强，社会调查成为了解野生动物种群数量的重要环节。从 20 世纪 90 年代开始，中国学者便对孔雀在中国的分布现状进行了调查。文贤继等在 1991—1993 年对云南孔雀的种群数量进行了调查。滑荣等在 2015—2017 年对中国的孔雀种群数量和分布现状进行了调查。通过两次调查的结果对比可以发现，孔雀种群数量由之前的 800—1100 只减少至 235—280 只，分布区域由之前的 32 个县缩减为如今的 13 个县。

通过文贤继等人的调查分析结果我们也可以了解到，孔雀在中国种群数量锐减和分布区域缩小主要原因则是受到人类活动的干扰，孔雀的原有栖息环境遭到破坏，进而难以生存繁衍。[②]此外，白娜从历史文献中关于孔雀的记载入手，进而分析孔雀在中国的地理分布；王研博、郭风平则从环境史的角度探究了孔雀在整个中国的分布变迁。[③]尽管学者们对孔雀在中国的分布、变迁、保护等方面进行了研究并取得了丰富的成果。但是，这些成果仅探究了孔雀在整个中国的分布变迁，让我们对历史时期孔雀在中国的地理分布有了一些认识，而对于生态环境变化与孔雀退却的关系未能进一步探讨。因此，笔者在充分利用前人研究成果的基础上，试图以孔雀为切入点，通过历史上孔雀在云南的分布及退却过程，来探究云南的生态环境变迁。进一步引起我们对当今生态环境修复及保护行动的反思，提高我们的环保意识，进一步增强生态文明建设理念的认识高度及普及范畴，进一步为建设人与自然和谐相处的生态宜居乡村环境而努力。

---

① 文焕然，何业恒：《中国古代的孔雀》，《化石》1980 年第 3 期。

② 文贤继等：《绿孔雀在中国的分在现状调查》，《生物多样性》1995 年第 1 期；滑荣等：《中国绿孔雀种群现状调查》，《野生动物学报》2018 年第 3 期；付昌健，邱焕璐，宇佳：《中国绿孔雀濒危现状及其保护》，《野生动物学报》2019 年第 1 期。

③ 白娜：《从史料探究中国历史时期孔雀的地理分布》，《文山学院学报》2015 年第 4 期；王研博，郭风平：《环境史视野下中国孔雀的分布与变迁及原因探讨》，《保山学院学报》2018 年第 1 期。

第一节　历史文献中有关孔雀在云南分布的记载

历史上，云南由于特殊的气候、地理位置，生态环境良好，与孔雀的栖息环境相吻合，是孔雀生存繁衍的绝佳栖息地，所以孔雀分布在云南的各个地区。《滇海虞衡志·志禽第六》指出："孔雀出滇，雀尾一屏，值不高，人家多列之几。今以翎为冠饰，比于古之貂蝉，而以三眼为尊，故孔雀贵为南方诸禽首。"①《新纂云南通志·物产考》谈及孔雀时指出：

> 孔雀属鹑鸡类，滇近边热地产之。体大于雉，头有羽冠，雄者尾翅，翼端有眼状圆环，光丽无比，羽色亦带金翠，见人则羽翘开，如开屏然。栖息林地，啄食虫蛇。除野外者外，各地亦多养之。羽可作装饰织物，称珍重之名品云。产地之著名者有文山、马关、新平、元江、景东、景谷、缅宁、云县、宁洱、思茅、墨江、镇沅、车里、五福、临江、梁河、江城、芒遮板、麻栗坡、蒙化、云龙、鹤庆、维西、永平、腾冲等处，以暖地密林产出尤多。②

这些史料足以说明孔雀是云南的本土生物。实际上，虽然中国境内的孔雀目前仅分布在云南西南部西双版纳等少数地区，但历史上，孔雀在云南的其他地区也有分布。

西晋左思《蜀都赋》这样描述四川盆地："孔翠群翔，犀象竞驰。"唐代刘良注："孔，孔雀；翠，翠鸟也。"根据现在的行政区划，左思的蜀都描述的是巴蜀地区的物产风情，包括四川盆地及其附近地区，即今四川省中东部和重庆大部及陕南、黔北、昭通、鄂西等地。《华阳国志·南中志》载："云南郡，建兴三年置，属县七，户万。去洛六千三百四十三里。本云川地。有熊仓山，上有神鹿，一身两头，食毒草。有上方、下方夷。亦出花布。孔雀常以二月来翔，月余而去。土地有稻田、畜牧，但不蚕桑。"③此则史料所记载的云南郡是建兴三年（235 年）诸葛亮平定西南后所设，所辖

---

①（清）檀萃辑，宋文熙、李东平校注：《滇海虞衡志校注》，昆明：云南人民出版社，1990 年，第 123 页。

② 李春龙，江燕点校：《新纂云南通志（四）》，昆明：云南人民出版社，2007 年，第 57 页。

③ 刘晓东等点校：《二十五别史》卷 10《华阳国志》，济南：齐鲁书社，2000 年，第 58 页。

范围相当于今天的楚雄、大理、丽江等城市的部分地区。《华阳国志·南中志》又载："永昌郡，古哀牢国……世祖纳之，以为西部属国。其地东西三千里，南北四千六百里；有穿胸、儋耳种，闽、越濮，鸠獠。土地沃，黄金、光珠、虎魄、翡翠、孔雀、犀、象、蚕桑、绵绢采帛、文绣。"[①]哀牢是云南的一个古国，据学者的研究考证，哀牢国以今云南保山为中心，疆域大致东南至哀牢山，南至今西双版纳南部，西至印度与缅甸交界的巴特开山，北至缅甸与中国西藏交界处。[②]

此外，《后汉书·南蛮西南夷列传》载："滇王者，庄蹻之后也。元封二年，武帝平之，以其地为益州郡，割牂柯、越嶲各数县配之。河土平敞，多出鹦鹉、孔雀、有盐池田渔之饶，金银畜产之富。"[③]据相关史料记载，西汉所设置的益州郡，郡县治所为滇池县（今属昆明市晋宁区），所辖区域包括滇池、胜休（今玉溪市江川县）、连然（今安宁市）、弄栋（今楚雄州姚安县）、贲古（红河哈尼族彝族自治州建水县）等十几个县城，主要分布于今云南省的中部、东南和中东部。《蛮书》卷四《名类》载："茫蛮部落……孔雀巢人家树上，象大如水牛，土俗养象以耕田，仍烧其粪。"[④]据清万斯同《明史》卷八十四《志五十八》载："芒市御，长官司。唐时，茫施蛮地。元置茫施路。洪武十五年，置茫施府。正统九年，改置芒市长官司。"[⑤]芒市位于云南西部，大致相当于今云南省德宏景颇族自治州。《滇志》卷三《地理志·物产》载："楚雄府，禽之属，如莺，如翡翠，如孔雀。大理府：禽，曰斟鸽、松鸡、锦鸡、竹鸡、孔雀，红嘴水卧，杨雀、蜡嘴、玉顶、柳青料鸡、朋脂红、鹁鸽、水胡卢。顺宁府：鸟兽类，有孔雀、松鸡口义长鸣鸡，声小而形昂，鸣声与凡鸡异，自更深至晓，鸣无时。"[⑥]

通过对历史文献的分析，我们可以看出，历史时期云南的东北部、东南

---

① 刘晓东等点校：《二十五别史》卷 10《华阳国志》，济南：齐鲁书社，2000 年，第 56—57 页。

② 耿德铭：《史籍中的哀牢国》，《云南民族学院学报》（哲学社会科学版）2002 年第 6 期；肖正伟：《哀牢国与滇国之辨析》，《保山师专学报》2003 年第 4 期；桑耀华：《论哀牢》，《云南民族大学学报》（哲学社会科学版）2006 年第 1 期；胡长城：《哀牢古国的新发现》，《云南日报》2018 年 4 月 18 日，第 12 版。

③ 《后汉书》卷 86《南蛮西南夷列传》，北京：中华书局，1974 年，第 2846 页。

④（唐）樊绰撰，向达校注：《蛮书校注》，北京：中华书局，1962 年，第 105 页。

⑤（清）万斯同：《明史》第 2 册，上海：上海古籍出版社，2008 年，第 461 页。

⑥（明）刘文征撰，古永继点校：《滇志》，昆明：云南教育出版社，1991 年，第 114—120 页。

部、西北部都有孔雀分布，只是由于一些原因而逐渐退却至云南西南部。孔雀逐渐消失在人类的视野之中，一方面说明孔雀赖以生存的栖息地发生了变化；另一方面也说明人与自然在发展的过程中出现了与以往不同的情景。①

第二节　云南孔雀的退却与生态环境的变化

孔雀退居今云南西南部，这不是历史的偶然，而是生态环境变迁的一个缩影。这种缩影的形成是一个漫长的演变过程，而不是突变的。孔雀在云南的退却过程，恰恰呈现了在历史发展的长河中该区域人与自然互动的过程。

诚如笔者前文史料分析所述，历史时期云南的东北部、东南部、西北部等地均有孔雀活动的相关记载，说明历史时期孔雀广泛分布于云南各地。近代以来，一些学者出于对野生动物的保护，不断开展孔雀种群数量的调查，如笔者前文所述文贤继等在 20 世纪 90 年代对云南孔雀的种群数量进行了调查，调查结果显示，云南孔雀的种群数量在 800—1100 只，分布在云南 30 多个县区。②

滑荣等在 20 年之后再次对中国的孔雀的种群数量和分布现状进行了调查。结果显示，孔雀的种群数量在 235—280 只，分布区域由之前的大概 32 个县，缩减为如今的 13 个县。③孔俊德等对近 30 年（20 世纪 90 年代至 2017 年）中国濒危绿孔雀的现状及分布变化进行了研究，结果显示，在过去30年里，云南 11 个区 52 个县记录了绿孔雀。在过去的 20 年里，云南省的孔雀城镇分布范围急剧缩小，从 1991—2000 年的 11 个区 127 个城镇和 34 个县，缩小到目前的 8 个区 33 个城镇和 22 个县。目前仅有楚雄、玉溪、普洱（原思茅）、临沧、保山、德宏、红河、西双版纳等 8 个地区有绿孔雀出现，它们分别位于云南中部、西部和南部。④

在孔雀种群数量减少与分布区域缩小的同时，云南的生态环境也发生了变化。历史时期云南地区是天然的动植物栖息场所，生物资源极为丰富，区域内

---

① 杨筑慧，王欢：《西南边地生态环境变迁管窥：基于大象的视角》，《原生态民族文化学刊》2019 年第 3 期。

② 文贤继等：《绿孔雀在中国的分布现状调查》，《生物多样性》1995 年第 1 期。

③ 滑荣等：《中国绿孔雀种群现状调查》，《野生动物学报》2018 年第 3 期。

④ Dejun Kong，et al，Status and Distribution Changes of the Endangered Green Peafowl（Pavo Muticus）in China Over the Past Three Decades（1990s-2017），*Avian Research*，Vol.9，No.2，2018，pp.102-110.

广泛分布着原始的雨林、季雨林、阔叶林、混交林、灌丛等植被，是各种动物栖息的理想场所，尤其是孔雀理想的栖息地。但随着人类社会的发展，大量的森林被砍伐殆尽，孔雀理想的栖息地逐渐被人类所毁坏或占据，生态环境遭到严重破坏。据学者研究发现，明代今西双版纳、普洱一带垦殖率十分低，仅1.25%，想必在唐宋垦殖率更低，最多在 1%左右，大面积的地方则是茫茫林海。以此区山地面积占总面积 90%左右来看，当时此区森林覆盖率在 90%左右。在这些密林中，直到明代仍有犀、象、蟒蛇穿行其间，鹦鹉、孔雀飞翔其中，成为一方土特产。①

清代以后由于人口的增加及相关移民政策的施行，云南地区人口迅速增加，为了更好地生存，大量的原始森林被砍伐，尤其是进入近代以来，这种状况更为严重。据《保山市志》记载："民国时期，境内山清水秀，森林茂密，水土流失不甚严重，生态基本平衡。中华人民共和国成立后……自然环境和自然资源遭受一定破坏，森林资源剧减，植被覆盖率由中华人民共和国初期的33.2%下降到 1985 年的 23%。水土流失面积达 394 平方千米，汶上、水寨、杨柳、蒲缥等局部地段都发生过泥石流滑坡。"②《玉溪地区志》也载，历史上玉溪地区森林茂密，但分布不均，其中新平、元江、峨山三县覆盖率较高，保持在 50%左右。到 1975 年，全区有林地减少到 592.57 万亩，森林覆盖率下降到26.6%，总蓄积量减至 3820.38 万立方米。③《红河哈尼族彝族自治州林业志》中也记载了森林资源变化的概况，云南省森林资源勘查四大队对红河哈尼族彝族自治州森林资源开展清查，结果显示，全州森林覆盖率为 19.98%（含灌木林的森林覆盖率为 33.7%），与 1958 年全州森林覆盖率 47.7%（含灌木林）相差甚远。

此外，1987 年对全州森林资源再次进行普查，结果显示，1987 年的森林资源比 1973 年的森林资源大幅度减少。森林覆盖率从 19.9%下降到 17.9%（含灌木林的森林覆盖率从 33.7%下降到 28.5%）；有林地从 967.69 万亩下降到868.32 万亩，减少了 99.37 万亩；灌木林地从 661.27 万亩下降到 512.53 万亩，减少了 148.74 万亩；有林地和灌木林地共减少了 248.11 万亩，年均减少约 17.72

① 蓝勇：《历史时期西南经济开发与生态变迁》，昆明：云南教育出版社，1992 年，第 45 页。
② 云南省保山市志编纂委员会：《保山市志》，昆明：云南人民出版社，1993 年，第 440 页。
③ 玉溪地区地方志编纂委员会：《玉溪地区志》第 4 卷，北京：中华书局，1994 年，第 75 页。

万亩；活立木蓄积量从7305.4万立方米下降到5871.3万立方米，减少了1434.1万立方米。①

无休止的森林砍伐，导致植被大面积减少，让孔雀赖以生存的栖息地遭到严重破坏，对孔雀的繁衍生息造成了严重影响，对生态环境的持续稳定发展而言更是致命的打击。

第三节　孔雀数量减少与云南生态环境变迁的主要原因

人与动物一样，本质上都是自然界的生物体，是自然生态系统中的重要一环。自然界各种生物的生存发展与生态环境的变化密切相关，孔雀亦是如此。历史上孔雀最北在秦岭东南地区亦有分布，随着时间的推移，孔雀分布区域由秦岭东南地区退却至滇西南地区，数量也急剧减少。

文贤继等人通过1991—1993年的调查发现，绿孔雀现存数量较多的地区有云南省瑞丽市、陇川县、昌宁县、永德县、新平县、普洱县、墨江县、景东县、楚雄市、双柏县、南华县。②2015—2017年，滑荣等人进行了绿孔雀种群数量和分布现状调查，结果显示，中国现存野生绿孔雀的种群数量为235—280只，比20多年前文贤继等的调查结果显示的800—1100只明显减少，分布地区由之前云南省的32个县急剧缩减至现在的13个县。③

这一现象除了受到孔雀自身繁殖及演化生物特性因素的影响外，更重要的原因，则是受到了人类活动及其所引发的生态环境恶化、栖息地受到破坏、生物种类逐渐因之灭绝等原因的影响。

一、对孔雀的捕捉与猎杀

历史上，孔雀是一种高贵的象征，人类对于孔雀的捕捉与猎杀主要是出于食用与装饰两个目的。《太平广记》卷四六一《禽鸟·孔雀》载：“交趾郡人

① 红河哈尼族彝族自治州林业局：《红河哈尼族彝族自治州林业志》，昆明：云南大学出版社，1991年，第50—53页。

② 文贤继等：《绿孔雀在中国的分布现状调查》，《生物多样性》1995年第1期。

③ 滑荣等：《中国绿孔雀种群现状调查》，《野生动物学报》2018年第3期。

多养孔雀，或遗人以充口腹，或杀之以为脯腊。”①《后汉书疏证》卷一二载：“芒蛮孔雀，巢人家树上。鹦鹉近海郡尤多，民或以鹦鹉为鲜，又以孔雀为腊，皆以其易得故也。”②由上述史料可以看出，历史上人们食用孔雀是其减少的重要原因。《顺宁杂著》载：“顺宁深山中颇多孔雀，城守都司每年仅上宪（献）之用，取两翼下一层黄翎，至千余把，数百把，盖进为御用。”③《太平广记》卷四百六十一《禽鸟·孔雀》载：“人又养其雏为媒，旁施罟，捕野孔雀。伺其飞下，则牵网横掩之，采其金翠毛，装为扇拂。或全株，生截其尾，以为方物。”④

从《顺宁杂著》《太平广记》的记载可以看出，孔雀的羽翼作为装饰品一直被人使用。与此同时，古代羽翎作为冠冕的装饰，插于帽后摇摆。尤其是在清代，官帽有着严格的等级制度，清翎分花翎、蓝翎、染蓝翎，花翎为尊。花翎即孔雀翎，为孔雀尾部带有“目晕”的羽翎，“目晕”俗称为“眼”，又称为“圆文”，就是孔雀尾毛上的彩色圆斑，以多者为贵。⑤将孔雀的羽翼作为装饰品使用，究其原因，一方面是孔雀羽翼鲜亮多彩，可以起到一定的美观作用；另一方面则是人们生存的需要，孔雀的羽翼广受喜爱，在人口不断增长的情况下，为了维持生计，一些人会对孔雀进行捕捉甚至猎杀，以此来获取额外的收入。这无疑对孔雀的繁衍生息造成了恶劣影响。

不仅在古代，近现代也是如此。徐晖从1990年2月至1995年2月对楚雄州的孔雀分布状况、数量、习性展开调查访问，并且对楚雄彝族自治州五县（市）绿孔雀被猎杀情况进行了统计（表4-1），结果显示，绿孔雀被猎杀占比竟达到33.6%。⑥这也充分说明人类的滥捕滥杀是孔雀种群数量骤减的重要原因。

表4-1　楚雄彝族自治州五县（市）绿孔雀被残害情况统计表

县（市）	总数（只）	猎杀	毒杀	捕捉	捡蛋	占比（%）
禄丰县	35	1	0	0	0	2.9
双柏县	79	16	7	1	8	40.5

①（宋）李昉等：《太平广记》卷461《禽鸟二》，北京：中华书局，1961年，第3774页。
②（清）沈钦韩：《后汉书疏证》卷12，上海：上海古籍出版社，2006年，第231页。
③ 何业恒：《中国珍稀鸟类的历史变迁》，长沙：湖南科技出版社，1994年，第160页。
④（宋）李昉等：《太平广记》卷461《禽鸟二》，北京：中华书局，1961年，第3774页。
⑤ 王榆芳：《清朝羽翎制度渊源考论》，《中国国家博物馆馆刊》2014年第9期。
⑥ 徐晖：《楚雄州绿孔雀的分布现状及保护措施》，《云南林业科技》1995年第3期。

续表

县（市）	总数（只）	猎杀	毒杀	捕捉	捡蛋	占比（%）
姚安县	32	9	0	4	0	40.6
南华县	30	0	0	5	0	16.7
总计	280	31	19	23	21	33.6

资料来源：徐晖：《楚雄州绿孔雀的分布现状及保护措施》，《云南林业科技》1995 年第 3 期

二、人口数量激增所带来的影响

人类与动植物共处于同一个生态系统中，是共生的关系。随着人类社会的发展进步，人类的生存能力进一步提高，人口数量急速增长。尤其是清代以来，随着清政府一系列政策包括“盛世滋丁永不加赋”、摊丁入亩、改土归流和移民政策的颁布实施，人口空前增加。而清代云南人口的增加主要受大规模的改土归流与移民政策的影响。康熙五十一年（1712 年），谕曰：“海宇承平日久，户口日增，地未加广，应以现在丁册定为常额，自后所生人丁，不征收钱粮，编审时，止将实数查明造报。雍正初，令各省将丁口之赋摊入地亩，输纳征解，统谓之地丁。”①“盛世滋丁永不加赋”政策的颁行，将赋税额度固定下来，新增人口不再收税，极大地促进了人口的增长。而摊丁入亩政策是将人头税摊入田亩，根据土地的多少来收税，农民不再为担心人丁众多交纳赋税而困苦，客观上促进了各地人口的增长。雍正四年（1726 年），云贵总督鄂尔泰上书条陈改土归流的相关事宜，得到雍正帝的赞赏，令其着手实施改土归流。改土归流政策的实施，打破了土司贵族控制一方的局面，将少数民族纳入中央政府派遣的官员的管辖之下。

中国作为传统的文明古国，境内的人民始终在不停地迁移、流动，仅仅是范围或大或小。云南作为西南边疆重地，历史上各朝各代对云南均进行了输入移民政策，但受地理位置的影响，移入的人口数量较少。直至清代以来，中原地区的百姓大量涌入西南边疆地区，云南省逐渐成为外来移民较多的省份之一。改土归流结束后，大量汉族移民涌入，云南人口迅速增加。根据梁方仲《中国历代户口、田地、田赋统计》所统计的数据可以知道清代云南人口，顺治十八年（1661 年）为 117 582 人，康熙二十四年（1685 年）为 158 557 人，

① 赵尔巽等：《清史稿》卷 121《食货志二》，北京：中华书局，1977 年，第 3546 页。

雍正二年（1724年）为145 240人，乾隆十四年（1749年）为1 946 173人，嘉庆十七年（1812年）为5 561 320人，道光十一年（1831年）为6 728 900人，咸丰元年（1851年）为7 403 447人。[①]根据梁方仲先生的数据资料我们可以看出，雍正二年（1724年）以后云南人口处于暴增的状态，这除了与康熙朝颁布的“盛世滋丁永不加赋”和雍正时期颁布的摊丁入亩政策有关外，还应该与改土归流的实施有着密切的关系。

再如红河地区人口，据《红河哈尼族彝族自治州志》卷1记载：“清乾隆年间，红河地区，人口迅速增长，乾隆元年（1736年）户数为14 419户（约60 343人），乾隆十年（1745年）人口为20 842户（约87 224人），乾隆三十年（1765年）增加到29 819户（约124 793人），乾隆六十年（1795年）达到了58 464户（约244 673人）。60年间户数和人口都增长3倍，年平均增长率为23.61%，是有资料记载以来，人口增长最快的时期。嘉庆、道光年间人口也迅速增长。嘉庆三年（1798年）人口为67 317户、281 724人，道光十年（1830年），户数增加到101 431户、人口为424 492人。32年间，人口增长50.7%，年平均增长12.89%。1912—1934年，红河人口进一步恢复发展。1912年初，红河地区（即当时蒙自、个旧、建水、石屏、开远、弥勒、泸西7县）人口为135 315户、593 986人，1919年户数为161 544户、人口920 325人，1924年户数达到185 268户、人口达到1 088 730人，1932年户数为223 987户、1 091 412人。

中华人民共和国成立之后，红河地区人口迅速增长，尤其在1949—1979年，人口由1 456 671增加至311.1万人。”[②]根据文贤继等人的调查可以了解到，历史时期孔雀在红河哈尼族彝族自治州的蒙古市、弥勒市、石屏县等地区都有分布。[③]之所以现在销声匿迹，难以再见到，是因为随着云南人口的激增，人地矛盾越发尖锐，百姓为了生存，不得不进一步开垦山林，侵占孔雀等野生动物的栖息地，对生态环境造成了严重破坏。

---

① 梁方仲：《中国历代户口、田地、田赋统计》，北京：中华书局，2008年，第352—357页。

② 云南省红河哈尼族彝族自治州志编纂委员会：《红河哈尼族彝族自治州志》卷1，北京：生活·读书·新知三联书店，1997年，第190—192页。

③ 文贤继等：《绿孔雀在中国的分布现状调查》，《生物多样性》1995年第1期。

三、孔雀栖息环境遭受破坏

历史时期，人地矛盾一直是社会发展的重要问题。尤其是近代以来，随着科学技术的日益发展、医疗水平的提高，人口迅速增长，原有的土地生产资料难以满足人们的生存需要。于是，人们进一步开垦山林，种植一些价值较高的经济作物来维持生活。

据《玉溪地区志》记载："民国三十二年，云南省烟草改进所在区内江川、易门和玉溪设烟草改进分所；江川县在海门一带种植 800 亩，易门县地浦贝、小平地、大凹村及城郊等地种植 557 亩，玉溪县扩大到 6320 亩；烤烟由烟农自发种植。民国三十六年（1947 年），省政府又决定"奖励种植美种烤烟，以裕民生"。是年，区内玉溪、江川、澄江、峨山、华宁、易门等县共种植 2 万多亩。民国三十七年（1948 年），因云南烟叶质量高，上海、汉江、广州等地商人纷纷前来抢购，烟价猛涨，烟区迅速扩大，全区种植面积增加到 58 890 亩。1956 年，地委、行署决定成立地、县烤烟生产办公室，组织大面积种植；农业科学技术部门加强技术指导，烤烟种植面积猛增到 355 006 亩，比 1949 年增加 10 倍多，比 1954 年扩大 5 倍多"。①之后的数年间，玉溪地区的烟草种植面积逐年增加。

烟草面积的不断扩大，必定是以开荒山林等渠道完成的，如此以往，连年的毁林开荒，必定会对生态环境造成严重破坏。再加上传统的烟叶烘烤燃料以木材为主，人们必定需要不断地砍伐树木进行烟叶的烘烤。这对原本已经被破坏的生态环境无疑是雪上加霜，使动物的栖息地也不断缩小，还容易诱发山体滑坡、泥石流、水土资源枯竭等灾害。

同样，红河哈尼族彝族自治州也通过开垦荒地，大量地种植经济作物。据《红河哈尼族彝族自治州志》卷二记载，1959 年 11 月，红河州农垦局成立，下属单位有红河人民公社、大屯农场和蔓耗农场等。有生产队 121 个，总人口 11 319 人。职工 7921 人、累计橡胶林地开荒 4.98 万亩。从 1964—1966 年，均以每年 4000—6000 亩的速度开荒、定植。1966 年底，经过调整建立 13 个农场级单位，橡胶林地开荒 13 万亩。1967—1976 年累计橡胶林地开荒 50 191 亩。

---

① 云南省玉溪地区地方志编纂委员会：《玉溪地区志》第 4 卷，北京：中华书局，1994 年，第 51—58 页。

1977—1985 年职工年平均人数比 1966—1976 年减少 3.67%的情况下，完成橡胶林地开荒 70 419 亩，比前期增加 40%；完成橡胶定植 62 450.9 亩，比前期增加 29.1%。①

如前所述，云南一些地区为了发展地区经济，改变传统的农耕方式，大面积种植烟草、茶树、橡胶树、桉树等经济作物。表面上看，这些经济作物作为植物栽种在山坡耕地之上，与传统的生态林木并无多大差别。但是，这些经济作物大多是外来引进的，而不是本土植物，与孔雀的栖息环境大不相同，不适合孔雀栖息繁衍。大面积地种植某种单一的经济作物，虽然带来了一定经济效益，但严重地破坏了传统的生态环境。种植经济作物需要毁林开荒，这严重破坏了地区的生物多样性，大规模砍伐森林使本土动物如孔雀、大象、金丝猴、野牛等野生动物无处栖息甚至灭绝。

滑荣等人在 2015—2017 年对绿孔雀的种群进行调查发现，绿孔雀的分布地由 1995 年云南省的 32 个县缩减至目前只有 13 个县，原本分布在玉溪、红河等地的孔雀也不见踪迹。孔雀种群数量急剧减少，与生态环境的变化密切相关。

历史时期云南的森林资源极为丰富，孔雀常有出没。近代以来，随着人口的增长，人类大肆开垦荒地、砍伐森林，改变耕作结构，大面积种植经济作物，使大面积的原始森林被毁坏殆尽，野生动物无处可栖甚至灭绝，保护生态环境已刻不容缓。

本 章 小 结

一直以来，孔雀都是人类的朋友，与人类一样，是自然生态系统中不可或缺的一部分。历史时期，孔雀分布在中原大地的多个地区。孔雀的存在，一定意义上满足了人类的食物生存需要，而孔雀特有的羽翼及本身，在满足了人类审美需求的同时，还具有药用价值。

据前述资料可以看出，在古代，孔雀在云南的其他地区仍有活动的踪迹。这足以说明，历史时期该地区的森林资源丰富，为孔雀的栖息繁衍提供了理想

① 云南省红河哈尼族彝族自治州志编纂委员会：《红河哈尼族彝族自治州志》卷 2，北京：生活·读书·新知三联书店，1994 年，第 131—139 页。

场所。但随着人类社会的发展进步，人口增长，人类为了满足生存需要，不断扩大活动空间，吞噬森林资源，破坏孔雀的栖息地，使孔雀不断地退却，直到退至云南西南边陲一带。

在孔雀不断退却的过程中，云南的生态环境呈现了重大变化，大量热带雨林资源，成为耕地、经济林、房屋等，成为满足人类利益的附着物。通过对孔雀退却的研究，充分体现了人类在发展的过程中，是如何为了满足自身的欲望与需求，不断地破坏生态环境。不仅仅是云南，包括全国乃至全世界，生态环境问题已经成为人类社会发展的关键问题之一，人类社会如何发展，如何在促进人类社会进步的同时保护生态环境，已然成为值得深思的问题。

此外，孔雀分布面积的减少，不仅反映了生态环境恶化及物种灭绝的危机就在我们身边，也反映了环境灾害、物种危机的状况不容乐观。而从灾害文化的视角，看待和审视物种灭绝的背后原因，不得不引人深思防灾、减灾的自然及生态价值，即防灾、减灾体系建设，不但要保护人类的生命财产不受损失及威胁，而且要将防灾减灾的对象普及到我们身边的其他物种。

无数与人类生存发展密切的物种，也应该在人类防灾、减灾、避灾体系关注及保护的范畴之内。因此，对动植物资源的防灾、减灾措施及制度建设，也应当成为中国、全人类灾害防御的重要内容之一。这样的防灾、减灾、避灾体系，才是生态命运共同体建设应该关注的内容。

第五章　清代建水地区疫灾及应对刍议

建水县属红河彝族哈尼族自治州，位于云南省南部，红河中游北岸，滇东高原南缘。古称“步头”，亦称“巴甸”。南诏时期，正式在建水建筑土城，虽然此时的建水城仅仅是一个土城，却成了建水发展中一个重要的转折点。元代以今建水为中心，在立军、民屯田的同时广设驿站，而张立道首创庙学于建水，不仅为滇南兴办教育之开端，更为建水地区的发展奠定了基础。经历元明清三代，建水地区逐步发展成为滇南政治、军事、文化、教育中心。

清代，建水地区已经有了较为完备的史料档案，除了全省性的志书外，涉及建水地区的史料还有嘉庆《临安府志》、民国《续修建水县志稿》。笔者基于两本志书中记载的有关建水地区的疫灾情况为主要依据，参照同时期相关文献以及前辈研究，结合时间、空间、环境、文化等因素，对清代以建水为中心的临安府地区发生的疫病与疫灾应对做一次尽可能接近历史的真相梳理，以求教于方家。

第一节　清代建水疫灾史料整理

在民国《续修建水县志稿》中，对有清一代建水地区的灾害与疫病的记录

---

* 本章由国家社科基金重大项目“中国西南少数民族灾害文化数据库建设”（项目编号 17ZDA158）成员杨筱奕的中期成果《清代建水地区疫灾及应对刍议》改编而成。

更为完备与细致，记载了包括火灾、旱荒、地震、水灾、疫病等多种现象在内的“灾”或“瑞兆”，也有生三胞胎等“异象”等，共 57 种/次。而我们都知道，古代常常浓墨重彩描述的“祥瑞”或“异兆”的各种祥云、彩云出现的天文现象，“水中现蛟/鱼”等水文现象，以及燕群、昆虫等迁徙的物候现象，只不过是各种自然现象的异常发生，既不能预示，又不能导致什么发生。通过对这些史料进行整理与辨析后，笔者排除高达33种/次的各类天文、自然等现象的记录，清代建水地区有史可考的、符合本章研究对象及内容的疫灾情况如下：

（1）8次旱灾。分别为同治十年（1871年）、光绪四年（1878年）、光绪十四年（1888年）、光绪十九年（1893年）、光绪二十三年（1897年）、光绪三十二年（1906年）、光绪三十三年（1907年）、光绪三十四年（1908年）。

（2）6 次地震。分别为乾隆二十八年（1763 年）、乾隆三十六年（1771年）、乾隆五十五年（1790 年），嘉庆四年（1799 年）、道光十三年（1833年）、光绪十三年（1887年）。

（3）4 次火灾。分别为嘉庆二十三年（1818 年）、光绪十六年（1890年）、光绪十九年（1893年）、宣统二年（1910年）。

（4）3次疫病。分别嘉庆十七年（1812年）、道光七年（1827年）、同治十二年（1873年）。

（5）3 次水灾。分别为嘉庆十五年（1810 年）、道光二十五年（1845年）、光绪二十年（1894年）。

由于本志书记载的时间从乾隆时期开始，笔者又查阅了嘉庆《临安府志》，其中康熙三十一年（1692 年）发生地震，康熙三十二年（1693 年）、康熙三十八年（1699 年）“大雨导致河堤溃决淹没田庐”[①]，康熙五十二年（1713 年）发生地震，康熙五十三年（1714 年）发生饥荒。在雍正朝，“六年疫”[②]，这几次发生在清初期的疫灾虽未记录发生的具体地点，但也暂不可排除其涉及建水地区。在此，还要补充的一点是，从咸丰六年（1856 年）到同治十一年（1872 年）建水地区也陷入了战乱，甚至到了光绪二十九年

---

① 嘉庆《临安府志》卷十七《祥异》，南京：凤凰出版社，2009年。
② 嘉庆《临安府志》卷十七《祥异》，南京：凤凰出版社，2009年。

（1903 年）局部地区仍有匪患。由此可见，清代发生在建水地区的疫灾情况在 30 次左右。

在这些疫灾中较为严重的分别为乾隆二十八年（1763 年）和道光十三年（1833 年）持续两月左右的地震。两次地震都给居民财产带来了巨大损失，尤其是房屋倾倒、坍塌。这在今天或许并不算什么大的损失，但对于当时穷困、收入较低的底层民众来说，无疑是雪上加霜。特别道光年间的地震，在曲江一带“震覆没人民甚众”①。而嘉庆十七年（1812 年）、同治十二年（1873 年）的“大疫”，同治十年（1871 年）的旱荒，更在史书中留下了较为详尽的记载。

综上，清代建水地区灾害发生频繁、间隔较短，各灾种轮番交替，尤其咸丰以后，战争、干旱、疫病交织在一起，给当地社会发展、民众生活、经济文化等都造成了较为深刻的影响。

第二节　清代建水地区的疫病概况

从目前情况看，清代建水地区发生的疫病可能有 4 次，除雍正六年（1728 年）的疫病情况暂无其他资料佐证、内容不详外，其余 3 次疫病的情况我们是可以窥见一斑的。民国《续修建水县志稿》载：“自嘉庆壬申冬大疫，道光丁亥疫至同治癸酉年疫至（光绪）癸巳止，均凡十七八年传。”②可知，三次疫病的时间分别是嘉庆十七年（1812 年）、道光七年（1827 年）、同治十二年（1873 年），其中嘉同年间的两次疫病，均持续了十七八年，历时较为长久。

我们都知道，我国古代医学知识与医疗手段相对不发达，而医学理论体系与治疗方法对于传染病等细菌性疾病的治疗相对薄弱，因此不要说开展疫病的预防与防控，就连疫病的种类也无法分清。所以，在大多数史料中对于疫病的记载通常只有寥寥数语，最多因其程度、范围和影响的不同加以“大”字来形容。

由此我们可推断嘉、同年间的两次疫病程度和影响范围很大，造成的后果

① 民国《续修建水县志稿》卷十《祥异》，南京：凤凰出版社，2009 年。

② 民国《续修建水县志稿》卷十《祥异》，南京：凤凰出版社，2009 年。

应该也是惨烈的。有幸的是，续修县志之时间较近，可查找、运用的资料较丰富，而同时期的西学东渐与我国传统知识的交汇融合，使得我国各学科都得到不同程度的发展，其中也包括医学。由此，史料中不仅记载嘉庆、同治年间是“大疫”，更对当时的疫病情况有着相对翔实的记载，这也更加有利于我们对疫病情况做更进一步的分析。

首先，明确了疫病的种类。此前对历史上的疫病记载很少明确其类型，而在本志书中对疫病种类却十分明确，是鼠疫。“嘉庆十七年……大疫。此疫，即同治年之痒子症……今传至外洋谓为鼠症，亦称鼠疫。”①“同治十二年癸酉六月，大疫。即嘉庆间痒子鼠疫。”②同时，在史料中对于疫病的表征也有着翔实的描述，十分符合鼠疫的表现。“（嘉庆鼠疫）初起发热或生核在肤窝、胯缝间或痰带血丝……先死鼠……”③，“（同治鼠疫）瘟疫流行处有硫磺气……鼠腐……”④。而道光七年（1827 年）丁亥六月发生的疫病，仍只有寥寥数语，使得我们对于此次疫病几乎无甚了解，甚至具体是什么病症和有什么影响也无从知晓。但结合当时建水地区以及整个云南省的情况来看，道光年间的疫症也当属鼠疫，只是相比前后两次，此次疫病的影响与破坏可能相对温和，因此，记载则相对较少。

然而，在不同的史料中，对于建水地区同治年间疫病的时间记载则略有出入。《云南通志》卷一百六十一《荒政考》记载为“同治十一年”，而在民国《续修建水县志稿》却记载为“同治十二年六月”，两者在时间上至少相差了半年之久，缘何？由于两本志书中对其记载均为“大疫”，所以用一个是刚爆发、另一个是大爆发的时间差来解释似乎有些牵强。那如果不是某一本志书的作者或传抄者的笔误，还会有什么原因呢？《云南回民起义史料》记载，1872 年岑毓英攻打馆驿其间发生了瘟疫，清军患者甚众，就连岑毓英本人也染疾，并因此折回通海疗养。⑤民国《续修建水县志稿》也详细记载了咸同年间临安府建水地区因咸丰六年（1856 年）石羊回汉争厂引发了长达十八年的战乱及其

---

① 民国《续修建水县志稿》卷十《祥异》，南京：凤凰出版社，2009 年。
② 民国《续修建水县志稿》卷十《祥异》，南京：凤凰出版社，2009 年。
③ 民国《续修建水县志稿》卷十《祥异》，南京：凤凰出版社，2009 年。
④ 民国《续修建水县志稿》卷十《祥异》，南京：凤凰出版社，2009 年。
⑤ 荆德新：《云南回民起义史料》，昆明：云南民族出版社，1986 年，第 438 页。

详细经过。其中，在同治八年（1869 年）回众屯聚馆驿并以此肘腋临郡，而岑毓英在省城解围后，亲自挂帅督师三载。[①]由此我们推测，省志中记载暴发于1872 年的疫病，地点是战争地点——馆驿，感染疫病的主要群体是军士，甚至疫病极大可能是随军队从其他地方带来的；而县志中记载的时间已然是疫病从主战场馆驿扩散到建水县周边并大爆发的时间。结合相关史料情况看，这样的推断基本是合理且成立的。

因此，我们基本可以得出以下结论：一是两部志书中对于疫病暴发的时间差是由于疫病暴发地点不同而产生的；二是当年军队途经或驻扎的地方往往成为该地鼠疫发生、流行的起点；三是清代建水地区鼠疫发生与战争和军队迁移有着极大关系。

其次，疫病的范围及影响。清代建水疫病发生主要集中在中期以前，且发生的间隔短、持续时间长、破坏大、影响深远。嘉庆、同治年间的两次疫病“俱历二十余年始平息”[②]，“（嘉庆十七年疫）民多绝户。病能传染……患至对时立毙。医药罔效”[③]。可见，建水地区暴发的鼠疫，从感染发病到死亡的时间很短，加之“病能传染”，乃至“医巫亦断魂”[④]，不要说治愈疫病，就连有效缓解的良方都没有。居民在饱受战乱和妻离子散的同时，又得面对未知疾病和死亡的威胁，生活在水深火热之中。当年全省范围的战争与瘟疫交织，给云南人口带来了巨大的冲击，从同治十二年（1873 年）全省的情况来看：“自军兴以来，各属久遭兵燹饥馑瘟疫，百姓死亡过半……现查各属百姓户口，被害稍轻者十存七八，或十存五六不等，其被害较重者十存二三。约计通省百姓户口，不过当年十分之五。”[⑤]可见疫病对人口造成的损失不在少数，甚至可以说不亚于战争。那么建水地区的具体情况又如何呢?

虽然清光绪之前建水地区并没有官方的人口统计资料，但从一些记载中我们也可以对当年的疫灾特别是疫病造成的人口损失情况做一个大概的了解。从同治年间官方的记录“（同治十二年疫）沿城乡到处传染村居烟户百余家，亦

---

① 民国《续修建水县志稿》卷四《戎事》，南京：凤凰出版社，2009 年。

② 民国《续修建水县志稿》卷十《祥异》，南京：凤凰出版社，2009 年。

③ 民国《续修建水县志稿》卷十《祥异》，南京：凤凰出版社，2009 年。

④ 民国《续修建水县志稿》卷十八《诗文二》，南京：凤凰出版社，2009 年。

⑤ 转引自曹树基，李玉尚：《鼠疫：战争与和平——中国的环境与社会变迁（1230—1960 年）》，济南：山东画报出版社，2006 年，第 135 页。

年死百数十人……避匿山野间，结茅而居”[①]来看，疫病虽然传染和致死率高，但死亡人口的比例相对其他地方来说不算很高，而人们为了躲避战争和疫病，都不得不搬离故地。

而恰巧在 1872 年 10 月，法国人埃米尔·罗歇正巧从新兴到蒙自，在经过曲江、快到临安前到了一个叫李家营[②]的地方——这个村庄因部队经过、战争冲突及匪患遭受了很大损失，主要的原因是人口减少导致的田地荒芜、村寨凋敝，而对于村庄人口减少数量及原因，作者写道：“据（李家营）当地要人估计，冲突发生前村里的 50 至 55 户人家现在至少减少了一半，从这个数字上还得减去政府军包围广驿[③]以来回来要求收回权利的居民……村子里一个人都没有，村民们……为了躲避瘟疫的侵袭，他们放弃即将收割的庄稼，因为在他们眼里瘟疫要比起义方可怕很多。那年，可怕的灾难在这个地区来势凶猛。”[④]因为李家营与曲江、馆驿相距不远，所以他经过时，正巧也是疫病暴发后不久，因此该条记录具有较高的可信度。

从中我们也可以发现，减少的“一半”人口不全是因为疫病死亡，也有可能死于战争，而更多的应该是为了躲避战乱和疫病搬离家园，躲匿于山野去了。[⑤]因此，在疫病暴发中心周边约 20 公里的地方，真正死于疫病的人口数不会太多。但曲江周边，尤其是馆驿作为当时疫病的中心地和参战军队的主要驻扎地，疫病的情况也不容太乐观。

目前，现有的研究表明，咸丰、同治年间的战争中心区即鼠疫流行的中心区，主要是云南、澂江、武定、楚雄、蒙化、大理、景东、镇沅和普洱诸府，而其他地区受战争影响较小或未受战争影响，其地稍有鼠疫流行或无鼠疫流行，人口损失不是很大，但也有例外。[⑥]可惜的是，笔者暂无当时或后来开展

---

① 民国《续修建水县志稿》卷十《祥异》，南京：凤凰出版社，2009 年。

② 从作者行走的路线上推断，李家营应为“李浩寨”。

③ 应为“馆驿”，笔者注。

④（法）埃米尔·罗歇著，李明强译：《漫游彩云之南：穿越云南的惊奇之旅》，昆明：云南人民出版社 2018 年，第 108 页。

⑤ 民国《续修建水县志稿》卷十《祥异》记载：“同治十二年大疫……时近黄昏寂然，傍晚闭户熄灯眠禁不敢声鬼……亲戚罹传染，不敢通吊问，甚或家有病者，父母昆弟忍弃，置不相顾。避匿山野间，结茅而居……”

⑥ 参见曹树基，李玉尚：《鼠疫：战争与和平——中国的环境与社会变迁（1230—1960 年）》第六章，济南：山东画报出版社，2006 年。

的与建水地区鼠疫调查有关的资料和数据，所以对于具体的情况无法做深入统计与分析。

但基本可以推断，疫病导致建水地区人口的死亡数量应该不会太多，即使有曲江、馆驿等此类易暴发疫病的军事驻扎地。因军事驻地数量不多，多属于单点、局部区域。所以综合来看，清代建水地区死于疫病的人口数量不会低于1/5，但应该也不会超过 1/3[①]；而人口的损失更多的是因趋避疫情、战争的迁移。即便如此，战争、灾荒、极强传染性烈性疾病的间隔性接连出现，进一步导致了建水地区的萧条与凋敝："田地荒芜，城市萧索，乡民衣服褴褛，妇女至不能蔽体……凋敝情形……。"[②]"迨至光绪癸巳（清光绪十九，1893 年）疫始息。此二十余年间，我民朝不谋夕……。"[③]嘉庆年间的鼠疫对当地文化、教育的发展也产生较为严重的影响，以前被称为"滇南邹鲁"的建水，到道光十六年（1836 年）"庠序之士已不及从前之半"[④]。

最后，人们对于鼠疫的认知。此前有学者提出滇南地区，特别是以临安府医生谢本仑为代表的群体，认为鼠疫的产生是天灾，并没有接受地鬼或地毒的观点。[⑤]对此，笔者觉得这一观点有待商榷。民国《续修建水县志稿》记载："道光七年丁亥六月疫……闻初有此症时，迤西某处常起霞气。居民掘得一瓶，揭封有黑气冲出，由此疫染渐遍。"[⑥]

可见，建水地区人们把疫病的最初发生地指向了迤西，而深埋在土中装有"黑气"的瓶子，才是疫病的罪魁祸首。因此，笔者认为建水地区的民众对于疫病"地毒"论还是有受众和支持者的。如果说此记载是转自迤西的说法，那么亨利·奥尔良 1895 年初在蒙自时也听到过"地毒"的观念："当地土著居民十分畏惧鼠疫……据说病毒来自地下，上升过程中碰到什么就袭击什么。"[⑦]

---

① 参见曹树基，李玉尚：《鼠疫：战争与和平——中国的环境与社会变迁（1230—1960 年）》第六章，济南：山东画报出版社，2006 年。

② 民国《续修建水县志稿》卷二《田赋·光绪九年永远裁革夫马奏疏》，南京：凤凰出版社，2009 年。

③ 民国《续修建水县志稿》卷十《祥异》，南京：凤凰出版社，2009 年。

④ 民国《续修建水县志稿》卷十二《艺文二·新建崇正书院记》，南京：凤凰出版社，2009 年。

⑤ 李玉尚，顾维芳：《都天与木莲：清代云南鼠疫流行与社会秩序重建》，《社会科学研究》2012 年第 1 期，第 146 页。

⑥ 民国《续修建水县志稿》卷十《祥异》，南京：凤凰出版社，2009 年

⑦（法）亨利·奥尔良著，龙云译：《云南游记——从东京湾到印度》，昆明：云南人民出版社，2016 年，第 19—21 页

只不过外国人并没有记载这个毒是不是黑色。

那为什么这个来自地下的毒气是黑色，而不是紫色、绿色等其他颜色呢？一般来说，我国古代虽然有将黑色看做为是严肃、庄重的场合，但更多时候“黑”代表了伸手不见五指的黑夜，是人们在没有火或照明条件下的恐惧留存，所以这里的黑气，也是人们对于疾病“未知的恐惧”。再从五行上来看，黑色代表了北方，而北方也意味着冬季和万物凋零，弥漫着肃杀和死亡之味。[①]所以，这里的“黑气”既是古人对疫病及未知的恐惧，又是大地中孕育的邪秽、不洁之气，更是死亡之意。

第三节　清代建水地区的疫灾应对

建水地处滇东高原南缘，位于低纬度地区，地势南高北低。境内东西走向的山脉分南北两支，将建水和曲江两个坝子隔开，境内主要河流泸江河、曲江河、塔冲河、南庄河等属南盘江水系；坝头河、玛朗河、龙岔河等属红河水系。同时受季节和地形变化影响，呈现出夏季炎热多雨、冬季温和少雨的立体气候特征。由此来看，建水地区最容易出现的自然灾害主要是旱涝灾害，尤其是干旱，而这在清代史料中也得到了印证。

有清一代，建水地区至少发生了8次干旱、3次洪涝，尤其在清中期以后间隔频次更高：“丁亥地震……异龙湖水陡落，来源枯竭，泸江无水……同治十年旱荒……光绪四年戊寅春夏不雨；十四年戊子春二月至五月不雨；十九年癸巳春三月至六月不雨；二十三年丁酉正月至六月不雨……三十二三四年丙午、丁未、戊申连年大旱，秋谷不登。”[②]这些能够载入史册的干旱，无一不是对民众生活产生了极大破坏的灾害。

干旱导致的最直接后果便是粮食减产甚至无收，随之而来便是米价变贵，人民生活更加困苦。被称为“罕见之奇灾”[③]的同治十年（1871年）的旱荒，因与战争交织，粮食产量或低或被征用军粮，民众只得食用“粥、杂粮，煮瓜

---

① 陈鲁南：《中国历史的色象》，北京：现代出版社，2020年，第189页。

② 民国《续修建水县志稿》卷十《祥异》，南京：凤凰出版社，2009年。

③ 民国《续修建水县志稿》卷十《祥异》，南京：凤凰出版社，2009年。

薯芋蔬充饥，或铲田间细草（俗名锅肥草）合糖作饼以为生活”[①]，甚至到后来“草根树皮争相剥取殆尽”[②]。

光绪年间的连年干旱，加剧了灾情，加之各种灾害轮番交替上演，致使米价暴增：“（光绪三十四年）时用银币每元得米二升，贵乃如珠，馁且待毙。迺及分设公局平粜动支国币……此后银每元市米四五升为常价，较光绪初年六七倍，较中年亦三倍，生计艰难，日甚一日。”[③]战争、干旱与疫病交织在一起，建水地区更是陷入了空前的萧条。面对荒芜的田地、高昂的粮价和水深火热的民众，不论地方政府还是乡绅都出钱出力，以解燃眉之急。

首先，地方官绅主导了平粜、赈灾以及赠医施药。“时连年大旱，全滇殆徧，建邑尤甚。百里内外无米可购，郡守党蒙忧之，倡首垫款万元并委县令伍毓崧、邑绅吴迎昌、曾傅经……等劝募万金，赴元江、江外、宜良、新兴等处购米平粜。鄂督岑春萓拨银十万元交往港邑商石文光……等购迎越米，委员王瑚解赴临安设普济局，于各村寨设局分赈。总兵苏抚元亦廪请变卖营业为办赈之助，得银三万余元，以万余元设常平局，余款为建习艺所及修河口商埠之用。邑绅孙朝宗……朱朝瑛……等并集资添设公益米局，范九龄……等又借垫款万余元添设康济局。旱灾上闻，诏，发国币三千五百元。四川提督马维骐捐三千元，宫保盛宣怀滇省赈款临安分润数百元。其余捐助甚多，后任总兵刘锐恒县令王泽深相继办理，备极勤劳。”[④]

除了以官方为主导以及地方性乡绅团体的集体组织外，个人捐赠也较为突出。“戊子岁，大都督张公……出镇临元。初下车，勤求疾苦……协济本邑米概运府仓……复劝谕崇尚节俭……一苏爰乃广义田，以济茕独，施棺木以免暴露，更出清俸分发三营。乘时市谷毌抑毌勒各营，各五百石贮公所，名曰义谷。夏秋之交听兵支领，照所入价平粜之计一年之饷渐次抵除……捐置义银若干，婚嫁丧葬量酌相资亦计以数抵除。如谷价例而今而后临之军士殆养生丧死无恨矣……”[⑤]

---

① 民国《续修建水县志稿》卷十《祥异》，南京：凤凰出版社，2009 年。

② 民国《续修建水县志稿》卷十《祥异》，南京：凤凰出版社，2009 年。

③ 民国《续修建水县志稿》卷十《祥异》，南京：凤凰出版社，2009 年。

④ 民国《续修建水县志稿》卷一《善举·公仓府之乙巳丙午平糶》，南京：凤凰出版社，2009 年。

⑤ 民国《续修建水县志稿》卷十二《艺文二·郡城张其蕴总镇捐置义谷义银记》，南京：凤凰出版社，2009 年。

可见，在灾害面前，不仅建水的地方官员，就连邻里地方官员亦相互帮扶，尤其是本地乡绅也团结起来，四处奔走采购大米，并坚持平价出售，有力地缓解了因战争、干旱带来的粮食短缺以及米价高昂的问题，在一定程度上缓解了人民生活。地方性团体和邻里社会组织相结合的民间互助、有效组织与高效应对，极大地缓解了地方性粮食短缺，为维护社会稳定、帮扶民众提供了重要支撑，“这种突破血缘的友爱精神……也就放大了农耕民族抗灾救助的潜力”[①]。

建水地区以乡绅商贾为主导的“平粜”，往往因为“不清门户，贫富混淆，随来随卖，多寡不均。买米者纷至沓来，应接不暇。以致蜂拥嘈杂，男女老幼自相践踏，至于垂毙”。于是绅士吴迎昌、杨映章、佴美中、魏文光、王者义、普安邦等发起了办粜规则，其具体措施为（1）清门户。择其贫困者给以木牌，一面牌上书全月日数，又由局制盖印油飞（飞上书号码涂以桐油，取其上坚而字不磨减）。（2）持牌买飞，凭飞给米。买飞时用红黄绿黑四色涂记牌上。（3）每买一日即行圈，过以杜重。（4）此月用红，彼月用黄，轮流而圈。一纸可得四月。（5）圈满易之。（6）两廊分设买飞处，以别男女。[②]规则的制定和实施，使真正需要帮助的人得到了帮助，减少甚至杜绝了浑水摸鱼的人。

其次，官方赈灾以及朝廷减税免租等措施的执行。官方的屯粮仓库发放赈灾米粮，如建于曲江的常平仓，在道光二十九年（1849 年）就发挥了重要的救灾作用。[③]而减免租税更是让民众短时间内生活有了更加充分的保障。“（同治十二年润六月）谕内阁云南自军兴以来迄今十月，八年，郡县城池大半被贼蹂躏，小民颠沛流离，深堪矜悯。见在地方甫就萧清，流亡未集，若将积欠钱粮照常征收，民力益形拮据。著加恩将同治十一年以前民欠钱粮概行豁免，其本年应征钱粮著该督抚督饬地方官认真清查，分别荒熟地亩，酌量征收成数奏明办理。”[④]“滇省……请自同治十三年起，予限十年，将各属钱粮暂行蠲

① 王邵东：《论古代社会农耕民族 与游牧民族对抗灾荒的不同方式》，《原生态民族文化学刊》2019 第 3 期，第 22 页。

② 民国《续修建水县志稿》卷一《善举・公仓府之办糶规则附》，南京：凤凰出版社，2009 年。

③ 民国《续修建水县志稿》卷一《善举・公仓府》，南京：凤凰出版社，2009 年。

④ 民国《续修建水县志稿》卷十一《艺文一》，南京：凤凰出版社，2009 年。

勉”[①]等。

最后，对灾害的提前防御。如果说疫病是无法预知与预防的，那么旱涝则是在一定程度上可以提前防治的。建水地区河道众多，但地形复杂，为了更好地治理洪灾，临安府从雍正年间在总督鄂尔泰关注下，便开始了兴修水利，既保证了粮食灌溉与军民用水，又在一定程度上防治了洪涝灾害。“雍正八年制军鄂檄下，太守张鸩工疏凿……制军闻而遣祭且谕神与民除害……自是水不为害。岁在庚辰，予（总兵佟国英）初莅镇临元军……询悉临安水利最重三河，而近复不能无害。盖当上游水塘凡三处力能支分水势，以豪石右佔堰而田水发既旁无可泄又下游沙淤过岸势必驶而横溢，束而倒流……骤大淫雨决堤冲刷田庐，居民惊避……当是时，太守双建水牧吴皆公出予为分督军，卒负石囊土抢塞决口，排通沙淤，最洼处水遂行。守牧公旋多方鸩集民以安堵……于是太守下教清所佔偃复三塘浚淤沙深阔无稍使硬。自是临之民享水利，不复受水之害……”[②]

清代以来，建水地区官绅民众都积极参与河堤修筑、河淤清理等水利工程。比如，查清了泸江河形势，并因地制宜设计了河道与工期，完成了河道疏导。经过经年不断的整治河道，临安府建水地区的河道问题得到了有效治理。

> （泸水）昨年丙子淫雨为灾，水患尤甚，秋间决堤……西南半壁田禾尽没，庐舍尽漂，儿童妇女于惊涛怒浪中趋避不及……镇帅王公（讳洪仁，字育万，宁夏人，以大都督驻镇临元）登城一望……遂决意修河筑堤。丁丑春，初捐资起工，以二三营弁董之画地分工照界修筑……公肩舆减从亲视……区划调度悉有良法……夏月工竣，民无水患，是岁年丰，百姓悦之……[③]

综上可知，清代建水地区在面对自然灾害及疾病时，主要依靠地方政府及本地乡绅团体等组织出资并积极参与灾害救助；特别是任职官员、本地士绅等地方上层人士在抗灾救助中发挥了主导作用。另外，对于可预见的灾害，如洪涝等，采取兴修水利、疏导河道等措施给予提前防治。

---

① 李春龙点校：《新纂云南通志（七）》卷一百三十八《农业考一》，昆明：云南人民出版社，2007年。第9—10页。

② 民国《续修建水县志稿》卷十二《艺文二 · 重修灵应寺碑记》，南京：凤凰出版社，2009年。

③ 民国《续修建水县志稿》卷十二《艺文二 · 总镇王公修筑河堤碑记》，南京：凤凰出版社，2009年。

本章小结

本章通过对清代建水地区疫灾情况的整理，我们可知清代建水地区发生灾疫的时间间隔较短，不仅破坏性大，而且产生的影响及范围也较大。同时，几乎每一次灾害的发生都不是单一的，往往伴随着其他灾害同时出现。

嘉庆、同治年间发生在建水地区的 2 次鼠疫，特别是同治年间的鼠疫很大程度上与战争中军队迁徙有关，而疫病、战争灾害尤其是干旱对建水地区人口、经济、农业等造成了一定的影响，但相比同时期全省其他地方的情况来看，受害程度则较轻。到了清代后期，灾害导致的米价暴涨对当地人民生活造成了极大影响。在灾害发生及解决的过程中，相比国家层面直接救援的缺位、滞后及失效等，以地方官绅为主导的地方性组织、团体应对则更为及时，而发挥的作用也更为积极有效。

在面对可预见的灾害时，官绅团体也做到了提前预防。甚至发生灾害时也能主动、积极担当，有效组织军民参与灾害抵御与救治。

当然，到了清代末期，由于政局的动荡、局部战乱的发生等，本地官绅的对于日常活动监管、生产经验的管理等也出现了一些问题，导致了其他人为灾害的出现，如清代建水地区的火灾均为人为因素或战争造成。虽然，此时以地方乡绅为主导的地方性团体存在一定的问题与弊端，但在面对自然灾害与疫病之时，其有效、及时的组织、协调和应对，在很大程度上缓解了本地灾情，为稳定地方政治、保障地方民众生活等发挥了积极作用。

第六章　20世纪50年代以后云南疟疾控制问题研究

疟疾是历史上影响、危害最严重的蚊媒传染性疾病，是当今世界死亡人数最多、疾病负担最重的疾病，成为全球广泛关注的重要公共卫生问题之一，降低疟疾发病率、减轻疟疾疾病负担被列入联合国千年发展目标。20世纪80年代后，卫生防疫现代化进程加快，“控制”一词引入疾病的预防和治疗中，疟疾控制作为一个集预防、治疗为一体的医疗防治措施，成为国际卫生组织最为关注的问题，在实践中取得了较好的成效。

云南是中国主要的疟疾流行区，也是恶性疟疾的高发地区，疟疾的发病、死亡人数一直居全国之首，对云南社会经济的发展造成了巨大影响，从政治、经济到军事、文化，从社会生活到医疗卫生、社会心理，都受到了疟疾的冲击。疟疾控制在20世纪五六十年代以来成为云南疾病控制中最受关注的问题。随着中国卫生防疫现代化进程在边疆民族地区的推进，尤其是20世纪80年代后全球疟疾防治工作的广泛开展，疟疾流行得到较好控制。21世纪后，疟疾逐渐成为可控的、甚至将很快被消灭的疾病①，受到了研究者的极大关注，其控制措施、防治方案及其成效、发展与变化趋势等，成为疟疾防治研究中最具吸

* 本章由国家社科基金重大项目“中国西南少数民族灾害文化数据库建设”（项目编号 17ZDA158）负责人周琼的研究成果改编而成。

① 2010年中国正式启动了国家消除疟疾行动，2021年世界卫生组织正式宣布中国消除疟疾。

引力的课题，也成为现当代医疗疾病史研究中最具学术价值研究方向之一。

第一节　疟防政策及其制度化与云南的疟疾防控

在中国疾病控制史上，国家政策及制度的力量往往具有无穷的威力。在中国现当代疟疾控制中，制度的建设及其贯彻就成为良好成效的保障。疟防制度是疟防政策的具体化及规范化、法制化的体现，疟防政策的制度化对中国的疟疾控制起到了积极影响，使戴着高疟区帽子的云南在短短五十多年的时间中在疟病控制方面取得了较好的社会效果。

一、20世纪50年代—1977年的疟疾防治政策

20世纪50年代—1977年，中国境内包括疟疾在内的疾病防治与控制，被赋予了政治内涵。疟疾受到了党和政府的最大重视，此期可称为中国疾病防治史上的“毛泽东时代”。毛泽东的疾病防治思想及指导性政策、措施，贯穿在每一条疟疾控制的文件、总结材料、工作报告中，“与疟疾作斗争，战胜疟疾”成为疟疾区的重要任务。此期的疟疾控制可分为以下两个阶段：

（1）1949—1955年，是云南疟疾防治调查摸底和重点防治工作阶段。疟疾被作为云南社会各个层面重点防治疾病，无论是医疗机构的医务工作者，还是疟疾区的各类医疗人员、普通民众，都参与了“控制、消灭疟疾”的战略目标。“各级党政部门对疟疾防治工作高度重视”成为当时疟疾区医疗卫生及政府工作报告中不可或缺的话语，疟疾防治不仅仅是卫生革命的问题，也成了巩固新政权的政治问题。

在政府的强力介入及主导下，疟防工作不断深入，并在卫生疾病防范的宣传中，将疟疾防治与爱国主义联系到了一起，时称“抗疟爱国卫生运动”。因此，疟防工作在各地因“进行爱国主义与工农联盟的教育”①而得到大力推广，疟防工作也迅速取得了较好成效，“群众更进一步体会到党和政府关心人民群众事事周到”②，不仅进一步巩固了新生政权，反过来又推动了疟防工作

① 《思茅县疟疾防治站1955年度工作总结》，1955年，档案号：Y-SM-1955-1，云南省寄生虫病防治所档案。

② 《云南省思茅县疟疾防治站一九五四年上半年度工作总结》，1954年，档案号：34-2-12，普洱市档案馆。

的顺利开展。

（2）1955—1977 年，是云南省疟疾的全面防治工作阶段。这个时期，宣传部门继续以各种形式，展开了对疟疾区民众“疟疾防治动员”的宣传，疟疾区基层群众自觉配合疟疾的各项防治工作。无论是医疗工作者，还是普通民众，都认为控制及消灭疟疾是可能的，当时国内学者出版的论著，也都以疟疾的预防、控制及消灭作为著作的名称。1966 年编印发现的《疟疾防治手册》就以通俗易懂、操作性强的特点，宣传了疟疾防治的办法，从其中辑录的《预防疟疾歌》中可见一斑：“疟疾也叫发‘脾寒’，原虫就是病根源；神鬼食水是骗人，蚊子咬人把病传。党和政府关心咱，治疗疟疾不要钱。若是得了疟疾病，赶快去找卫生员，按时吃足八次药，防止以后病再犯；讲好卫生灭了蚊，保证不得疟疾病。全党全民组织起，积极防治莫迟疑；男女老少身体健，搞好生产保丰年。”此类疟防宣传非常成功，使疟防政策很快深入人心，加快了疟防措施顺利推进的速度。

在此基础上，疟防制度逐渐出现雏形并同一些具体实践措施建立起来。如云南疟防区就建立了基层卫生防疫制度，不仅派遣专职疟防医务人员，也调动乡镇村寨的流动防疫人员——赤脚医生，积极开展卫生防疫工作。中华人民共和国成立初期就培养的大批基层卫生人员（抗疟员），以及农村地区的村医，掌握了乡村地区疟疾的准确发病率并对之进行治疗，在一些抗疟组不能到达的地方，保证了抗疟工作的照常进行，还避免了中途停止服药或不按规定服药等浪费药物的现象。云南思茅地区（今普洱市，下同）的疟防组还在“每村选出一人任卫生干部，人口较多的村子可选出 3—5 人，成立卫生组”[①]，通过卫生组长、村医或互助组长、妇女主席等适时监督检查群众服药，如“下河生产农民的用药交与同去的卫生员或民间医负责，并监督服药，没有民间医生、卫生员同去时就由他们选人管理或直接将药交与本人互相监督服药”[②]。

此期疟防制度建设中最突出的一点，就是经费投入形成制度化保障，经费投入力度的加大，使疟防工作中必需的药品、器械、工具得到了保障，保障了

---

① 《思茅县疟疾防治站 1953 年度工作总结》，1953 年，档案号：Y-SM-1953-1，云南省寄生虫病防治所档案。

② 《思茅县疟疾防治站 1955 年度工作总结》，1955 年，档案号：Y-SM-1955-1，云南省寄生虫病防治所档案。

疟防工作的成效。如脊髓灰质炎、麻疹、乙脑、白喉、破伤风、百日咳等疾病，开始采取免费接种的政策，《疟疾防治手册》的小册子里提到的“党和政府关心咱，治疗疟疾不要钱”的政策，被作为长期疟防措施保留下来而成了制度。因为有了特殊的政策支持，尽管当时经济十分困难，但疟疾防治的必须经费、药品、医疗器械等，都能得到充分的保障。这对云南疟防工作成效的取得提供了最大限度地保证，是最具时效也是最能获取基层民众拥戴的措施。20世纪六七十年代，中国政府开始投入资金，大力发展生物制品的研发，疫苗的品种和产量不断增多，推行全民免费普种牛痘及其他免疫生物制品，预防接种规模也不断扩大。几代防疫人员持续深入到疫区，克服难难万险，使疾病控制工作取得了持续成效，疟疾发病率逐步下降。

因此，国家的卫生疾病防治政策对云南疟疾的控制产生了积极影响，其成效是显著的，云南疟疾发病率从1953年的2379.59/100 000下降到2008年的8.063 8/100 000[①]。很多民族地区的卫生防疫档案资料、卫生志甚至疟防研究论文里，都记载了类似“昔日瘴疠之区，今朝鱼米之乡”，或“瘴区已成今日各族人民安居乐业、民康人寿的新边疆”等文字。

二、1978—2000年后云南疟防制度化建设的重大进展

1978年以后，云南省的疟疾防治工作及其制度化建设取得重大发展与突破。

云南疟防工作随着中国疟防制度建设得到了更好的推进，《中华人民共和国传染病防治法》将疟疾按乙类传染病进行管理。1984年，卫生部出台了《疟疾防治管理办法》，1985年，卫生部等六部委联合发布了《流动人口疟疾管理暂行办法》，推动了疟疾防治工作的开展，1986年又出台了《控制疟疾、基本消灭疟疾、消灭疟疾及基本消灭恶性疟标准（试行）》。卫生部先后制定和发布了每5年1期的《全国疟疾防治规划》[②]。

在云南疟防制度的建设中，疟防人员的培训制度是实施效果最好的制度。为了培训疟防人员，疟疾专家咨询委员会每年都举办各种形式的训练班，仅1979—1998年的20年间，培训的疟防人员和基层卫生人员达71.6万人次，使

① 陆林，袁新华，程春：《云南传染病历史、现状及挑战》，《昆明医学院学报》2009年第8期。
② 焦岩，孟庆跃：《我国疟疾防治形势、政策干预和挑战分析》，《中国初级卫生保健》2006年第1期。

疟区的防疫机构拥有一批训练有素、富有实践经验的疟防队伍[①]。很多机构如云南省疟疾防治研究所为了保障防治人员的医疗技能，还对医疗人员的技能进行调查，并针对调查结果采取相应的改善措施[②]。

疟疾控制的制度化建设及推进，是与相关规定的出台及执行相伴随的。20世纪80年代，卫生部印发的《疟疾防治管理办法》《疟疾防治技术方案》《疟疾防治手册》等，极大地推进了疟防工作的制度化进程。2002年，各省（区、市）认真贯彻落实《关于认真做好全国疾病预防控制业务统计调查工作的通知》和《2002年中国卫生统计调查制度》，均使用新制定的疟疾疫情报告表上报疫情，漏报情况得到了极大改善[③]，中国疟疾防治资料更为全面。2003年5月，卫生部出台的《疟疾暴发流行应急处理预案（试行）》中规定，在发生疟疾大范围暴发流行或局部暴发流行时，疫情发生地可根据疫情的发展趋势和控制暴发流行的需要，在疫区成立疫情应急处理工作领导小组[④]，这使疟防应急工作得到了极大推动。2005年，卫生部又制订下一个“五年计划”和全国疟疾防治中长期规划[⑤]，这对云南乃至中国的疟防工作制度化建设起到了积极作用，也对疟防工作的开展及取得实际成效提供了保障。

此后，疟疾控制成为地方政府领导的工作职责，疟防制度的建设得到进一步加强。1984年7月，卫生部颁布了《疟疾防治管理办法》，明确规定了政府主管疟疾控制工作的责任：“疟疾防治工作应在各级政府统一领导下，由卫生、爱委会、农林等有关部门通力协作，贯彻‘预防为主’方针，落实综合性防治措施。”这个文件规定了疟疾疫情的上报制度：“各级医疗卫生单位，必须按《中华人民共和国急性传染病管理条例》的疫情报告制度，按时逐级上报辖区内（包括外来人口）的疟疾发病数字，包括疟疾发病人数（血检疟原虫阳性、临床诊断是疟疾或抗疟药治疗有效者）、发热病人血检数、阳性数及虫种。对外来患者应填写传染病卡片，并寄送患者所属卫生管理单位。”这对卫生防治部门采取恰当的控制办法及治疗措施，具有极为重要的意义。

---

① 钱会霖，汤林华：《中国五十年疟疾防治工作的成就与展望》，《中华流行病学杂志》2000年第3期。
② 张再兴，许时燕：《云南省边境地区乡级防保人员疟防知识调查》，《医学动物防治》2001年第2期。
③ 盛慧锋等：《2002年全国疟疾形势》，《中国寄生虫学与寄生虫病杂志》2003年第4期。
④ 焦岩，孟庆跃：《我国疟疾防治形势、政策干预和挑战分析》，《中国初级卫生保健》2006年第1期。
⑤ 焦岩，孟庆跃：《我国疟疾防治形势、政策干预和挑战分析》，《中国初级卫生保健》2006年第1期。

从上述文字规定中可以看出，此刻的疟疾防治制度建设极为仔细、深入，如《疟疾防治管理办法》第四条就对不同社区的疟疾防治做了如此规定："各区、乡、村及厂矿、企业、机关、学校的卫生管理单位，要掌握疟疾患者卡片或名册，加强随访和复治。"此外，在疟疾防控中，卫生部规定了对传染源的日常管理及布控，"疟疾流行区各级医疗卫生单位（包括区、公社卫生院及农林场、工矿职工医院），都要把发热病人（已明确诊断的除外）疟原虫镜检工作列为常规……国家或地方修建大型水利工程，应有公共卫生和疟疾流行病学的专业人员参与卫生设计。施工前应进行疟疾流行病学调查，并协同地方卫生部门，采取预防措施"①。这些制度在各疟疾区得到了较好执行，对疟疾的进一步深入控制及预防，起到了极为重要的促进重要。

云南省卫生主管部门积极响应及支持国家的疟疾控制工作，不仅保留了普洱、德宏等高疟区的疟疾防治研究机构，让其继续从事该疫区的疟疾调查、研究、防治工作，还在各地成立的疾病控制中心下专门成立疟疾控制中心，坚决执行"疟疾传播季节，新发病例突然大量增加，有暴发流行趋势时；大批易感人群进入高疟区，或从高疟区进入潜在流行区居留的人群；因自然灾害，常规抗疟措施中断或不能控制疟疾发病时"②可进行集体预防服药的规定，执行"在疟疾暴发流行或严重流行的地区，应进行疟史患者普查普治，必要时在传播休止期或低潮期进行集体服药"的规定，这就使云南各地的疟疾控制效果及控制质量迅速提高，尤其是在一些高疟地区坚决执行"对疟疾患者和无症状疟原虫携带者，须按规定方案进行正规治疗。对疑拟疟疾病人，应进行假定性治疗""在疟疾发病控制到1‰以下的地区，对确诊的疟疾病人，应进行个案调查，确定感染来源及时处理病灶点"③等疟疾控制规定，这些较为细致、深入的制度，在各民族、边境地区得到了深入贯彻，"在疟疾流行区进行大规模经济建设，各厂矿、铁路、水利工程等单位，应把疟防工作纳入施工计划，专人负责。在当地主管部门监督下，采取切实有效的防治措施，防止疟疾流行。有部队驻防的地区，由地方卫生部门向部队有关机关介绍当地疟疾流行情况，共同采取相应的预防措施"。这对云南高疟区的疫情控制，起到了极为重要的促

① 卫生部《疟疾防治管理办法》，https://code.fabao365.com/law_234964.html（2021-08-13）。

② 卫生部《疟疾防治管理办法》，https://code.fabao365.com/law_234964.html（2021-08-13）。

③ 卫生部《疟疾防治管理办法》，https://code.fabao365.com/law_234964.html（2021-08-13）。

进作用。

对于云南高疟区的疟疾防治，云南极为细致地执行了卫生部颁布的“控制媒介按蚊是防治疟疾重要措施之一，各地应加强调查研究，因地制宜，选用行之有效的防制措施，做好防蚊灭蚊工作”等蚊媒控制制度，并对卫生部的每一项制度及措施，在傣、苗、哈尼、彝、景颇、布依、阿昌、德昂、基诺、佤、瑶等疟疾高发的民族地区认真落实。在群众中认真做好疟疾防治知识及防治措施的宣传教育工作，并要求各村、各户做好个人防护工作，并改善村民居住条件，在一些还保持栏杆式建筑的民族地区提倡装置纱门纱窗、合理使用蚊帐，采取预防蚊子叮咬等措施，对疟疾的源头控制起到了较好的效果。

同时，还在各地区广泛开展爱国卫生运动，并结合新农村建设和农田水利基本建设的目标，改造各民族聚居区的环境，以进行疟疾环境的综合治理，减少蚊虫滋生地，在城乡建房或工程用土，做到统一规划，以防止形成坑洼、造成蚊虫滋生地的措施，使各民族疟疾高发区的防治工作取得了骄人的成绩，在全国的疟疾防治工作中走在了前列。

20世纪80年代以后，云南的疟疾尤其是恶性疟疾的病例绝大部分是境外输入的，卫生部专门对此制定了细致的防治制度及措施，规定：“对外地转回卡片的疟疾病人，应进行随访和治疗”“国境口岸卫生检疫机关对出、入境人员要积极开展疟原虫镜检工作，及时诊断和治疗病人，并向当地卫生防疫单位报告疫情”等。

云南各边境地区的疾控部门认真执行了这些制度，“对来自国外疟区的入境人员，由国境口岸卫生检疫机关负责进行监测。并负责将回国患疟人员卡片转给患者所属卫生管理部门进行治疗和追踪观察1年”“加强流动人口疟疾管理，鼓励区域性联防活动。必要时在流行严重的地区试行疟疾检疫制度”等，边境高疟区的疟疾防治研究所以极为严谨及认真负责的态度，深入各村寨开展防治工作，对云南边境疟疾高输入区的疟疾控制工作起到了积极的推进作用，各乡镇的防疫人员对疟疾输入去输入人群、民族、聚居地等情况的掌握并采取相应的控制措施，认真坚持“凡输入性、继发性恶性疟疾，必须迅速调查，就地扑灭。并及时专案向上级报告”的制度实践措施。云南现当代很多疟疾控制的档案，都以切实、详细的数据，向我们展示着云南疟疾控制的制度实施状况。

此外，疟疾控制制度的建设工作中，还有一个对云南疟疾控制产生过积极影响的制度，即“有疟疾流行的省、自治区、直辖市，可根据历年的流行情况及地形特点，设立流行病学监测站，作好疟疾流行趋势的监测和预报工作”[①]，云南在执行这个制度的过程中，在高疟区的乡镇建立了疟疾监测站，监测站收集到了极其丰富的第一手防治资料，为疟疾工作的深入展开奠定了良好的基础。我在2007年到高疟区进行田野调查时，采访了很多20世纪七八十年代的疟疾防治工作者及研究者，他们为了做好、留下蚊媒的标本及观察资料，亲自到高疟区，不穿衣服到蚊虫出没地作“人诱”，留下了很多丰富的疟蚊资料数据，使这些地区的疟疾防治制度最大限度地得到贯彻实施，保证了疟疾防治制度的成效。

云南很多疟疾控制中心无条件地执行、贯彻着“疟疾流行区的县（市），应积极创造条件，以乡或区卫生院化验室为基础或设立专门镜检站，开展发热病人的疟原虫镜检工作；并督促乡村医生涂送发热病人血片，县卫生防疫站应成为镜检中心”[②]的制度。笔者和课题组成员在2003—2012年连续进行的疟疾区调查采访中，在各乡镇的疾控部门或是疟疾控制中心，见到过很多疟疾防治的镜检站及工作人员，在与他们的访谈中，细致地体会到云南疟疾控制成效的来之不易，深感疟疾控制成就与这些战斗在疟疾控制第一线的工作人员认真执行疟疾控制制度、为疟疾控制工作默默的付出及辛勤工作有极大的关系。

在国家疟防制度建设的大背景下，各疟防地还根据国家政策并结合各自疫区的实际情况，制定了各地区疟疾防治的具体政策和措施。云南省提出了“重点疾病、重点防治、重点地区、重点预防、重点人群、重点保护”的抗疟工作方针[③]，并制定了《云南省边境地区疟疾防护督行办法》和《云南省边境地区疟疾联防章程》[④]。1985年，云南省在位于边境地区的26个县（市）建立了疟疾联防制度，随后又把元江流域的10个县（市）纳入疟防的联防管理体系中。这些措施使云南疟防工作的制度化建设进入到了成熟期，这对疟防工作成效的

① 卫生部：《疟疾防治管理办法》，https://code.fabao365.com/law_234964.html（2022-08-14）。

② 卫生部：《疟疾防治管理办法》，https://code.fabao365.com/law_234964.html（2022-08-14）。

③ 陈贤义：《在1999年全国疟疾疫情分析讨论会暨卫生部疟疾专家咨询委员会会议上的讲话》，《中国寄生虫病防治杂志》2000年第2期。

④ 陈斌：《流动人口疟疾流行及防治研究现状》，《中国寄生虫病防治杂志》2003年第1期。

取得，奠定了极为重要的基础。

三、21世纪后国内专项疟疾防治研究项目及其制度的推广

进入21世纪以后，随着国际化的深入，中国的疟疾控制工作及其制度的建设迅速发生了新的发展及转变。首要的一个突出的政策变化，就是疟防工作由实践阶段进入到以研究为表现形式、以控制为主要目的的项目实施阶段。新兴疟防政策的实施，对云南乃至中国疟疾控制工作起到了积极的促进作用。

2004年，卫生部拨款567万元用于提高云南、海南、湖北、安徽、河南、江苏六个各疟疾重点流行省的防治能力，并为疟疾高发区乡镇卫生院配备显微镜，在乡镇卫生院设立了具备200个发热病人检测能力的血液检测点，以提高疟疾病人的发现率和报告率；在间日疟发病率较高的疫区，对病人及其密切接触者，进行休止期根治，期间根治病人约为149万人次。

此外，在疟疾控制工作机制度建设中，还结合疟疾区的其他工作开展相应的配套措施，如在中西部地区减少贫困计划和中国中西部发展战略的实施过程中，为了减少西部少数民族地区由疾病引起的贫困，特别提供了一些特殊的发展机会，不仅改变了当地投资环境促进地区经济发展，也带动了区域经济的发展，在一定程度上缓解了因病致贫和因病返贫现象的发生，间接地为降低疟疾的发病率起到了促进作用①。

类似由政府主导的疟疾研究项目在具体实施中，带动了疟疾流行地区项目研究制度的建设，很多疟疾流行区政府也拨出专款，或自筹经费，以项目研究的形式，资助疟疾控制及研究工作的开展。

因此，在疟疾控制的政策及制度化过程中，云南疟疾控制能力不断提高，到2013年6月27日，云南新闻报道就以《云南疟疾疫情持续下降》为题进行了报道："近年来，云南省疟疾防治能力有了显著提高。今年1至4月，全省网报疟疾病例的血样采集率为84.1%，文山、大理、普洱、德宏、临沧和保山6个州市采样率超过全省平均水平。自去年8月起，根据消除疟疾行动计划要求，省寄防所组织全省16个州市、129个县落实网报疟疾病例省级复核工作。按照《云南省消除疟疾行动计划网报病例省级核实工作方案》规定，该项工作由州、县两级疾

① 焦岩，孟庆跃：《我国疟疾防治形势、政策干预和挑战分析》，《中国初级卫生保健》2006年第1期。

病预防控制中心和省寄防所共同完成。至去年底，网报疟疾病例的省级复核工作建立了完善的工作机制和稳定的实验室检测方法。该项工作正在有序开展，省级实验室镜检、基因检测复核符合率均在80%以上，全省疟疾疫情持续下降。”

总之，在面对更加复杂、繁重的疟疾防治任务时，云南省依然需要国家层面的政策及措施，并总结经验教训、分析疾病发生、发展和流行规律，密切关注境内外疟疾流行情况的变化和态势，制定不同时期、不同阶段的防治政策，采取既适合当地特点又合理、长效、规范的防治措施，强化疟疾疫情的监测预警能力，如制定并执行“控制疟疾、基本消灭疟疾、消灭疟疾及基本消灭恶性疟疾”标准，更好地推动疟疾防治工作的深入展开。

因而，在中华人民共和国早期阶段，疟疾控制成为国家发展规划及国家卫生发展的组成部分，并依赖国家政策的支持和制度化建设中地方政府对指令及制度的坚决贯彻实施，成功地达到了防止死亡、减少疟疾发病率的控制目标，而疟疾防控过程中的制度化建设及发展，就成为高疟区的云南疟疾防治成效显著、持续的重要原因。

第二节　云南疟疾研究机构的成立与疟疾控制能力的增强

中华人民共和国成立以来，云南省疟疾防治工作成效显著、疟疾流行区的范围大大缩减、疟疾危害减小到较低水平，都与国家的疟疾防治体系及云南省成立专业的疟疾防治机构、配备各级疟疾防治的专业队伍有密切关系。

一、云南疟疾防治研究机构的建立

疟疾防治体系是疾病预防控制体系的组成部分。20世纪50年代以后，各疟疾流行区域按照卫生部的疟疾控制要求，纷纷建立了疟疾防治和科研机构，并在各级疾病预防控制中心内设疟疾或寄生虫病科室组，负责本地区疟疾的防治监测。这类机构既有全国性的专业研究所，也有各省、自治区、直辖市的疟疾或寄生虫病防治研究所，还有各乡镇卫生防疫站设立的寄生虫病防治科（室），地（市）和县也建立相应的防治单位，区（乡）卫生院设防疫组，形成了从上到下较为完整的疟疾防控网。云南是疟疾高发区，全省各地积极认真地组建了疟疾控制的机构，基本形成云南疟疾防治的区域防控网络。

为了更好地完成防疟控疟的战略目标，云南省于1950、1952、1953年分别在思茅（今普洱）、潞西（今芒市）、耿马成立了3个省级疟防所。这一时期，中央防疫大队、西南防疫队来到云南，开展以疟疾为主的防病工作，昆明军区抗疟总队和云南省防疫站在疟防工作中，投入了大量的人力、物力，开展疟疾防治控制工作。与此同时，云南省在近20个县成立了疟疾防疫站。

云南疟疾防治工作能力建设中最突出的表现，就是中央防疫大队和西南防疫队到云南省各民族地区开展疟防工作，促进和推动了各民族地区基层疟防工作的广泛展开，尤其是一些高疟区的疟疾防治工作，在医疗队耐心深入的工作作风影响下，取得了巨大成效。1952年，西南防疫大队460人分散到云南各州县开展卫生防疫工作，积累了丰富的抗疟、防疟经验，疟防能力大大提高。1953年，中央防疫队入滇（108人），部分成员并入省卫生防疫站，在西南防疫大队与原云南省第一防疫站基础上，成立云南省卫生防疫站。1957年成立云南省疟疾防治研究所，这是云南省专业的疟疾防治研究机构，是云南的疟疾防治从实践层面走向了研究层面，对云南疟疾防治工作的持续、深入推进，发挥了巨大的促进作用。

各级疟疾防治机构的成立及其防治工作的广泛开展，使云南疟疾防治工作取得了极大成效，发病人数大量减少，疟疾区死亡人口大幅度下降，经20世纪50年代的研究证实，云南境内存在的人体疟原虫有恶性疟原虫、间日疟原虫、三日疟原虫、卵型疟原虫。20世纪60年代以后很少见到三日疟原虫和卵型疟原虫。与此同时，各类医学工作者，从疫苗研发等视角，对疟疾进行更广泛深入的研究，取得了丰富的成果，推进了疟疾防治控制工作的深入展开。人文社会科学研究者也从疟疾的防治效果、社会影响等方面进行了研究，也取得了一些成果。

为了更有效地整合科研力量，云南省对疟疾防治机构进行了调整。1956年，云南省对以上机构进行调整，在勐海成立了隶属于云南省卫生厅的疾病预防控制公共卫生机构——云南省疟疾防治所，其任务是为全省疟防和业务进行指导。1968年云南疟疾防治所迁至思茅（今普洱），1979年更名为云南省疟疾防治研究所，云南省卫生厅给该所下达的任务是“疟疾防治、研究及专业人员培训”，1997年云南省政府将疟疾列入5个重点防治疾病之一[①]。2001年，云

① 杨恒林：《云南省疟疾防治研究概况》，《中国寄生虫病防治杂志》2001年第1期。

南省寄生虫病防治所成立。

2006年4月，大理学院基础医学院“病原生物学”学科的四个业务机构（媒介与病原生物研究室、微生物与免疫学教研室、病原生物学综合实验室和寄生虫学教研室）与云南省寄生虫病防治所联合组建了“大理学院病原与媒介生物研究所”。该研究所挂靠大理学院基础医学院，由两个部分组成，本部设在大理学院基础医学院内，分部设在思茅（今普洱）云南省寄生虫病防治所内。2008年6月23日，中国医学科学院病原生物学所与云南省寄生虫病防治所在昆明举行中国医学科学院病原生物学研究所—云南省寄生虫病防治所“寄生虫病现场研究基地”合作协议签约仪式。云南的疟疾控制研究由此进入到一个新阶段。

这些研究机构及其科研人员的防治控制工作与研究成果，成为云南省疟疾研究的主要力量，其主持的科研项目、出版的著作、发表的论文，占据了此期云南疟疾研究的主要阵营。其主要成果及成就集中展现在1998年出版的《云南省疟疾防治研究所志》中，这是云南省第一部疟疾防治工作的专业志书，重点记述了1957年建所至1995年底发生的历史事件，包括内容概述、大事记、防治、科研、培训、内外交往、机构、管理、人物等内容，既是云南疟疾发生、发展变化的历史，也是云南疟疾防治及研究成果的专业志书，在一定程度上成为填补云南疟疾防治志空白的成果。

云南省疟防工作老前辈郑祖佑等人主编的《云南疟疾特征与防治》①，是一部专论云南疟疾特征与防治的专著，是中华人民共和国成立以来云南省第一部全面反映疟疾防治知识的专业书籍，综合了云南省老一辈疟防工作者的丰富经验及国内外疟疾防治的知识、技术和信息，详细介绍了云南疟疾的危害、分布、生活史及形态特征、诊断、治疗、预防、传疟媒介特点、疟原虫对抗疟药物敏感性的生物学特征等，以及针对这些特点所采取的具有云南省特色的疟疾防治对策与方法、技术等。

《云南蚊类志》②是云南省蚊类历史资料和现阶段研究成果的总结，共记载蚊类17属、34亚属、256种（亚种），是我国当代蚊虫分类、生态研究的重

---

① 郑祖佑等：《云南疟疾特征与防治》，昆明：云南科技出版社，2003年。

② 云南省地方病防治办公室，云南省疟疾防治研究所：《云南蚊类志》，昆明：云南科技出版社，1993年。

要学术专著。在云南及中国疟疾防治中具有极为重要的作用。云南省的疟疾流行主要分布在边境 25 个县（市）和和省内其他 22 个县（市），其发病约占全省发病数的 80%左右。1953 年，云南省疟疾发病率达 249.38/10 000，病死率约达 3%以上。通过 70 年的不懈努力，云南省的疟疾防治工作取得了举世瞩目的成就，这与疟疾防治研究的成果及其在实践中的实施有密不可分的关系。

总之，通过 70 年的努力，云南省在控制疾病方面积累了较为丰富的经验，云南疟防研究的成果不断发表及出版，探索了适合云南特点的实践措施，逐步形成了一个完善的疟疾防治体系，疟疾流行区完全消失。如 1981—2010 年，高疟区西双版纳傣族自治州的疟疾发病下降，疫情控制效果好，2003 年后降至历史最低，此后处于低流行阶段[①]。

二、疟疾控制能力的增强

疟疾控制能力的提高，主要表现在以下几个方面。首先，控制经费的投入及持续保障。云南成为全国疟防工作中成就最突出地区的另一个重要原因，是疟防经费得到一定程度的保障，这使云南疟疾控制能力得到了极大的提高。

云南与缅甸、越南等相邻，从边境地区的疟疾输入病例数量及病情级别极为严重，特别是改革开放以后，随着境外输入的抗药性恶性疟疾病例大量增加，云南省加强了 6 个边境口岸和 26 个边境县及 8 个州（市）的公共卫生基础设施建设，并建立了边境疾病防护带。一些地方政府每年从财政收入中划拨经费作为专项疟疾防治经费。如红河哈尼族自治州每年划拨 30 万元作为疟防专项经费[②]。真正把“卫生、医疗、科研单位和有关高等医学院校都要积极承担疟疾的科研任务。流行严重的省（自治区），应成立省（自治区）疟疾专题小组，以加强疟疾科研的协调和指导。要重视现场应用研究。全国重点科研题目应列入有关地区和部门的计划，认真解决必需的人员、经费、仪器、设备等，按时完成科研项目”等制度切实落实到了疟疾控制的各项工作之中。

其次，疟疾防治的医疗技术得到提高。云南疟疾控制能力增强、控制成效飞速发展的一个典型的表现，就是抗击疟疾的医药防治技术取得进步。其中，

① 李园园，李鸿斌，朱进：《云南省西双版纳州近 30 年疟疾流行病学特征分析及控制效果评价》，《疾病监测》2012 年第 4 期。

② 焦岩，孟庆跃：《我国疟疾防治形势、政策干预和挑战分析》，《中国初级卫生保健》2006 年第 1 期。

治疗疟疾的药物研发、治疗水平日益增强，体现出云南疟疾控制的国际化、全球化水平得到提升。

最后，国际上对疟疾防治药物的研究一直没有停滞，云南疟疾防治的医疗技术及药物使用几乎与国际同步。1820 年，法国化学家皮埃尔—约瑟夫・佩尔蒂埃和约瑟夫—布莱梅・卡旺图合作，从金鸡纳树皮中分离出抗疟成分奎宁，1907 年，德国化学家 P. 拉比推导出奎宁的化学结构式；1945 年，美国化学家罗伯特・伍德沃德和其学生威廉姆・冯・多恩合作，首次人工合成了奎宁，20 世纪初，绝大多数奎宁来源于印度尼西亚种植的金鸡纳树。此后奎宁被用于疟疾的防治，作为重要的抗疟药，被世界各国的普遍应用。第一次世界大战中，德国的奎宁供应被切断，从而被迫开始研制奎宁的替代物。1934 年，德国拜耳制药公司的汉斯・安德柴克博士研制出一个结构简化但药效依然很好的奎宁替代物——氯喹。之后，氯喹成为抗击疟疾的特效药。

1933 年，云南从印度尼西亚引种金鸡纳树，经过 8 次失败后，第 9 次播种育苗成功，揭开了云南疟疾防治控制的新篇章，也推动了疟疾研究的进程。虽然疟疾传播媒介疟原虫抗药性会不断增强，疟疾的防治也会不断面临新的难题。即在人类不断找到治疗疾病方法的同时，疟疾的传染源及传播媒介等也在进化，这就迫使人类的医疗防治技术也必须不断进步。

第二次世界大战结束后，引发疟疾的疟原虫产生了抗药性；20世纪60年代初，疟疾再次肆虐东南亚，疫情难以控制。1961 年 5 月，美国派遣军队进驻越南，越南战争爆发。交战中的美越两军深受疟疾之害，减员严重，是否拥有抗疟特效药，成为决定战争胜负的关键因素之一。美国投入巨额资金，筛选出 20 多万种化合物，但没有找到理想的药物。越南则求助于中国。1967 年，在毛泽东主席和周恩来总理的指示下，一个旨在援外备战的紧急军事项目启动了。因为启动日期是 5 月 23 日，故项目的代号被定为“五二三项目”，这是一个集中全国科技力量联合研发抗疟新药的大项目。在这股新浪潮中，传统中药青蒿脱颖而出，全国 60 多个单位的 500 名科研人员参与了青蒿素的研究。1969 年 1 月，屠呦呦以中医研究院科研组长的身份参加了“五二三项目”。

青蒿在中国民间又称作臭蒿和苦蒿，属菊科一年生草本植物。中国《诗经》中的“呦呦鹿鸣，食野之蒿”中所指之物即为青蒿。早在公元前 2 世纪，中国先秦医方书《五十二病方》已经对植物青蒿有所记载；公元前 340 年，东晋的葛洪在其撰写的中医方剂《肘后备急方》首次描述了青蒿的退热功能；李时珍的《本草纲目》则说它能“治疟疾寒热”。

20 世纪 70 年代，中国科学家从青蒿中成功提取了青蒿素。1971 年 10 月 4 日，屠呦呦在实验室中观察到这种提取物对疟原虫的抑制率达到了 100%。1973 年，青蒿结晶的抗疟功效在云南地区得到证实，“五二三项目”办公室于是决定将青蒿结晶物命名为青蒿素，作为新药进行研发。周维善带领研究小组设计了一系列复杂的氧化和还原反应，最终测定出青蒿素的分子结构，突破了 60 多年来西方学者对“抗疟化学结构不含氮（原子）就无效”的医学观念，奠定了今后所有青蒿素及其衍生药物合成的基础。1978 年，全国科技大会制定的科技规划中提出了青蒿素的全合成。1984 年初，我国实现了青蒿素的全合成。

2001 年，世界卫生组织向恶性疟疾流行的所有国家推荐以青蒿素为基础的联合疗法。这使云南、中国乃至世界疟疾控制的能力得到了提高。到 2007 年，在需要以青蒿素为基础的治疗的 76 个国家中，有 69 个已采纳世界卫生组织使用这一疗法的建议。

2005 年 10 月，周维善联合洪孟民、金国章等 7 位中国科学院院士，联名致信中国科学院，呼吁加强发展中药青蒿、青蒿素及其衍生物的科学技术研究，使其在资源、化学、新用途和复方抗疟药等方面不断创新并继续保持国际领先地位，推进青蒿素类药物科技成果的产业化、国际化发展。

第三节　云南疟疾控制的国际化实践——疟疾防治从境内向境外发展

20 世纪 80 年代之前，云南的疟疾防治主要集中在省内。20 世纪 90 年代后，疟疾控制出现了国际化趋势，主要表现在三个方面：一是防控区域的国际化。即疟疾防治从国内延伸到境外。二是防控经费的国际化，既接收国际组织及国际疟疾防治项目经费的援助，同时也拨出经费援助周围国家防治疟疾。三是疟疾防治人员的国际化，既有国际疟疾防治人员参与云南省的疟疾防治工作，又有云南省的疟疾防治人员到缅甸、老挝、越南等地，帮助他们进行疟疾的防治工作，成效显著。

一、防控区域的国际化——边境的疟疾联防

云南是陆地边境最长的边境省份之一，我国云南省与缅甸、老挝、越南三国接壤，13个少数民族跨境而居，与邻国边民相互通婚、互市，年出入境人员逾千万人次，边境城镇暂住人口往往多于常住人口。当地疟疾流行态势极不稳定，发病率变化大，暴发点时有发生，边境地区成为中国最大的疟疾流行区，也是中国恶性疟疾的主要分布点，“整个边境的疟疾发病高于全省平均水平，发病数占全省发病数的一半以上，所以控制住边境疟疾具有十分重要的意义”①。

20世纪80年代以后，随着改革开放政策的实施，东南亚入境人员开始增多，云南省到东南亚地区的务工人员也在增多，使一度得到控制的疟疾疫情再次反弹，出现了很多疟疾感染者长期、反复感染的情况，感染人数急速上升。1988—1996年，云南边境地区的疟疾发病率高于全省平均水平，由于受境外传染源输入的影响，各边境段发病曲线各不相同，以中老边境发病率最高，中越边境较低，中缅边境居中②，“入境边民的发热病人血检疟原虫阳性率9年平均值，除越南入境边民外均高于国内边民，其中老挝边民是中国边民的6.08倍，缅甸边民是中国边民的4.36倍”③。

20世纪90年代后，随着边贸活动的广泛开展，云南与东南亚的经济交往活动日益密切，出境人员迅速增多，因传染源输入与积累、媒介密度回升、无免疫力人群增加等原因，致使一度得到很好控制的恶性疟疾感染者再次飙升，给疟疾防治带来了极大压力。1990—1994年边境地区疟疾年发病率控制在8.65—13.74/10 000，疟疾病例占全省发病数50%以上，恶性疟疾比例占27.07%—39.40%，按不同地段疟疾发病情况区分，以中老边境最高，中缅边境次之，中越边境最低，其中以畹町（今已并入瑞丽市）、瑞丽、陇川、盈江、景洪、河口、金平等县发病较高，流行最严重的畹町（今已并入瑞丽市）年发病率波动在181.00—392.54/10 000。边疆地区的疟疾控制工作，遇到了中华人民共和国成立以来防治难度最大的感染源，即境外感染输入型疟疾成为云南疟疾传播的主要原因，恶性疟疾感染者、死亡者的人数在短时期内迅速上升，给疟疾防治

---

① 陈国伟等：《云南省边境疟疾流行现状与趋势》，《中国寄生虫病防治杂志》1999年第3期。
② 陈国伟等：《云南省边境疟疾流行现状与趋势》，《中国寄生虫病防治杂志》1999年第3期。
③ 陈国伟等：《云南省边境疟疾流行现状与趋势》，《中国寄生虫病防治杂志》1999年第3期。

带来了极大困难，“云南省西部和南部的26个边境县都是疟疾的高发地区，边境地区年流动人口达到1000余万人，疟疾的跨境传播导致不能及时诊断和有效治疗，给控制疟疾传播造成很大障碍”；2001年，云南省疟疾感染人数增加了2.76%，其中恶性疟疾发病率增加了 22.20%，25个边境县发病占全省发病的65.26%，受疟疾威胁人口占全省总人口的42.00%①。

但在国家政策的主导及支持下，云南省疾控中心迅速在边境地区建立了疟疾联防控制网络，并且在边境县的疟疾防治实践还实现了疟疾控制的绿色警戒线跨出国门，深入到境外50多公里处的控制措施，以帮助境外开展疟疾预防及控制，这在中国疟疾防治史上是空前的。2006年，云南省疟疾防治在“十一五规划”期间，在与缅甸相连的10—12个边境县建立了边境疟疾联防网，将疟疾防治主战场向境外推移5—10公里，减少境外传染源输入。全省发病率在2005年的基础上下降30%，边境地区下降50%②。

总之，进入21世纪以来，中国在西南地区的疟疾控制就已经全面实现了越过国境线，在邻近国家普遍建立疟疾联防站，边疆地区的疟疾防治研究人员探索和总结出了一些适合边境地区疟疾防控的策略与方法，并在疟疾实际防治工作中取得了巨大成效。虽然这主要是为了云南境内疟疾防治和云南疟疾控制成效的长期保持而采取的联防措施，但这些行动也是在世界卫生组织的疟疾防治总体目标中采取的具体措施，表现了云南疟疾防治的国际化特色。

二、防控经费的国际化——国际疟疾基金项目的推进

由于云南少数民族地区社会经济水平比较落后，云南省根据国家疟疾控制政策，及时调整了控制措施，投入了专项经费及专业人员，采取与国际卫生组织合作防疫的措施，不仅在缅甸等地迅速建立境外疟防疫点，还争取到疟疾控制的专项项目，使疟疾的防治、研究得到了中国全球基金项目国家协调委员会的支持，分别进行了“中国高传播区疟疾控制项目”“遏制中国中部地区疟疾回升并减轻中部和南部6省贫困地区疟疾负担”“中缅跨边境疟疾控制”等项目研究的及防治实践。目前，疟疾项目的防治及研究已经进展到第六、七

---

① 焦岩，孟庆跃：《我国疟疾防治形势、政策干预和挑战分析》，《中国初级卫生保健》2006 年第1期。

② 云南省卫生厅疾病预防控制局：《携手联防联控　降低疟疾危害》，《云南科技报》2009年5月4日。

轮，并取得了阶段性的突破进展。

第一，在卫生部的积极倡导、世界卫生组织的支持和协调以及世界银行的资助下，云南于2000年10月启动了包括湄公河流域周边国家参加的世界卫生组织遏制疟疾的湄公河项目。该项目覆盖了云南省25个边境县和8个疟疾高发县共计33个县（市）838万人口（1999年），实施周期为2000—2010年。该项目主要按照因地制宜，分类指导的原则，开展以健康教育、流动人口传染源管理以及控制抗药性恶性疟疾为重点的综合性防治，降低云南省疟疾发病率和死亡率，缩小恶性疟疾流行范围，防止以行政村为单位的疟疾流行，减少以自然村为单位的暴发点，力争到2010年患疟疾死亡人数减少50.00%，这是中华人民共和国成立以来我国疟疾防治方面最大的国际合作项目之一。①

第二，“全球基金中国高传播区疟疾控制项目”在云南的推广及实施。该项目来自全球艾滋病、结核和疟疾基金，第一轮资助我国640万美元。该项目覆盖了云南省25个边境县、海南省10个山区县以及疟疾流行不稳定的河南、湖北、安徽、江苏、广东、广西、贵州、四川8省（区）各1个县，共计43个县。实施周期为2003—2008年，直接目标人口为930万人。主要目标为到2008年项目结束时云南省25个项目县疟疾发病率较2002年基线下降50.00%，海南省恶性疟疾报告发病率下降到1.00/10000以下，其他8省各1个试点县的疟疾爆发流行得到有效控制②。

第三，“云南省内地高发区控制项目”。2004年3月，世界卫生组织启动了旨在控制云南省非边境县疟疾流行的“云南省内地高发区控制项目”，项目执行周期为1年，资助金额8万美元。项目由云南省寄生病防治所在盐津、红河、元阳、墨江、元江和新平6个县范围内组织实施③。

第四，“湄公河流域中国—老挝疾病监测项目”。该项目试点于2004年7月正式启动，通过加强国家和次区域间对包括疟疾在内的五类疾病的监测和暴发流行的快速反应能力，开展健全和完善疾病监测体系，加强机构建设和人力

① 陈贤义：《在1998年全国疟疾疫情分析讨论会上的讲话》，《中国寄生虫病防治杂志》1999年第2期；焦岩，孟庆跃：《我国疟疾防治形势、政策干预和挑战分析》，《中国初级卫生保健》2006年第1期。

② 焦岩，孟庆跃：《我国疟疾防治形势、政策干预和挑战分析》，《中国初级卫生保健》2006年第1期。

③ 焦岩，孟庆跃：《我国疟疾防治形势、政策干预和挑战分析》，《中国初级卫生保健》2006年第1期。

资源开发等方面的合作，提高控制次区域内主要疾病暴发流行的共同反应能力，控制疾病流行，降低疾病负担[①]。

国际疟疾控制项目的实施推动了云南民族地区高疟区疟疾控制的进程，提高了这些地区疟疾的控制能力。如 2002—2010 年西双版纳傣族自治州 3 县（市）先后启动了全球基金疟疾项目，从县、乡、村专设项目执行机构，尤其是项目实施中进行各级卫生人员的培训工作，提高疟防人员的医疗水平及技能[②]，使疟疾患者一经诊断，就能得到及时治疗。患者的正规治疗率有所提高，做到了早发现、早治疗。

同时，高疟区及疟疾反复发作区、境外疟疾输入区，还采取通过媒体及墙报、社区宣传栏报的方式，在社区、乡镇等地区发放宣传资料等方式，加强了疟疾防治卫生宣传教育活动，提高了当地居民疟疾防治的意识及行动，如乡村蚊帐（药帐）的使用率、普及率逐渐提高，对疟疾流动人口的管理也大大加强，疟疾控制项目的指标完成率较好，减少了输入性疟疾患者在全州范围内引起当地出现新感染病例的概率[③]。

2009 年 2 月 13 日，全球基金将中国作为全球范围内第一次疟疾国家策略申请的七个试点国家之一，向中国全球基金项目国家协调委员会发出了项目申请的邀请，以期达到“到 2015 年全国除云南部分边境地区外，其他地区均无本地感染疟疾病例”的目标。

国际疟疾控制项目的实施，增强了云南疟疾控制的能力，使云南的疟疾控制具有明显的国际化特色，且控制成就极为突出。

第四节　云南疟疾控制中出现的新问题

20世纪50年代以来，云南省在疟疾控制中取得举世瞩目的突出成就，谱写了中国医疗疾病史上的新篇章。但在凯歌高进中，在疟疾控制成就的外衣之

---

① 焦岩，孟庆跃：《我国疟疾防治形势、政策干预和挑战分析》，《中国初级卫生保健》2006 年第 1 期。

② 周兴武等：《云南省 2000 年疟疾现场防治管理培训班效果评估》，《卫生软科学》2001 年第 6 期。

③ 焦岩，孟庆跃：《我国疟疾防治形势、政策干预和挑战分析》，《中国初级卫生保健》2006 年第 1 期。

下，出现了新的问题，如云南疟疾药物使用引发的环境问题、云南本土物种变迁问题，以及疟疾疾病传播变异和新型病种的出现等，成为云南省疟疾控制意料之外的问题。这些问题一再昭示人们，疟疾控制的成功是有环境代价的，无论是疾病控制还是其他政策、制度的建设，都应该在建设的过程中，不仅要注意制度及该事情的推进及成功层面的影响，更应该注重其带来的负面影响及后果。

一、疟疾药物的大量使用引发云南农村的环境问题

在现当代生态环境变迁史上，科技的发展及其产品的投入运用，往往引发系列环境问题的结论，人们已经不再陌生，而蕾切尔·卡森在《寂静的春天》中所描绘的环境变迁及恶化情况，却在当今世界上的不同地区多次发生。对于云南生物多样性特点显著、生态环境较好但生态基础脆弱的各民族地区，云南的疟疾防治制度建设、防治措施尤其是采取的灭蚊措施，取得了疟疾发病数减少、境内及境外疟疾成为可控疾病的效果，但很多抗疟药物在农村的大批量使用，却成为疟疾区生态危机的元凶之一。导致很多生物在大量灭蚊的化学药物的作用下出现减少乃至灭绝的情况，生物多样性特点在疟疾区以极快的速度散失。

在疟疾控制措施中，灭蚊的方法是直接在野外喷洒，或用药水浸泡蚊帐。因此，灭蚊药物被广泛用于农村房屋、田间地头的喷洒，浸泡药物蚊帐也需要使用大量诸如氯喹等药物，传统灭蚊主要采取滞留喷洒并重的措施，虽然蚊虫确实大量死亡，减少了蚊子传播疟疾的机会和抗疟，疟疾控制成效确实很显著。但是，灭蚊的很多化学药物的残留物附着在土地、植物、家具上，残留在湖水、河道、溪流中，不仅严重地污染了土壤、水域、空气，也对人及其他生物产生了极大的伤害，有的药物甚至成为引发其他疾病的祸端。

20世纪50—80年代，云南省开展爱国卫生运动，发动各族群众使用各类药物进行大面积灭蚊。这一时期农药品种迅速发展，主要是生产杀虫谱广、杀灭性强、特效性强的新品种，虽然其在防治农林害虫和卫生防疫方面发挥过重大作用，但对广大农村土壤、水域、空气等生态环境造成了极大的污染及破坏，是中华人民共和国成立初期生态破坏的罪魁之一。

很多灭蚊药蓄积性强、不易降解，易污染、破坏生态环境，对人体造成极

大危害。1957 年，研究人员发现，蚊子对抗疟药物产生抗药性，恶性疟疾的控制成效受到影响，“云南省恶性疟原虫对氯喹的体外抗性率从 1984 年的 100%降到了1999年的77.8%，体内法观察到的氯喹治疗抗性率由1986年的数个研究点 100%和 1971 年至 1988 年间的 77.55%降到了 1999 年的 55.5%，但是恶性疟氯喹治疗的效果仍然不理想，治疗失败率 40.7%仍然高于世界卫生组织的换用抗疟药的标准的 10%，因此需要继续停止单用或者与其它药物如青蒿素及其衍生物伍用”[①]。恶性疟原虫对治疗药物的抗药性，使恶性疟疾的发病率再次回升，受到了大部分疟疾控制研究者的关注，“我国恶性疟原虫对氯喹普遍产生了抗性，自 1980 年以后，各地逐渐减少或停止用氯喹防治恶性疟，其他抗疟药的使用逐渐增加。近年来还发现有的抗疟药临床治疗效果有所下降……使哌喹、咯萘啶、青蒿素类药物及防疟片 3 号等抗疟药的使用不断增加，而且有相当一部分病例在应用这些抗疟药时，因用量不足，致使恶性疟原虫对这些药物的敏感性逐渐降低。”[②]这虽然在疟疾医疗史上促使了疟疾新药物的研发及使用，但新药物往往伴随着新化学成分的使用，成为环境危机的隐患。

此外，杀虫剂被发现还有长期残留和致癌作用，随后在疟疾防治尤其是蚊虫的灭杀中，就改用“敌敌畏”，并通过清除蚊虫滋生地，使蚊虫密度大幅度下降。但随后的研究发现，敌敌畏易溶于水又具有挥发性，其毒副作用依然很大，后来停止生产和使用“敌敌畏”。但是，几十年抗疟过程中撒到房前屋后、田间地头的灭蚊药，其化学成分及危害性长期残留，其对人体健康及生态环境的危害，不是停止使用就能够消除的。目前，其对生态环境及人类健康的消极影响，正逐渐显示出来。现当代很多新型疾病的产生，与此均有密切关系。

20世纪90年代以后，虽然改用紫外线捕蚊灯、应用放养柳条鱼吞食并控制幼蚊滋生地（柳条鱼能在有机质严重污染的水中生存，适用于污水河、塘、田沟等蚊子滋生地）、应用倍硫磷和辛硫磷制成塑块控制白纹伊蚊滋生地、使用除虫菊酯类药物灭蚊，效果良好，并且易分解、残留低，但其对环境产生的间接影响依然存在。如有毒蚊香是以化学杀虫剂为原料制成的蚊香，它只能驱散

① 张再兴：《云南省恶性疟治疗研究现状》，《昆明医学院学报》2009 年第 8 期。

② 刘德全等：《我国恶性疟原虫对抗疟药敏感性的现状》，《中国寄生虫学与寄生虫病杂志》1996 年第 1 期。

蚊虫，无杀灭作用，但它的喷雾对人体健康有害，经常使用会引起头晕、头昏、呕吐、恶心等中毒现象，对肝、心、肾造成损伤。

同时，灭蚊药在杀死蚊子的同时，也将其他生物杀死，其高效的灭蚊能力及毒性的长期滞留，也会致使疟疾区动植物数量减少乃至最终灭绝，生物多样性特点逐渐散失，生物类型单一，造成新的生态危机。

二、疟疾控制引发的物种危机

人类对付疟疾的药物分别源于两种植物——青蒿和金鸡纳树。世界上青蒿素药物的生产主要依靠中国从野生和栽培的青蒿中提取，2001 年，世界卫生组织向恶性疟疾流行的所有国家推荐以青蒿素为基础的联合疗法。但是，青蒿中青蒿素的含量只有 0.1%—1%，非常低，大量青蒿素的使用，只能依靠种植大面积的青蒿来获得。但是，大面积种植青蒿，不仅占用了大量的土地，也导致了青蒿种类及其生态的人为扩大，在一定程度上成为物种迁移的诱因。

因此，青蒿大量种植、移植，引发了物种的区际迁移，挤占了本地其他生物的生存空间，如果控制、监管及使用不当，极易在种植地演变为新的入侵物种，造成引种地新的物种数量失衡及生态危机。从这个层面而言，云南及其他地区的疟疾防治，就有可能引发新的物种间的区域迁移，青蒿的大量种植及产量的需求，使农药及化肥的使用量增大，破坏了青蒿种植地的生态环境，在更深广的范围内破坏疟疾区生态环境、危害疟疾区人群的健康，引发更深层的生态环境及社会危机。

2007 年 1 月 28 日，一篇新闻报道吸引了许多人的关注："青蒿素是一种特效抗疟产品，而提炼青蒿素的主要原料青蒿草，主要产自我国。前年，世界卫生组织宣布，每年投入 2 亿美元资助疟疾灾区采购青蒿素药品，青蒿草价格因此一路飞涨，我国的青蒿草种植也迅猛增加，每吨价格曾经冲破 1 万元人民币。但我们的记者最近在青蒿草的几个主要产地湖南、重庆和广西等调查时发现，由于种植过剩，青蒿价格直线下降，将近 10000 吨青蒿无人收购。"此报道专门针对青蒿滞销导致的经济损失，透过价格的薄雾，我们可以看到青蒿种植面积的扩大甚至是过剩种植。如此大面积的种植，必然导致其他本地植被为其生存让路，区域物种及其种群必然受到影响，由此导致对本地生态环境及生态系统的冲击与影响，无疑是疟疾控制的间接结果，这不能不说是疟疾控制取得巨大成功背后的遗憾。

同时，由于青蒿是人工种植的，种植过程中部分农民使用违禁农药、施加化肥等，导致中药材农药残留、重金属超标，不仅使青蒿素的品质及药用价值、疗效受到影响，也使青蒿种植区的土壤、水域、空气受到污染，从而破坏了种植区的生态环境。

本 章 小 结

20 世纪 50 年代，云南疟疾控制区取得了举世瞩目的成就，截至 2021 年 7 月，云南已经彻底消灭了疟疾。横行中国尤其是云南少数民族聚居区数千年的疟疾，在现当代疾病控制中逐渐退出人类历史舞台，其原因是多方面的。其中，与作为边疆民族地区的云南长期以来对中央政策及制度、法令认真执行有密切关系，高疟区的各类防治人员面对云南疟疾对各民族人口、区域发展带来的严重影响，积极投入到疟疾防治的学习及具体工作中，使云南的疟疾防治工作得以迅速、顺利地展开。

第七章　云南历史灾害记录及其记录特点

云南是我国自然灾害最频繁、种类最多样的区域，中国历史上发生的大部分灾害几乎都在云南不同地区、时期上演过。因山川纵横、地理单元众多且相对封闭狭小的地貌特点，云南灾害的范围及影响程度相对有限，后果亦不如中原内地严重，早期文献记录也相对简单。元明以后各类灾害得到相对完整、全面的记录，灾害在表面上呈现出了逐渐增多的特点。近代以后，随着交通、通信的迅猛发展、文献传承媒介及记载形式与内涵的日益丰富，灾害记录更为详细全面，环境灾害及灾害链特征凸显。

随着近年来云南灾害尤其环境灾害的频繁发生，不同时期及类型的灾害受到了关注，断代灾害及其救助等问题的研究涌现了一批可喜成果，但宏观层面及长时段视角的研究成果相对缺乏。目前，历史研究较注重及强调数据在翔实、准确揭示某些历史问题时的重要价值，但数据及其计量对于历史全貌的整体、详细的复原，并非是万能的，也不是注重描述、忽视数据等叙事史学特点浓厚的中国历史研究通用的方法。中国传统文献史料直观、简洁、概括的记述特点，有助于全面、具体地复原历史场景，展现历史变迁的线索及脉络，故叙事史学作为传统的史学记录集研究方法，是新史学研究中不能回避、值得秉承的方法。灾害史研究，尤应以叙事史学为基础。

---

* 本章由国家社科基金重大项目“中国西南少数民族灾害文化数据库建设”（项目编号 17ZDA158）负责人周琼的研究成果《云南历史灾害及其记录特点》改编而成。

本章从历史灾害记录及其重要案例入手，从灾害场景的记述中分析云南灾害史的记录特点及变迁趋向，以资鉴于现当代防灾减灾决策及措施的制定。

第一节 云南史料中灾害的类型及其原因

灾害多是自然、人为原因及自然与人为相互促发的。云南历史灾害类型复杂，早期以自然灾害为主；明清时期，自然灾害与人为灾害混杂；近现代以来，人为引发的环境灾害频次日益增加。自然灾害的原因及主要类型古今基本相同，环境灾害的原因在不同时期类型各异。

云南历史上的灾害记录，早期以地震、水旱、疾疫等自然灾害为主。元明以降，随着矿冶业及山地农业的发展，灾害频次增加，相关记载逐渐增多，新增泥石流、滑坡、山崩、塌陷等地质灾害，低温冷冻、霜雪、火灾、风灾等也日渐频繁见诸记载。云南灾害记录存在着简单、古略今详等普遍性特点，也有边疆政治控制及民族、区域性特点；明以前自然灾害多，明以后自然灾害与环境灾害交互发生，20 世纪以后环境灾害频次增加，灾害链特征日益凸显，制度尤其经济政策是环境灾害的诱因。

一、云南史料记录中的主要灾害类型

纵观云南的灾害史料，记录次数最多、对社会经济影响最大的自然灾害，首推气象灾害，如洪涝、旱灾、风灾、霜灾、冰雹等。洪涝及旱灾是最常见、分布区域最广的自然灾害；冰雹灾害与气候变迁密切联系，呈现出浓厚的年际及季节性变化特点，“除温带外，云南大部分气候带冰雹在气候偏冷期（偏暖期）较多年平均偏多（少）。云南各地对气候变暖的响应程度不一致，滇中及以西以南大部分地区以及滇东南大部分冰雹频次对气候变暖有着很好的响应，即偏暖时期冰雹频次偏少，而偏冷时期则偏多”①。

二是地质灾害，如地震、滑坡、泥石流、塌陷、水土流失、石漠化等。暴发频次最高、短期后果最严重的是地震灾害②，“云南是我国地震灾害损失最

---

① 陶云等：《云南冰雹的变化特征》，《高原气象》2011 年第 4 期。

② 云南土地面积仅占全国国土面积的 4%，但破坏性地震却占全国平均量的 20%，可能发生破坏性地震的地区约占全省土地面积的 84%。

为严重的地区之一。……随着社会经济的不断发展和社会财富的不断积累……相同地震能量条件下，云南地区地震灾害损失随年份呈增长趋势”①，“全国包括台湾省在内所有省区的地震史料的统计表明，云南各种震害占了全国总数的 24.04%，高居榜首。其中崩塌、滑坡、泥石流、地裂缝、喷水冒砂及堵河尤为严重”②。明清地震灾害记录中，灾害烈度较大、人口死亡数量达数千人至数万人的地震就达十余次。“云南早期的地震记载极为零星、简单……从 1481 年到 1999 年，500 多年来云南地区有人员死亡记载的地震共 110 余次，总死亡人数 7 万余人”③。灾害程度逐渐加深、影响日渐深广的地质灾害是水土流失及泥石流，“云南是我国地质灾害严重、多发的省份，滑坡、泥石流、地面塌陷、地面沉降、地裂缝、石漠化是云南常见的地质灾害类型。其中滑坡、泥石流点多面广、活动强烈、突发性强，是云南最主要的山地地质灾害”④。

三是疫灾。这是导致云南本土人口增长缓慢，影响社会经济发展并对民族社会心理产生重要影响的灾害，很多疫病随着交通的发展及人口的迁移流动而扩大了其传播范围，最著名的是瘴疠、疟疾、鼠疫、麻风、霍乱、血吸虫、白喉、猩红热等疾病。另一种被记录的疫灾是病虫灾害，如鼠害、蝗灾、虎狼灾患等，也是对农业生产及民众生活造成严重不良影响的灾害类型。

四是火灾，村镇火灾最为常见及频繁，直接影响社会经济文化；森林火灾是历史上未被重视但后果最为严重的灾害，对整个区域的生态环境、生态系统及工农业资源造成了严重破坏，进而影响到区域社会经济文化。

五是生物灾害，这是近现代以来涌现出的新型灾害，是随着物种入侵现象日益广泛地发生而产生的，表现在农业、林业、果蔬、花卉等产业上的新型病虫害，呈现出难以控制的复杂态势。

二、云南历史灾害发生的原因

气候、地质地貌、海拔等是云南灾害频发的客观原因。云南的地理位置及

---

① 周光全，施卫华，毛燕：《云南地区地震灾害损失的基本特征》，《自然灾害学报》2003 年第 3 期。

② 李世成等：《云南地震地质灾害与资源环境效应问题的初步研究》，《云南地理环境研究》2003 年第 2 期。

③ 赵洪声等：《云南地震灾害特征分析》，《内陆地震》2001 年第 1 期。

④ 解明恩，程建刚，范菠：《云南滑坡泥石流灾害的气象成因与监测》，《山地学报》2005 年第 5 期。

地貌特点，山川河流、箐谷平川的基本状貌几乎未发生过大的变化，自然致灾因素变化不大。环境灾害的原因在不同时期差异极大，一些地区由于人为开发，破坏并改变了地质结构及生态系统，引发了多种环境灾害，尤其很多生态基础脆弱的地区，灾害更为严重；一些地区的灾害与弱化后的自然环境交互作用引发了更严重、频繁的灾害，加重了环境灾害的程度。近现代以来，云南呈现出自然灾害及人为灾害并存共发、人为灾害频次日趋增加的特点，这主要有以下三个原因。

首先，自然原因。云南历史灾害的类型及程度受制于自然气候及地理地貌因素，即地理位置、地形地貌、气候等是自然灾害多发的基础原因。

云南位于亚欧板块、印度洋板块交界处，地壳板块运动频繁，是地震、泥石流、滑坡等地质灾害频发的重要原因。因其地形地貌复杂，气候类型多样，从南到北分布有北热带、南亚热带、中亚热带、北亚热带、南温带、中温带。同地区的气候随海拔的高低起伏而不同，“一山分四季，十里不同天”，立体气候特点显著，灾害的立体特点也极为突出，影响也各不相同，同一区域内不同海拔地带或一座山的阴阳面，水旱、霜冻、低温、雹、风、火等多种自然灾害都能交替发生。

云南大部分地区的地貌特点是山地面积大，滇黔桂渝都是山地面积占全省土地面积的 90%以上的地区，连绵蜿蜒的雄山及众多纵横交错的河流箐谷，将西南各省市分割成了数量众多、相对封闭的地理单元，使云南灾害的区域性特点极为显著，如水旱灾害及冰雹灾害是坝区的主要灾害，旱灾、水土流失、泥石流、滑坡、塌陷等则是山区的主要灾害类型，河谷坝区多发生水灾及疫灾。

云南是典型的季风气候区，受大气环流影响，夏季降水充沛集中，冬春季降水稀少，风速大、蒸发量大，春季和夏季初期的水面蒸发量是同期降水量的 10 倍以上，大部分地区 5 月下旬雨季才开始，此前很难出现有效降水，且不同年份冬夏季风进退时间、强度和影响范围不同，降水存在时间及区域分布不均、在年内和年际的时空分布上存在较大差异的特点，成为云南冬春季节易发生旱灾及火灾、夏季易发水灾的基础原因。云南火灾高发季节一般集中在 1—5 月，云南高原被干暖的大陆气团控制，晴天多，蒸发量大，林地覆盖物的含水量急剧下降，一遇火种，极易燃烧形成火灾，火灾成为最常见的、危害最大的灾害。因受南孟加拉高压气流形成的高原季风气候影响，霜灾、冰雹及低温冷冻灾害在某些区域的暴发极为频繁。

其次，山地的长期垦殖是环境灾害增多的诱因。元明以降，中央专制统治日渐深入，半山区、山区得到广泛开发，山地垦殖及金银铜铁锡铅盐等矿产的采冶，森林资源大量损毁，地质结构及生态系统受到破坏，区域气候发生改变，环境灾害的频次逐渐增多。生态破坏严重的地区，大雨一过，山水暴发，极易发生水灾及泥石流灾害，山边河畔的田禾常被冲没淹埋。例如，乾隆三十三年（1768 年）夏六月，邓川州“弥苴河东堤决银桥上，秋洱水溢没田禾”[①]，浪穹县“普陀崆白汉涧水发，沙石填河，湖水横流，淹田宅无数”[②]，文山县“大水，淹倒民房数百间，田谷尽坏”[③]。山区开发的深入拓展、明清气候异常引发的自然灾害都使生态系统的自然防灾、减灾、抗灾能力减弱，很多半山区往往因水旱、地震等自生灾害引发了泥石流、滑坡、塌陷等多种次生的、程度严重的环境灾害，人为开发导致的环境巨变及其破坏也引发了较多的环境灾害，使云南成为灾害种类最多的地区。因此，地震、泥石流、塌陷、干旱、洪涝、霜冻、风灾、火灾等灾害频繁发生，以滇东北小江泥石流灾害最具代表性。

最后，自然与人为因素交互作用诱发灾害，生态脆弱区自然灾害与环境灾害相互促发，继发性灾害不断出现。明清小冰期的低温气候对云南的灾害频次及灾害强度也产生了极大的影响，由于气候寒冷，旱灾、低温冷冻灾害频繁发生。例如，咸同以来至民国初年，云南回民起义不断，护国战争以后，军阀割据混战，天灾人祸，促发了云南生态环境的恶化及突变，导致并增加了环境灾害的频次，植被逆向演替，一些区域的生态发生了不可逆转的恶化。例如，金沙江、红河、澜沧江流域区生态环境极其原始，自然灾害较少，但生态基础较为脆弱。明清以来的移民垦殖使生态脆弱区的环境遭到彻底破坏，土地结构和河谷坡地退化，气候逐渐干燥，水土流失严重，最终演变成为持续性旱灾频发的干热河谷区，自然抗灾能力下降、灾后自我修复能力减弱，泥石流、滑坡、水旱、冰雹、石漠化等自然与人为的灾害常常混杂发生。

---

① 咸丰《邓川州志》卷五《灾祥》，台北：成文出版社，1968 年。

② 光绪《浪穹县志略》卷一《祥异》，南京：凤凰出版社，2009 年。

③ 道光《开化府志》卷一《祥异》，清道光九年（1829 年）刻本。

第二节　云南历史灾害的特点

灾异是中国传统社会衡量统治是否符合天意民心、社会是否稳定的重要标志。元明以前，汉文史料很少有西南历史的记录，灾害记录多集中在正史中且数量较少，随着元明中央王朝统治的深入、西南历史记录及书写主体的扩大，史料记载逐渐增多。明清以降，地方志纂修蔚然成风，“灾异”志成为方志中一个不可少的类目，灾害记录随之增多，故云南传统史料记录时期主要指元明清三朝，但此期灾情记录零星简单，多以对生产、生活产生重要影响的自然灾害为主，主要有六个特点。

第一，地震是史料中最常见、突发性强、社会影响最大的自然灾害。地震是云南历史上史料记录及民间记忆最强的常发性自然灾害，如从汉至清，云南地震记录达四百余次，其中重大震灾达百余次，不同程度的房屋倾塌及人员伤亡的记载不绝如缕。例如，西汉河平三年（前26年）二月，犍为郡地震，“地震山崩，壅江水，水逆流”[①]；唐光启二年（886 年），南诏地震，《南诏野史》记：“龙首龙尾二关，三阳城皆崩。”明代地震记录增多，以弘治十二年（1499 年）冬波及云南县、宜良县及景东、蒙化、澄江、大理等府的连续性地震最严重，澄江“民人庐舍倾坏，人多压死，月余乃止”；大理“屋宇尽坏，死数万人，历时四年始宁”[②]，宜良“十二月己丑冬地震，有声如雷，从西南方起，自子时至亥时连震二十余次。衙门、城铺、寺庙、民房摇倒几尽，打死压伤男女无数。嗣后或一日一震、旬日一震、半月一震、一月一震，经四年方止”[③]。“宜良县地震，自西南来如雷，民居尽圮。压死以万计，旬月常震，越四年始宁”[④]。

清代云南地方志纂修、存留较多，震灾记录也增多，灾情逐渐详细，灾害损失数据逐渐增多，如顺治九年（1652 年）六月初八，云南大理蒙化府地震，“地中若万马奔驰，尘雾障天。夜复大雨，雷电交作，民舍尽塌，压死

① 《汉书·成帝纪》，北京：中华书局，1962 年。

② 刘景毛点校：《新纂云南通志（三）》卷 22《地理考》，昆明：云南民族出版社，2007 年。

③ 康熙《宜良县志》卷 2，清康熙五十五年（1716 年）刻本。

④ 万历《云南通志》卷 17，明万历四年（1576 年）刊本。

三千余人。地裂涌出黑水，鳅鳝结聚，不知何来。震时河水俱干，年余乃止”[①]。乾隆朝地震记录以二十八年（1763 年）十月，云南临安府、澂江府及其邻近州县的地震最具代表性，临安“有声如雷，十余日乃止”[②]。“坏民居庐舍甚众”[③]，十一月二十六日亥时，江川、通海、宁州、河西及建水地震，通海“城郭、寺观、衙署、民居倒坏甚多，男妇压毙八百余口”[④]，河西“癸未地震，街房倒塌，伤人极多。市中无米，民间慌乱”[⑤]，江川“二十七日申时复大震，浃旬乃止。城垣、衙署、祠庙尽倾，民居倾圮者四千五百四十五户，压毙居民无数”[⑥]。乾隆五十四年（1789 年）五月十四日，通海、河西、宁州、河阳、江川五州县发生大地震，“城垣庐舍倾坏，压伤人畜无算，至二十八日大雨乃止。江川、新兴，路南地震”[⑦]，江川“戌刻地震，崩损城楼雉堞，城之西南坍塌二十二丈余，西北十余丈，周围雉堞损坏二十余处，四门城楼，俱已倾颓”[⑧]，宁州“与通海同时地震，坏屋舍，伤人畜，矣渎村倾入湖中。震无时，月余乃止”[⑨]。近邻州县损失严重，黎县“山崩川竭，坏屋压杀人畜无数，路居为甚矣。渎村落倾入湖中，震，时至闰五月初二日乃止”[⑩]。

道光十三年（1833 年）的嵩明地震，是云南历史上波及区域最广、危害最烈的地震之一，七月二十三日上午，昆明、嵩明、宜良、河阳、寻甸、蒙自、晋宁、江川、阿迷、呈贡等十余州县同时大震，“坍塌瓦草房八万三四千间，压毙男妇六千七百余口”，当日震数次，“其后至九月，每隔三四日或五六日又震十余次”，波及滇中、滇南 30 余县，各地“人民压毙”“房屋人员损伤”[⑪]。

第二，洪涝及干旱是历史上频次最高的气象灾害。水灾是云南早期民族分布及迁移中影响最大的灾害，是云南少数民族早期历史上最惨痛的灾害记忆，

---

① 康熙《云南通志》卷 28，清康熙三十年（1691 年）刻本。
② 嘉庆《临安府志》卷 17，南京：凤凰出版社，2009 年。
③ 梁初阳点校：《道光云南通志稿》，昆明：云南美术出版社，2021 年。
④ 道光《通海县志》卷 3，南京：凤凰出版社，2009 年。
⑤ 乾隆《河西县志》卷 1，台北：成文出版社，1975 年。
⑥ 嘉庆《江川县志》卷 2，清光绪三十三年（1907 年）抄本。
⑦ 道光《澄江府志》卷 2，南京：凤凰出版社，2009 年。
⑧ 嘉庆《江川县志》卷 5，清光绪三十三年（1907 年）抄本。
⑨ 嘉庆《临安府志》卷 1，南京：凤凰出版社，2009 年。
⑩ 乾隆《黎县旧志·灾祥》，台北：成文出版社，1974 年。
⑪ 光绪《云南通志·灾异志》，清光绪二十年（1894 年）刻本。

其频繁及其影响的严重性可从彝、壮、苗、哈尼等民族的洪水神话、传说及零星记载中窥见。元明以前汉文史料记录较简单，元明后水灾广泛地出现在文献中，以地方志记载最多。例如，明正统五年（1440 年）秋七月，顺宁府“大雨弥旬，山崩水溢，冲没田庐不可胜计”①；弘治十四年（1501 年），“六月朔，大雷雨，点苍白石二溪水涨，漂没民居五百七十余家，溺死三百余人”，“秋，永昌腾冲大水，坏民庐舍，人畜死者以百数计。浪穹淫雨，山崩水溢，冲纪民居，溺死者百余人”②；正德七年（1512 年），“滇池水溢伤禾稼，荡析昆明、晋宁、呈贡、昆阳等州县民居百余所，溺死者无计”③；天启五年（1625 年）六月，全省连降大雨，昆明松华坝“浪涌数丈”，水决入城，“平地水深六七尺”，街市行舟，“省城六卫军民室庐冲倒以三千计，漂没财物无算，附近十余州县亦成泽国”，直至十月，大雨不停，寻甸、武定、澄江、临安、楚雄府等“地东、西二三千里，同时被灾”④。

清代水灾记载以题本、奏折等档案及文集、笔记、方志的记录最多、最详细，灾情记录逐渐详细并有了简略的伤亡及财产损失等数据。例如，康熙三十年（1691 年），元谋县“七月二日，大水，冲没田禾百余顷，居民数十，房屋财产不计其数”，安宁州“秋，淫雨不止，洪水入城，冲倒民居，近河盐房锅土漂没过半. 两岸田禾尽损，秋成无收”⑤；乾隆三十年（1765 年），“滇省六月中旬连日大雨，河水泛滥，昆明县淹没田亩、兵民房舍，并云南府属之昆阳、嵩明、安宁、富民、宜良、呈贡、晋宁、罗次、禄丰，曲靖府属之平彝，澂江府属之河阳、路南，广西府属之弥勒等州县暨元江府各被淹低田房屋……七月初十、十一等日大雨，昆明等属复被水淹……昆明县地方续被水成灾田二百一十一顷九十七亩，坍塌瓦房七十五间、草房三百一十四间，墙三百九十七堵……景东府被水成灾田三顷一十三亩零，沙埋石压不能垦复，淹塌草房一十六间，统计昆明、晋宁、呈贡、安宁、景东五府州县，续被淹成灾田二百六十二顷一十亩零，被灾人民五千余户，大口一万五千五百余口，小口九千

① （明）刘文征撰，古永继点校：《滇志》卷 31《杂志 · 灾祥》，昆明：云南教育出版社，1991 年。
② （明）刘文征撰，古永继点校：《滇志》卷 31《杂志 · 灾祥》，昆明：云南教育出版社，1991 年。
③ 康熙《云南府志》卷 25《杂志一 · 灾祥》，南京：凤凰出版社，2009 年。
④ （明）刘文征撰，古永继点校：《滇志》卷 23《艺文志》，昆明：云南教育出版社，1991 年。
⑤ 李春龙，江燕点校：《新纂云南通志（二）》卷 18《气象考》，昆明：云南民族出版社，2007 年。

九百余口”[①]。

旱灾也是最常见、频次最高、发生区域最广的自然灾害，元明以后的记载逐渐增多，但记录最简略，仅能在一定程度上反映旱灾的大致状况。例如，元至治二年（1322 年），“临安、河西县春夏不雨，种不入土，居民流散”；景泰四年（1453 年），“昆明、姚安大旱，民多饿死”；万历五年（1577 年），“临安春夏不雨，升米三钱，民多殍”。清代地方志里几乎每年都有旱灾记录，如康熙元年（1662 年），泸西县“大旱”[②]；弥勒县“天旱，斗米价银二两”[③]；乾隆三十五年（1770 年）罗平、澂江“大旱”[④]；乾隆六十年（1795 年）马龙、宜良、昆明、禄劝“大旱”；嘉庆二年（1797 年），楚雄“旱，大饥，斗米二千四百文”[⑤]；嘉庆二十二年（1817 年），巍山“春大饥，民食豆叶皆尽”[⑥]，腾冲“秋饥，薪桂米珠，饿殍盈野”[⑦]，保山“大饥，流民襁负而至者以万计”[⑧]，云龙“仍饥，民掘草木以食”[⑨]。

第三，泥石流、滑坡、山崩、塌陷等是各地都会发生的地质灾害。云南的明清史料中，泥石流及滑坡等地质灾害频发区，生态比较脆弱，但见于记载则是近现代以来的事。那是否意味着云南历史上没有泥石流灾害。显而易见，云南特殊的地质、地貌结构及生态基础，决定了一些位于地层断裂带上的区域在生态遭到破坏后会频繁暴发地质灾害。例如，东川小江泥石流就是地质及自然环境破坏等因素造成的，小江位于构造成熟度较低的断裂带上，断裂阶区多，断层面陡且转弯多，近南北向的主断裂与次级断裂交界处常处于闭锁状态，应力易强烈集中而引发强震及泥石流灾害，而清代中后期大规模的铜矿采冶导致地表森林植被消失及生态环境的巨变，成为诱发泥石流及地震灾害的人为原因。

---

① 水利电力部水管司科技司，水利水电科学研究院：《清代长江流域西南国际河流洪涝档案史料》，北京：中华书局，1991 年，第 291 页。

② 康熙《广西府志》卷 10《灾祥》，北京：中华书局，2019 年。

③ 乾隆《弥勒州志》卷 34《祥异》，南京：凤凰出版社，2009 年。

④ 梁初阳点校：《道光云南通志稿》卷 4《祥异》，昆明：云南美术出版社，2021 年。

⑤ 嘉庆《楚雄县志》卷 1《祥异》，南京：凤凰出版社，2009 年。

⑥ 民国《蒙化志稿》卷 2《祥异》，南京：凤凰出版社，2009 年。

⑦ 光绪《腾越乡土志》卷 3《耆旧》，南京：凤凰出版社，2009 年。

⑧ 道光《永昌府志》卷 24《祥异》，清道光六年（1826 年）刻本。

⑨（清）张德霈等撰，党红梅校注：《光绪云龙州志》卷 2《祥异》，昆明：云南人民出版社，2019 年。

翻检史料发现，云南各地在历史时期，确实发生了数量不少的地质灾害，只是多混杂于水灾、水利工程疏浚的史料中，但灾情记录相对详细，也有粗略的数据。例如乾隆八年（1743 年）十一月十六日，云南总督张允随奏报了金沙江沿岸昭通水灾及泥石流灾害，“永善县……所属火盆里地方濒临大江，沿江一带大山沙石兼生，土性松浮，易于坍卸，本年七月初七八九等日，大雨连绵，山水泛涨，崖石被水浸埈，夹杂泥沙，将靠山临江田地，逐段冲压，沿江房屋亦被冲坍……冲坍田地共二百二十七亩零……坍塌瓦房二十四间，草房七十一间”①。道光元年（1821 年），邓川大水，“卧牛山崩，压毙男妇二十一人，民房二十七间”②。云南其他江河流域区及山区、半山区，常在夏秋两季因暴雨引发泥石流等灾害的史料在清代以后逐渐增多。

第四，疫灾是云南频繁发生、危害巨大却尚未受到普遍关注的灾害。云南的气候及生态环境为传染性、流行性疫病的发生提供了条件，疟疾、鼠疫、血吸虫病、麻风病、麻疹、霍乱、天花、伤寒等是历史上影响较大的疾病，史料记录不绝如缕，但极为简略，明以前只以“疫”“瘟疫”“大疫”等形式出现，疫灾名称及疫情不得而知，如明正德九年（1514 年），“鹤庆、丽江大疾，死者不可胜计”③。

清代以后疫灾记录稍多，疫情相对详细起来。例如，清康熙十八年（1679 年），广西府“大疫，人畜皆灾”④；嘉庆十七年（1812 年）冬，建水“疾疹大作，至道光六年未已，死者无算”⑤；光绪十八年（1892 年）秋，邓川鼠疫，“染疫之处，鼠子得毒先死，臭不可触，人家传染，或为红痰，或为痒子，十死八九，连年不止，乡邑为墟”⑥；嘉庆六年（1801 年），“大疫，死者千余人”⑦。

第五，火灾是云南冬春季节在城乡及山地森林区经常发生，但记录较少的灾害。云南火灾史料以明代以后的村镇火灾记录较多，森林火灾影响最大、破坏最广，但记载极少。例如，明嘉靖三十七年（1558 年）三月，“楚雄城中

---

① 《宫中朱批·乾隆八年》第 5—73 号，《清代灾赈档案专题史料》第 25 盘，第 61—62 页。
② 梁初阳点校：《道光云南通志稿》卷 4《天文志·祥异下》，昆明：云南美术出版社，2021 年。
③ （明）刘文征撰，古永继点校：《滇志》卷 31《杂志·灾祥》，昆明：云南教育出版社，1991 年。
④ 梁初阳点校：《道光云南通志稿》卷 4《天文志·祥异下》，昆明：云南美术出版社，2021 年。
⑤ 梁初阳点校：《道光云南通志稿》卷 4《天文志·祥异下》，昆明：云南美术出版社，2021 年。
⑥ 牛鸿斌等点校：《新纂云南通志（七）》卷 161《荒政考》，昆明：云南民族出版社，2007 年。
⑦ 民国《盐丰县志》卷 12《杂类志·祥异》，南京：凤凰出版社，2009 年，第 562 页。

火，自申至丑，毁民居数百家”[①]；清康熙九年（1670 年），“曲靖东南西城门灾，延烧兵民居千余所”[②]；同治六年（1867 年），开化府“东安里大火，毁民房八百余间”[③]。清代以后，火灾灾情记录相对详细起来，如乾隆九年（1744 年）四月初二日，云南总督兼管巡抚事张允随奏报了开化府火灾情况：“白马汛地方客民杨逊远铺内灯煤燃草失火……风狂火烈，延烧铺户、民居八十三户，内瓦房十七间，草房一百八十五间，税房一所，其被火人口当即安顿铺户及附近亲友家居住，并量加资给等情……有府城关厢居住之军犯王一才草铺内煮饭起火……因草房遇火易燃，兼值大风，难于扑灭，延烧兵民五百二十八户，计瓦房二百六十六间，楼房三十九间，苫片草房七百九十间，并千把衙署十七间，当即会同开化府将被火兵民量加捐给抚慰。”[④]

第六，低温冷冻、霜雪灾等是云南常见的、对农业生产影响极大但记录简略的灾害。雪灾一般发生在滇东北、滇西北等高纬度、高海拔地区，滇中、滇南偶遇大雪便能成灾，如元至正二十七年（1367 年）二月，“昆明雪深七尺，人畜多毙”[⑤]；明天启四年（1624 年）七月，“武定大雨雪，损禾”[⑥]；清康熙五十七年（1718 年）十一月，“鹤庆大雪，巡边供役民夫冻死几百人”[⑦]。霜冻也是较普遍、常见的灾害，如明正德元年（1506 年）四月，“武定陨霜杀麦，寒如冬”[⑧]；清光绪二十三年（1897 年）八月，“罗次大霜，禾苗被其肃杀，收成极少”[⑨]。

相较而言，雹灾在云南的分布较广泛，相关记载较多，如明嘉靖元年（1522 年）四月，“云南左卫各属雨雹，大如鸡子，禾苗房屋被伤者无算”[⑩]；天启二年（1622 年）八月，“师宗陨霜杀禾”[⑪]；清道光三十年（1850 年）三

① （明）刘文征撰，古永继点校：《滇志》卷 31《杂志・灾祥》，昆明：云南教育出版社，1991 年。

② 梁初阳点校：《道光云南通志稿》卷 4《天文志・祥异下》，昆明：云南美术出版社，2021 年。

③ 牛鸿斌等点校：《新纂云南通志（七）》卷 161《荒政考》，昆明：云南民族出版社，2007 年。

④ 《宫中朱批・乾隆九年》第 5—15 号，《清代灾赈档案专题史料》第 25 盘，第 141—142 页。

⑤ 梁初阳点校：《道光云南通志稿》卷 4《天文志・祥异下》，昆明：云南美术出版社，2021 年。

⑥ 梁初阳点校：《道光云南通志稿》卷 3《天文志・祥异上》，昆明：云南美术出版社，2021 年。

⑦ 梁初阳点校：《道光云南通志稿》卷 4《天文志・祥异下》，昆明：云南美术出版社，2021 年。

⑧ 梁初阳点校：《道光云南通志稿》卷 3《天文志・祥异上》，昆明：云南美术出版社，2021 年。

⑨ 梁初阳点校：《道光云南通志稿》卷 4《天文志・祥异下》，昆明：云南美术出版社，2021 年。

⑩ 《明史・五行志一》，北京：中华书局，1974 年。

⑪ 梁初阳点校：《道光云南通志稿》卷 3《天文志・祥异上》，昆明：云南美术出版社，2021 年。

月，晋宁“大雨雹，如拳、如杯、如栗，积深尺许，伤寂麦，岁饥”[①]；光绪二十年（1894 年）六月初一日午时，“罗次大冰雹，形如鸡卵，五区西北击毙牛一、人一，田禾多损”[②]。此外，风灾、虫害等也在史料中多有所见，但记录较为简单。

从云南传统灾害史料记录里可以明显看出的是，14 世纪以后，随着文献记录的发展，灾害呈现递增现象，频次日趋密集、影响范围日渐广泛，后果也日渐严重，这与明清以降山区开发的拓展及深入、生态环境的变迁及区域性气候的改变密切相关。同时，元明时期记录较为简单，而清代以后不但灾害记录增多，灾情记录日益详细，而且程度严重的灾害数据开始进入记录范畴。

同时，明清以后云南灾害链已初现端倪，灾情多样，千差万别，有时是单一类型灾害，更多的则是多种灾害先后或交替、同时发生（同时同地或同时多地）。例如，嘉庆二十一年（1816 年）“丙子，昆明饥；云南县，秋水，冬大饥；嵩明饥；蒙化大饥；河阳雨雹，楚雄旱，大饥；太和、邓州大饥；云龙饥；浪穹大水；弥勒饥；云州大饥；剑川七月雨雪，秋不熟；禄劝旱，岁歉；南宁雹伤麦；八月蒙自大疫”。嘉庆二十二年（1817 年）“丁丑，元江城内火毁民居数百家；昆明、嵩明、顺宁、大姚饥，时疫流行；云龙、宾川、广通饥；浪穹，夏雨雪，秋大旱，饥；蒙化岁大熟；剑川饥，疫；六月陨霜，八月弥勒陨霜，五谷不熟；腾越旱，饥；丽江大饥；禄劝旱，饥；琅井大饥”[③]。道光七年（1827 年）“丁亥，三月昆明大风拔木；六月安宁大水，螳螂川溢，坏民居；新兴、建水疫”[④]。

第三节　近现代云南灾害特点及典型案例

20 世纪云南的灾害因自然及人为原因存在极大差异，尤其是在科技、政策等方面的不同，不仅灾害的具体状况及后果存在着极大差异，灾情记录也存在较大不同。

---

① 李春龙，江燕点校：《新纂云南通志（二）》卷 18《气象考一》，昆明：云南民族出版社，2007 年。

② 李春龙，江燕点校：《新纂云南通志（二）》卷 18《气象考一》，昆明：云南民族出版社，2007 年。

③ 光绪《续云南通志稿》卷 2《祥异》，清光绪二十七年（1901 年）刻本。

④ 光绪《续云南通志稿》卷 2《祥异》，清光绪二十七年（1901 年）刻本。

一、20 世纪前半期云南灾害特点及案例

20 世纪前半期，即清朝末期及民国年间，云南自然灾害频繁发生，几乎无年不灾，灾害种类齐全。加之农业、矿冶业与盐业的开发，生态破坏严重，由此引发的环境灾害频次增加。例如，蒙自因锡矿的采冶，森林减少速度极为惊人，个旧森林砍伐殆尽之后，又相继从邻近的建水、石屏采伐，出现了森林自东南向西北递进变迁的态势；景谷早期森林覆盖率较高，因“盐柴之需用浩繁，采伐又漫无节制，附井一带已成童山”；因白盐井的开采，姚安森林受到极大破坏，水土流失、水旱灾害频次增加，“村用腾贵，樵采为艰……即征诸近年水旱偏灾之发生”①。自然及环境灾害的交互发生，对社会经济造成了极大影响，洪旱、泥石流灾害使耕地遭到毁灭性破坏，粮食绝收，粮价飞涨，“一遇水旱偏灾即成荒象，而至匮用也”②。此期，云南灾害记录呈现以下六个特点。

第一，多种自然灾害并发，环境灾害渐趋频繁，灾害范围扩大，灾害频率呈上升态势，很多地区或先旱后涝，或震涝、旱震并发，或震后霜冻疫灾并存，方志中常出现“云南 48 县被水旱虫疫等灾”“云南 90 余县遭水旱风虫雹等灾”等记录，各类灾害在不同地区、不同时期发生，以及灾害频次明显增加是此期灾害记录的显著特点。旱涝、地震依然是最常见的灾害，疟疾、霍乱、麻风、血吸虫、白喉、猩红热等疫灾记录增加，疾病暴发及流行异常活跃，地方志记录相对详细，如 1918 年洱源大疫，“症患红痰，人民死者四五千”，个旧“又疫，死者数千”，兰坪“十一月十四日疫死六千余口”；1919 年冬，永胜“大疫，月余死亡约万余”，民国《昆明市志》记：“民国十年夏季至翌年春季，患白喉症而死亡者达三四万人，为从来未有之大疫。”

此期气候偏冷，霜冻、大雪和低温灾害频繁发生，范围从滇东北、滇西北等高寒地带逐渐扩展到文山、临沧、西双版纳等热带及亚热带地区。灾害链特点极为突出，反映了社会及灾害相互影响的特点，灾情及其数据的记录也较为详细，具备了现代灾害史料记录的条件。

---

① 《云南森林》编写委员会：《云南森林》，昆明、北京：云南科技出版社、中国林业出版社，1986 年，第 252 页。

② 云南省志编纂委员会办公室：《续云南通志长编》中册，1986 年，第 723 页。

自19世纪晚期以来，云南战乱频仍，盗匪横行，社会动荡，民不聊生，自然及社会的抗灾防灾能力大大降低，普通的中小型的灾害都能因人祸酿成一场巨大的灾难。例如，1925年3月16日，大理地震，城墙城楼严重毁坏，牌坊倾圮，铁栅震倒，全城官民房屋，庙宇同时倾倒，重者夷为平地，轻者墙壁倒塌无一完好。东山洱海边、顺满邑、下鸡邑、小邑庄等村寨庙宇和民房几乎全部倒尽，阻塞街巷，平地、田坝、湖滨出现裂缝，缝冒沙浮，地涌黑水。地震后发生火灾，直烧至次日清晨，平日繁华的大理城变成一片焦土。地震引发了持续时间更长、灾害后果更严重的霜冻灾害，“震后全省霜冻”。3月23—25日三天，云南大部分地区突然遭遇降温、霜降，滇东、滇中37个县市发生了一场范围空前巨大的霜灾，“晴天突变，气温骤降，严霜满地铺白，寒如隆冬”“霜雹两灾共摧豆麦一百三十一万余千亩，灾民五十六万六千余户，共计丁口三百一十四万四千五百余人，死亡二十四万四千六百余十人，实近百年未有之奇灾也”[①]。霜灾伴着降雪和冰雹，延续了四年，民众以树皮草根、观音土充饥，人口大量死亡[②]。《申报》及《云南大理等属震灾报告》和大理传教士对此次地震均有记述。因此，这一时期除了气象、地质等传统灾害外，虫灾、虎狼灾害等生物灾害也在很多地方出现，虎患、狼灾的出现，与气候变化、生态环境破坏后巨型肉食动物的食物缺乏有密切关系。

第二，自然灾害的记录反映出灾害的区域性、连续性特点。绝大多数县都有灾害连续发生的记录，常出现多地或一地多年持续发生同一类型的灾害、不同地域或同一地域多次发生多类灾害的情况，如19世纪30年代初滇东地区持续干旱等。很多地区呈现多种灾害连续或重叠发生的情况，如陆良县报灾公文记：“聚贤乡年春又降巨雪，如是三朝……清宁乡本年阴雨连绵，海滨旱地杂粮数万亩，全部失收……旧历二月初十，夜雨冰雹降，逾时方止，损坏禾苗六千亩。”

自然灾害的分布呈现以生态破坏极为严重的东北和东部多、生态环境较好的西南较少的特点，水灾频次较高，大部分半山区、山区水灾往往伴随泥石流灾害，灾情及其数据记录逐渐详细。例如，1935 年晋宁县被水淹沙埋农田

① 云南全省赈务处：《云南三迤各县荒灾报告》，1925年，第2页。

② 霜灾及地震情况，详见濮玉慧：《霜天与人文——1925年云南霜灾及社会应对》，云南大学2011年硕士学位论文。

5970 亩（1 亩≈0.067 公顷）[①]；1939 年 8—9 月，昆明“阴雨绵绵，山洪暴发，市内各江河水位陡涨……市郊田亩被淹十分之八，秋收无望”“安宁、富民、路南地势低洼，水位高出平地数尺，田亩十分之八化为泽国……受灾黎民枕流而居，哀鸿遍野”[②]；元谋山洪暴发，水涨丈余，泛滥无涯，沿河两岸耕地顿成沙洲；1946 年滇西地区雨量过多，山洪暴发，淹没稻田逾 20 余万亩，冲毁桥梁二百余座，房屋、人畜之损失，不计其数，该区耕地面积总计 35 万余亩，荒芜约 130 余万亩[③]。

第三，对新型生物灾害的无意识、不敏感特点。云南早在民国年间就成为中国境内物种入侵首当其冲的区域，但有关早期物种入侵造成耕地及农业受损、危害本土生态并造成灾害的记录不多。例如，1934 年西双版纳等南部地区发现从缅甸大肆入侵的飞机草，1935 年紫金泽兰从缅甸传入云南，在全社会都没有物种入侵危害意识并无防范措施的背景下迅速扩展入侵领地，造成了极大的生态及社会危害，拉开了云南外来物种大规模入侵的序幕，很快就表现出了危害多种作物、明显侵蚀土著物种，发出化感物质，抑制邻近植物生长等危害性，但除地方志的物产志里以新物种名称记录外，其造成的危害相关史料几乎没有记载。

第四，人为灾害日益频繁。20 世纪以来，随着人口的增加，各地开发向山区广泛推进，矿冶业的开采更为密集，生态环境遭到更普遍的破坏，泥石流、滑坡等人为导致的灾害频繁发生，耕地尤其大量优质田地的抛荒及废弃使农业经济受到极大冲击。例如，高产农作物及烟草、咖啡等经济作物在地方政府的支持下在山区广泛种植，山区半山区的土壤、生态结构及山区生态自我恢复体系遭到破坏，一遇外力冲击，往往酿发巨大灾害。例如，大雨或水灾之际，山上泥沙倾泻而下，冲毁、掩埋了山脚河边肥沃的上侧或中侧田地，成为无法垦复或不能耕种的永荒地，如 1931 年易门县发生洪灾，盘龙镇 1374 亩地被水冲沙埋、198 亩地被毁，1948 年洪灾导致 2916 亩田地的稻谷无收，186 亩田

---

① 晋宁县志编纂委员会：《晋宁县志》，昆明：云南人民出版社，2003 年。

② 昆明市地方志编纂委员会：《昆明市志》，北京：人民出版社，1997 年，第 107 页。

③《滇西灾民嗷嗷待哺：灾民三十万食草根树皮，土地荒芜逾百分之四十》，《大公报》1946 年 10 月 22 日。

地成为永荒地①。

第五，因地理及自然条件的影响，成灾面及灾害后果相对较小。此期灾害分布范围虽然出现扩大趋势，但因山川阻隔，洪涝灾害的影响范围有限，与中原地区灾害相比，后果相对较小，这与云南传统灾害特点相似，即便是云南历史以范围及影响最大的1925年的霜灾、冰雹及大理7级地震交加，受灾面积37县、受灾人口30余万人，对社会经济造成的破坏与此期中国内地的洪涝、旱蝗等导致的波及四五个省的数十万乃至数百万人口死亡的灾害相比，就不算太严重，云南很少出现因灾而致“人相食”的惨剧。

二、20世纪50年代后云南灾害特点及典型案例

20世纪50—80年代，由于政策执行的偏差、过激，以及新科技在生产生活领域的广泛应用，森林遭到了毁灭性的破坏，生态环境遭到了更深广的破坏，环境灾害的频次均出现了上升趋势。交通通信的发展及地方志尤其专业志书纂修的兴盛，如民政部门编辑的灾害志或赈灾志等，使灾情记录及统计制度逐渐完善，灾情数据逐渐详细，具备了现代灾害记录的特点。因此，云南灾害主要有以下五个特点。

第一，地质灾害尤其是震灾依然是影响最严重的灾害，山区半山区的自然灾害及人为灾害集中暴发。地震依然是影响最大的自然灾害，造成的重大人员伤亡和财产损失得到了具体记录。随着防灾救灾措施的完善及社会经济的发展，死亡人口减少，经济损失日多。兹以几次主要震灾数据列表为例（表7-1）。

表7-1　20世纪50年代后云南地震案例数据记录表

时间	地点	震级	死亡/人	受伤/人	毁坏房屋/间	经济损失/亿元	受灾人口/万人
1951.12	剑川	6.3	423				
1966.2	东川	6.5	306				
1970.1	通海、峨山、建水、玉溪、石屏	7.7	15621	26783	338000	38.4	
1974.5	大关、永善等	7.1	1423	2000	28000		
1976.5	龙陵	7.4	96	2442	42000	24.4	
1985.4	禄劝、寻甸	6.3	22				

① 易门县地方志编纂委员会：《易门县志》，北京：中华书局，2006年，第100页。

续表

时间	地点	震级	死亡/人	受伤/人	毁坏房屋/间	经济损失/亿元	受灾人口/万人
1988.11	沧源、耿马等20个县市	7.6、7.2	748	3759	750 000	25.1	
1995.7	孟连、西盟、澜沧、沧源、勐海（3次）	5.5、6.2、7.3	11				60
1995.10	武定、禄劝、富民、禄丰等8县	6.5	59	808		7.4	
1996.2	丽江、鹤庆、中甸、永胜等9个县	7.0	309	4070		40	
1998.11	宁蒗、盐源	6.2	5				
2000.1	姚安、南华、大姚等	6.5	4				
2003.7	姚县、姚安、元谋等10个县70个乡镇	6.2	16				100
2007.6	宁洱	6.4	3	419		189.86	

从表 7-1 可知，尽管灾情统计数据逐渐详细，但很多灾害数据依然不完整、不系统。

在生态基础脆弱的半山区、山区，因地质结构特殊，橡胶、咖啡、桉树、茶叶等经济作物大量在山区推广种植，导致森林覆盖面积急剧缩减而引发了频次日益密集、范围不断扩大的泥石流、滑坡、塌陷等地质灾害，灾情记录更加详细、完备。

20世纪80年代后，云南山区的开发以史无前例的速度及规模发展，原始森林、本土植被几乎被砍伐殆尽，地表大量裸露，雨季的水土流失及沟蚀现象极为普遍，云南目前有2000条泥石流沟，特大型泥石流、滑坡等地质灾害不断见诸新闻报道。例如，1984年5月27日，东川市（今昆明市东川区）因民区黑山沟发生泥石流灾害，堵塞沟道、冲毁沿沟两岸的大部分房屋及其他工业设施，交通中断，上游坡面耕地被毁、沟槽拉深展宽，沟岸11户农户被吞没，下游形成一片乱石滩，最大的漂砾重 81 吨，造成经济损失达 1100 多万元，121 人死亡、34人受伤。2002年8月，普洱县、福贡县、盐津县、兰坪县、新平县发生大面积山体滑坡和泥石流灾害；小湾电站建设工地发生泥石流，泥石流夹杂着淤泥、石块、树枝，向村庄和田野蔓延，新平县10个村庄受侵袭，冲毁房屋近千间，涉及范围近 300 千米，近 30 千米公路被冲毁，直接经济损失达 1.6 亿元。总之，很多生态破坏严重区先后成为泥石流高发区，如寻甸金源乡只有

7000户人家，有16个地方有泥石流安全隐患，几乎一半人口都处在泥石流的威胁下。

第二，水灾频次稍减，旱灾日渐密集、间歇期日趋缩短，灾情数据准确详细。此期的水旱灾害既有自然灾害，也有环境灾害，灾害频次增速极大，灾情日益严重。云南旱灾明显增加的时代始于明清，1958 年以来，全省性长时间、大范围干旱的现象普遍发生，春耕时各地溪沟断流，井泉库塘干涸，田地开裂，无水耕种及保苗，以 4、5 月两月旱情最为严重。从 1961 年云南有气象记录以来，年降水量呈不断减少的趋势，半个世纪以来年降水量减少了 39 毫米，夏季和秋季减少趋势明显高于春季和冬季。例如，西双版纳年降水日由 20 世纪 50 年代的 270 天锐减到 150 天，年雾日由 180 天减少到 30 天，湿润的热带雨林气候发生了明显变化。

1962 年 11 月至 1963 年 4 月，全省平均降雨为 67 毫米，仅为常年同期的一半，5 月全省除思茅、临沧外全月降雨量均在 20—30 毫米，楚雄、大理、昭通、东川等 4 个地（州、市）基本无雨，小春减产约 30%，大春栽种严重缺水，265.8 万亩受旱成灾，8 月以后又有约 290 万亩作物受秋旱，0.9 万个生产队、90 万人口的地区人畜饮水困难。1982 年，全省再次发生冬、春、夏连旱，4 月初小春受旱 248.25 万亩，6 月初大春受旱 519.09 万亩，331 万人、210 万头大牲畜饮水困难，久旱诱发了塌陷滑坡虫灾等灾害，受灾面积达 934.09 万亩。1992 年又发生了全省性的春夏秋三季连续大面积的高温干旱，4—7 月全省降雨极不均匀，滇中、滇东地区的雨量是 1901 年以来的量小值，全省秋季农作物受灾面积 2500 万亩，其中受旱 1400 万亩，成灾 667 万亩，绝收 240 万亩，200 多万人口、100 多万头大牲畜饮水困难，鲁布革发电厂、西洱河水电站、以礼河水电站、六郎洞水电站等发电量大幅减少[①]。

进入 21 世纪后，旱灾愈加频繁，社会影响严重，借用新闻报道的说法，2001 年发生了“接近于历史上最严重的旱灾”；2005 年发生了“近 50 年来最大干旱”；2006 年“遭遇 20 年来最严重旱情”；2009—2013 年发生了“百年未遇”的五年连旱。这些持续时间长、灾害间隔周期短的严重旱灾，既有自然原因，也有人为原因，人为破坏生态环境等原因导致的干旱，尤其是水资源被

① 和丽琨：《云南省建国以来重大旱灾基本情况辑要》，《云南档案》2010 年第 4 期。

电站大量占用、水利工程控制了水的使用及分布，以及城市大量用水等人为控制之后，使原来以自然调节分布的水资源为生的生物遭遇了毁灭性的破坏，加大了旱灾严重后果的社会行为影响力。

第三，低温冷冻及冰雹是影响农业生产的主要灾害，记录相对全面。近40年来，云南的平均最高气温略有上升，最低气温呈现显著上升的趋势，极端最低气温和平均最低气温都趋于升高，以冬季更为突出。1975年12月遭遇了1949年后云南罕见的低温天气，多种树木受到了严重危害，以哀牢山以东包括昭通、曲靖、文山、红河、昆明、玉溪及楚雄的部分地区最为最重。2008年1月中旬—2月上旬中国南方包括云南在内的地区经历了历史罕见的持续性低温雨雪冰冻天气，云南冷害出现时间虽然偏晚，但灾害性天气持续时间却偏长（持续到3月上旬），给交通、电力、通信及人民的生产、生活造成了巨大影响。

冰雹是云南发生面积最广、对农业生产影响最严重的灾害，1950年后，冰雹灾害及其影响程度也呈上升趋势，每年平均约有60个县次受到不同程度的雹灾①。对1961—1997年云南冰雹灾害进行分析，雹灾主要发生于2月、3月和4月，是春雹区，春季冰雹日数占全年冰雹日数的64%；春雹有明显的年际变化，最严重的年份是1990年，最少的年份是1984年。从区域来看，滇西南是主要雹灾区，占全省冰雹日数的30.4%，滇中占23.8%②，20世纪70年代后期到80年代初、90年代中期是明显的多雹期，21世纪初进入低发期后年变化趋于稳定③。例如，2013年5月22日，云南多地发生雹灾，石林县城及周边部分地区冰雹堆积六七厘米，树木损毁，大春作物基本绝收；富源单点大暴雨夹冰雹自然灾害，造成4万多人受灾，直接经济损失达1227.34万元。

第四，近现代才见诸记载的森林火灾受到了人们的密切关注，对火灾原因、损失的记录日益详细。火灾是导致现当代动植物等生物及非生物资源受到致命损害的破坏性灾害。20世纪50年代后，森林火灾的频次逐渐增加、灾害后

---

① 王宝，赵爽，周泓：《滇中冰雹灾害特征及风险区划》，《云南地理环境研究》2012年第6期。

② 陶云，段旭，杨明珠：《云南冰雹的时空分布特征及其气候成因初探》，《南京气象学院学报》2002年第6期。

③ 田永丽等：《近48年云南6种灾害性天气事件频数的时空变化》，《云南大学学报》（自然科学版）2010年第5期。

果日益严重，对林业生产、生态平衡乃至生态系统构成了严重威胁。1950—1985 年林火过火面积达七千多万亩，相当于现有森林面积的 50%。在 1954—1984 年，除 1961—1962 年、1974—1975 年、1978—1979 年三个防火季出现异常外，其余 27 年中森林火灾发生次数和受害面积平均在 3500 次和 260 万亩上下。1975 年干季（1—4 月）降水仅为 52 毫米，火灾发生 6864 次，1979 年干季降水更少，仅为 18 毫米，火灾发生多达 12874 次①。2008 年云南共发生森林火灾 36 起，受害森林面积为 56.8 公顷，2012 年受灾林地面积达 184.5 万亩，成灾林地面积达 103.7 万亩、报废林地面积达 42.2 万亩，直接经济损失为 2.3 亿元。其中，苗圃受灾 1537.4 亩、新造林地受灾 104.9 万亩。森林火灾使森林植被遭受灭顶之灾，导致了整个自然景观的根本变化和气候、土壤、植被的迅速演变。

第五，新型灾害即物种入侵、生物灾害日益增多，后果及社会影响日趋严重。云南物种繁多，边境线长，容易遭受外来生物入侵，成为外来物种自然入侵最严重的省份。随着交通及科技的发展，出于观赏或经济发展需要有意引进异域生物，很多异域生物进入云南后很快成为入侵物种，危害并抑制本土生物的繁殖发展，造成了严重的生态破坏及环境灾害，如印楝、橡胶树、桉树、凤眼莲（水葫芦）、紫茎泽兰、空心莲子（水花生）、豚草、薇甘菊、互花米草、大米草等成为最常见的严重危害本土生态安全的入侵物种。20 世纪 90 年代后，随着生物学、生态学领域对入侵物种的数量、种群及其危害研究的进展，新闻尤其是纸媒及网络新闻媒体的发展及其快速传播特点，使入侵物种带来的农作物、林业病虫害等生物灾害及其后果、影响的记录增多并逐渐详细、完备。例如，2007 年，有新闻报道："2007 年上半年林业有害生物发生面积与危害程度与 2006 年同期相比有所增加。据全省 2007 年上半年数据统计，林业有害生物发生面积 374.45 万亩，较 2006 年同期增加了 7.58 万亩，上升了 2.07%"。2010 年 9 月 17 日，中国新闻网报道："森林病虫害是不冒烟的森林火灾。近年来，云南省林业有害生物灾害呈高发态势，年均发生面积达 520 万亩，特别是今年的特大干旱造成了全省性的有害生物大暴发……到 6 月 30 日，全省林业有害生物共发生 404.8 万亩，比去年同比增加 32.7%；成灾面积 190.02

① 霍增，刘鸿诺：《云南省森林火灾的特点》，《森林防火》1987 年第 1 期。

万亩，与去年同比增加 34%……一些耐旱喜阳的食叶害虫和蛀干害虫以及次期害虫种群数量迅速增加……蚜虫和木蠹象的发生面积分别是去年同期发生面积的 8 倍和 13 倍……云南林业有害生物灾害造成的直接经济损失为 8.874 亿元，造成的生态服务价值损失（间接经济损失）为 434.33 亿元。”

第四节　云南历史灾害的记录特点及发展趋向

云南历史以来自然灾害发展的明显趋向，就是水旱等自然灾害发生的频次呈现出日趋明显、密集的态势，灾害间隔时间日趋缩短，影响范围不断扩大，后果也日益严重。造成这样的认知状况，不仅与环境灾害增多有关，也与云南灾害记录的完整、详细特点有密切关系。由于近现代以来生态环境发生了不同于历史时期的变化趋向，故灾害的发展也呈现出了新趋向。

一、云南历史灾害的记录特点

首先，云南历史灾害具有中国历史灾害记录的一般特点，即古详今略，灾情记录简单、粗略并流于形式。早期（明清以前）灾害的记录简单、粗略，大多数灾害仅二三字或一两句话，如“旱”“大旱”“水”“涝”“水泛”“饥”“大饥”等。地方志的灾害记录形式相互承袭，内容粗疏简单，仅能大致反映出灾情的大小概貌，灾情的具体情况及社会影响几乎没有得到反映，给区域灾害史学的研究带来了极大阻碍。

清代以后，灾害记录逐渐详细，资料随之增多，常见及频发灾害的记录出现明显的时代特点，离现代越近记录越详细。地震、洪涝、干旱等灾害是较常见、频率较高、影响较大的灾害，相关记录也相对较多、较细。明清时期官员的奏章、诗文集及笔记游记里对灾情、灾害后果、灾赈等记载较详细。近现代以来，记载方式、媒介多元化，记录群体及内容多元化，出现了对灾情、灾害损失及救济物额等相对详细的数据和统计。因灾害记录方式及内容的不一致，存在古代灾害少、近现代灾害多的史料表象，这是出现“随着时间推移，灾害发生的次数与日俱增，其频度也呈趋频态势”观点及“发生水旱灾害最多的是 20 世纪”等认知的重要原因。这虽与灾害史料存在较大的吻合度，但却未能真实客观地反映灾害史的详细状况。

其次，云南灾害的记录呈现出强烈的中央王朝政治控制及地方史的特点。元明以后，中央王朝对云南的经营及控制力逐渐深入及加强，儒学教育随之普及深入，中央王朝地方政府主导的农业垦殖集中区及工矿业开采冶炼区的生态环境遭到了严重破坏，生态灾害如泥石流、塌方、滑坡等地质灾荒、气候异常导致的水旱灾害等逐渐增多，灾害记录的特点、方式及内容深受中央王朝文化教育模式的影响，重要灾害除被中原士子记录外，也被云南本土文人按中原模式记录下来，且本土文人记录的灾害史无论是次数还是灾情，都显得相对详细。云南地方史料的大规模记录及地方史的发展，始于中央王朝专制统治深入的明代，故云南灾害史料的记录呈现明代以后逐渐增多、日趋细致的特点。在中央王朝控制力量强的地区，灾害的汉文记录较多，但在土司地区、边疆地区，灾害的汉文记录相对较少。同时，灾害多发地点往往集中在中央王朝控制及开发比较集中且对生态造成了严重破坏的工矿区、农业坝区。

最后，云南史料灾害记录存在着显著的民族、区域特点。很多少数民族在明清汉族移民大量入滇以后迁移到山区，汉族移民聚居的坝区、河谷地区随着生态环境的开发及破坏，生态灾害增多，由于受教育者及史料记载者多为汉族，史料记录也以汉族聚集区的灾害为主。也因汉族聚集区是云南主要的农业、工矿区，灾害对农业生产及工矿业的影响也最为显著，以官员奏章、诗文笔记、地方志等的记录较为集中。少数民族聚居区灾害记录相对较少，不仅因汉族对少数及其灾害状况民族了解较少，也因民族聚居的大部分山区生态破坏程度相对较小，生态灾害也较少，对很多显而易见的灾害如疟疾、血吸虫等疫灾，泥石流、水旱等灾害的记录也较少，多保存在生态碑刻及乡规民约中。

二、云南灾害发展的新趋向

自然灾害的发生，往往受控于气候及其季风、环流的变化等导致的降雨量、降雨区域的差异，但随着交通、科技的迅猛发展，自然因素受到人类的干扰及影响日益深广，自然条件日趋激烈地发生改变，环境灾害逐渐增多，在传统时期灾害类型持续发生的基础上出现了新的发展趋向。

第一，自然灾害与环境灾害交互发生，相互促发，环境灾害的影响范围及程度越来越深广。云南很多地区的自然生态基础极为脆弱，自然灾害往往会引发连环性的环境灾害，日益深广的破坏自然生态环境自我恢复的能力及基础，且环境灾害的频次日渐增多，扩大了灾害区，如清代以后金沙江、澜沧江、元江流域区内出现越来越多的干热河谷区，就是自然与人为因素交替作用的结果，故明清后云南自然灾害与环境灾害先后或相伴随而发生，两种灾害相互促发，逐渐削弱了自然生态体系的防御功能，这一特点在近现代以后日益凸显。

近现代以来，云南各种灾害相继发生的特征及趋向日益突出。云南很多自然灾害的诱发性及并发性特点，导致了多种连环发生的次生灾害，或一种灾害同时、同地引发多种灾害，或一地灾害引发邻近区域的异地灾害。例如，长时间旱灾或水库及水利工程的修筑往往导致地震，地震又会导致火灾、水灾、滑坡、泥石流、瘟疫、冰雪霜冻等次生灾害；雨季的洪涝灾害也能导致滑坡、泥石流甚至是瘟疫等次生灾害的发生。

第二，灾害对自然生态环境的冲击及影响日渐增强。灾荒与生态环境的影响是双向共生的，尤其是人为破坏的生态环境往往能诱发多种灾害并加重灾害的破坏性后果。灾害不仅对人类的生存环境造成极大破坏，也对自然生态环境造成重大的破坏和损害。例如，地震、水、旱、蝗、泥石流、雹、潮等灾害，不仅改变了原有的地质结构及生态结构，也使生态环境受到破坏及污染，很多动物在水灾中丧生，很多植被在旱灾中枯死毁灭，长时间持续的严重灾害甚至导致物种在一个区域的消失或灭绝；有的灾害导致物种的迁移甚至入侵，最后导致区域生态系统的崩溃。云南山地面积占绝大部分，很多耕地位于河边山脚，一场水灾过后，往往带来大量泥沙，淤塞农田水利，田地淤废，很多被沙埋石压的田地几乎不能垦复，直接导致了耕地面积的缩减及农业生态环境的破坏。

第三，城市灾害发生的频次及其危害强度呈现逐渐上升的态势。历史以来，人们关注的多是对农业、工矿业造成严重影响的乡村灾害，对发展较晚、人口密集的城镇灾害的关注度不够。随着近年来城市化的大规模发展，大拆大建、填湖削山，许多城市的内河道、湖泊水塘、地下水脉被填堵隔断，而城市的基础设施及其他防灾措施及建设几乎没有受到重视，一到暴雨，原有自然水道无法畅通运行，只能依赖于脆弱的现代排水系统，涌堵内涝每年都会发生，使城市灾害的受损及危害程度逐渐上升。例如，城市排水设施的不完善，一遇大雨就能酿成严重的洪涝灾害，交通很快陷于瘫痪，这在近年城市内涝报道中是不陌生的新闻，昆明 2013 年 7 月 19 日暴雨成灾，多路段积水、北站隧道无法通行、二环快速系统瘫痪，这是云南及中国其他城市常见的内涝灾害，是城市尚未作好防御和应对特大暴雨的心理及技术准备的表现，故加强云南城镇的防灾减灾能力的建设成为城镇化趋势下最紧迫的任务。

第四，生物灾害的频繁性及危害性将日趋强烈，其对本土生态系统的冲击及其引发的灾害，正在全社会生物灾害意识薄弱的背景下大肆上演并呈扩大化且不可逆转的趋势发展。独特的地理和复杂的生态环境条件，使云南作为入侵物种进入我国首当其冲的区域之一。入侵生物的数量越来越多、范围越来越广，使云南成为我国物种入侵最严重的地区，不仅影响了通俗意义上“生物多样性特点及其持续发展”，更对本土生态系统造成了颠覆性、毁灭性的破坏，导致区域生态系统发生了不可逆转、无法恢复的恶化变向，云南是“外来入侵生物向中国内地扩散的重要集散地之一……共有入侵植物 300 余种。……在云南已造成了重大的生态灾难和巨大的经济损失，并将随着国际和地区间交往的日益频繁而继续威胁着云南的生物与生态安全”①。因此，生物灾害的预防和防治，将成为防灾减灾能力建设最重要的工作。

第五，政治制度尤其是经济发展政策往往引发深广的、后果严重的环境灾害。近代化以来，制度建设得到了加强，但制度对社会的影响也得到了强化。在云南生态环境变迁的因素中，制度的影响力呈现出日益强烈的态势，无论是民国年间的地方经济建设还是1949年后的大炼钢铁、垦山开荒政策，甚至是目前的封山育林、退耕还林政策，都对生态环境造成了不同程度的破坏或促进性影响。近代化以来，咖啡、可可、橡胶、桉树、茶叶、甘蔗、烤烟等经济作物在地方政府经济发展政策及制度的促进下日渐普遍地在云南山区种植，促使越来越多的原生植被迅速消失，而现当代因经济利益的驱动或各种贴着新名目、打着发展地方经济实则毁灭地方生态基础的政策，正促使并引发更多更大范围的生物消亡，导致并更严重地引发区域生态系统深层、激烈的变迁甚至崩溃，引发了目前已凸显的水旱、泥石流等灾害。很多因生物消失及灭绝，甚至是物种入侵引发的生态危机而导致的隐形的、尚未凸显及暴发的灾害，将为云南未来的生存环境甚至经济、社会的发展带来更严重的危害。原生物种的覆灭、入侵物种的扩张导致的生态灾害，将成为云南灾害发展趋向中最令人担忧及恐惧的远景。

① 申时才等：《云南外来入侵农田杂草发生与危害特点》，《西南农业学报》2012 年第 2 期。

本章小结

“叙事为本”是中国史学的优良传统，也是史学研究的重要基础。在20世纪七八十年代以后西方史学思潮进入中国并得到广泛应用后，历史叙事、“述而不作”的传统渐行渐远，后现代史学尤其是计量史学研究法在某些具体问题的研究中展现出优越性后，实践叙事史学的中国史学家越来越少。虽然目前复兴叙事史学的思潮使历史叙事成为学界关注的焦点，但真正放弃时尚的西方史学理论及方法，回归并实践叙事史学，放弃过分阐释、过分结构及理论预设的学者依然不多。

尽管西方史学理论在中国历史研究中取得了重要成果，却并非完全适用于中国史学的所有领域，这是很多史学领域的研究在计量及年鉴等范式面前停滞的原因之一。例如，灾害史领域很多诸如灾害等级、分类等问题长期裹足不前的原因，与灾害史料中数据即灾情、赈济数据的缺失有极大关系。虽然叙事史学存在不足及缺点，但在尊重中国古代叙事史学的功能及其史料记述特点的基础上，又不局限于单纯“叙事”的功能开展并深化灾害史研究，无疑是新史学值得实践的方法。

区域灾害史的记录方式受到区域地理地貌及气候、自然环境等条件的限制，也受到区域历史、民族及文化发展的影响，呈现出不同的特点。在史料记述的基础上，从叙事史学的视角入手，探讨区域灾害史的记录特点及其发展趋向以资鉴现实，无疑是史学经世致用功能的最好体现。云南灾害种类繁多。从灾害记录看，元以前，地震、突发性暴雨引发的洪涝、干旱、低温冷冻、冰雹、雷电、火灾、滑坡、泥石流、崩塌、病虫害、疫灾等是主要的、频次较多的自然灾害，环境灾害较少发生。明清时期，人为开垦、矿产开发导致了山地环境的破坏而引发了各种环境灾害，自然灾害也导致了环境脆弱区灾害频次的增多。清中期以后，自然灾害及环境灾害逐渐呈交替、混合发生的态势，水旱、地震、泥石流、塌陷、滑坡、低温冷冻、冰雹、火灾及水土流失导致的石漠化等是史料中最主要的灾害类型。在农民起义或改朝换代的战乱时期，诸如鼠疫、霍乱、疟疾等瘟疫（疫灾）的记录次数增多并详细起来。

20 世纪初期，气候继续保持干冷状态，水旱、泥石流、塌陷、低温冷冻、地震、冰雹等依然是传统的主要灾害类型；很多发生在坝区、半山区的灾害以环境灾害为最多，频次日渐增多。地震灾害的后果及影响由于记录的完整，呈现出灾情重、伤亡大的表象。此期灾害记录的另一个特点就是疟疾、鼠疫、血吸虫、麻风等疾病记录的增多，史料记录以疫灾对社会造成的严重冲击及影响为重点，且很多疾疫往往与其他如地震等灾害相伴随而发生。

20世纪50年代以后，水灾、旱灾、泥石流、地震、低温冷冻、冰雹等是云南最典型的灾害类型，物种入侵、生物灾害的频次急速上升，灾害记录更为详细，灾害区域及内容更为完整。由于灾害及其后果的累积性及后延性特点，在森林覆盖率急剧下降尤其是国内及国际大河流河谷区的生态脆弱化趋势更为明显，促发了类型及频次更多的环境灾害，泥石流及水土流失、荒漠化成为各种文字记录最多的灾害，土壤退化及石漠化现象开始普遍，灾害从大气圈及地表逐渐向地下、水圈延伸，灾害影响的范围逐渐从人延伸到生物界，土壤及水的污染、生物资源的枯竭等逐渐成为灾害的新表现形式。

第八章　彝族阿鲁举热的麻风病认知与防治

彝族先民在生存发展的过程中发展分化了纳若、葛泼、里泼、腊罗、诺苏、罗婺等几十个彝族支系。就整体而言，我国云南地区是一个较为多样化的人文和自然地理单元，至今还保留着完整的彝族支系文化和传统信仰。阿鲁举热是彝族共同认可的先祖和英雄，他的传说故事在彝族世居区是家喻户晓的。由于彝语音译汉字，阿鲁举热还被称为“支格阿龙”“支格阿鲁”“笃杰阿龙”等。阿鲁举热被视为彝族人的生育神、保护神、驱灾神。在彝族人的传统认知中，阿鲁举热是对抗麻风病的神人。史诗《阿鲁举热》作为云南省级非物质文化遗产，包含彝族关于麻风病的认知和医疗手段，是毕摩实践活动的重要组成部分。本章着眼于阿鲁举热疫病文化在麻风病医疗中的地位和作用，阐述彝族先民对于麻风病的认知和患者处理方式。

第一节　阿鲁举热的疫病文化与麻风病认知

彝族史诗《阿鲁举热》流传于金沙江畔云南省楚雄彝族自治州元谋县和永仁县小凉山彝族诺苏地区，是云南彝族迄今发现的唯一一部英雄史诗。

* 本章由国家社科基金重大项目“中国西南少数民族灾害文化数据库建设”（项目编号 17ZDA158）成员鲍光楚的中期成果《彝族阿鲁举热非遗文化视角下的麻风病认知与防治》改编而成。

《阿鲁举热》史诗是彝族早期母系氏族社会的产物，以历史事件为基础，经过历代毕摩的收集整理编著，是彝族先民智慧的集合。阿鲁举热正直勇敢，富有责任心和同情心，敢于为民除害，是彝族民间正义和智慧的化身。阿鲁举热的形象不仅活跃在彝族人的口述中，在《西南彝志》《彝族源流》《彝族创世志—谱牒志》《物始记略》等历史文献中均有记载，他是真实存在过的历史人物。

阿鲁举热属于武僰支系，是武僰氏僰阿勒的七世孙。他的活动范围在金沙江流域云南、贵州、四川三省交接地区。

一、阿鲁举热疫病文化的内涵

《阿鲁举热》史诗传说衍生的阿鲁举热文化广泛流传于云贵川三省的彝族世居区。云南彝族世居区集中在哀牢山区，云南澜沧江以东的滇南、滇东南、滇中和滇西地区流行史诗传说《阿鲁举热》。2015 年由云南民族出版社出版发行的《阿鲁举热》是云南地区《阿鲁举热》史诗传说较为完整系统的彝译汉版本。这一版本史诗是在云南省内元谋县采集《阿鲁举热》《鹰的儿子》《大英雄阿龙》《阿鲁举热收妖婆》，在宁蒗县采集《阿鲁抓雷问药》，在新平县采集《阿倮的故事》《阿倮》等史诗文本、神话传说和故事的基础上，经杨甫旺、洛边木果整理翻译编著而成的。

《阿鲁举热》共有十八个章节，叙述和描写了“万物初始、阿鲁降生、阿鲁成长、阿鲁寻母、阿鲁射日月、阿鲁喊日月、打蚊子、蟒蛇和石蚌、除妖救母、试儿、降雷、平地、驯动物、降马、收妖婆、降妖怪、斩邪龙、阿鲁之死、龙鹰大战”等一系列改造自然的事迹。《阿鲁举热》的单元章节独立，神话和史诗结合的叙述方式与阿鲁举热的原型较匹配，叙述了阿鲁举热与邪恶势力战斗的经过。此外，大量《祭社神经》《指路经》《祭彩虹经》等毕摩经书中都有阿鲁举热的身影，经书中阿鲁举热的形象经过毕摩加工强化，目的是支持毕摩主持仪式。

云南民族地区的史诗反映的历史较久远，史诗中对阿鲁举热母系族谱有详细记载，对阿鲁举热的父亲则没有太多描述，反映了从远古洪荒时代到母系氏族时期的彝族社会风貌。《彝族“支嘎阿鲁”史诗研究》一书中将《阿鲁举热》史诗的形成发展道路放在特定的民族历史阶段中进行分析，认为《阿鲁举热》史诗源于云南古滇部落。

彝族在历史时期经历了血缘氏族到地缘氏族的多次分化、融合而形成了多源民族整合体。阿鲁举热疫病文化在彝族的迁徙中形成并丰富，其中蕴含着彝族先民对于麻风病的认知和防治方法，随着史诗文本在历史语境中的不断固化，形成了指导彝族民众对抗麻风病的集体意识的印记。

二、阿鲁举热与毕摩文化

史诗是历史的影子，阿鲁举热的事迹也是彝族先民筚路蓝缕以启山林的历程。阿鲁举热，“阿鲁”意为龙，“举”意为“鹰”，“热”意为“儿子”，他是先祖、神灵、英雄三位一体的形象。”阿鲁举热是母系氏族的女子卜莫乃日妮受孕鹰血不婚而生。母系氏族时期的彝族先民对疾病已经有简单的认识。从相关文献可以得知，阿鲁举热时期，彝族先民在生产劳动过程中已经能够开展简单的医疗活动。长篇史诗《阿鲁举热》中神人阿鲁举热决心惩治雷，他制作了铜锅和铜网，戴上了铜头盔，设计捉住了雷。阿鲁举热用铜叉戳雷，用铜锤捶打雷，降伏了雷后询问药方。阿鲁举热询问了雷关于痢疾、疟疾、头痛等十二类疾病的药方。麻风病的药方阿鲁举热没有听清楚，反映出彝族先民认为麻风病不可治愈。

阿鲁举热代表的彝族先民除了要应对恶劣的自然环境和凶猛的野兽外，还饱受瘴疠、疟疾、风湿等疾病的折磨。阿鲁举热询问的十二类疾病，都是彝族聚居区历史上流行的疾病。从阿鲁举热疫病文化展示的简单朴素的彝族医药知识来看，关于麻风病的认识在母系氏族社会的彝族先民中已经出现。彝族早期医学和宗教是相辅相成的，毕摩是彝族宗教神职人员，掌握彝族文化知识兼任医生的角色。“毕摩”是彝语译汉字，由于地域方言发音差异，还被译为“耆老”“布摩”等名称。在对抗麻风病的领域，毕摩吸收了阿鲁举热文化中自然现象联系麻风病的病因认识，以经书和法器为工具，进一步开展应对麻风病的预防和医治实践活动。《西南彝志》《彝族源流》等文献指出阿鲁举热同时是一位著名的毕摩、天文历算家和部落首领。阿鲁举热三位一体的权威身份无疑在彝族先民中为麻风病增添了神话色彩。

三、阿鲁举热文化与麻风病认知

彝族对麻风病的认知是建立在其原生宗教观念之上的，先民们将麻风病解释为自然现象施加于人身的表现。“麻风病”的彝语发音为“措诺”“奴”“粗”，彝族称麻风病为“癞病”，“癞”也可理解为肉眼可见的严重皮肤疾病。“粗”指的是麻风病的病根和病源，“粗”从天而来，伴随着雷电降落大地。《防癞经》等书记载了麻风病的起源。

彝族先民认为人和动物都是麻风病的传染群体。《防癞经》叙述防御的动物对象有蛇癞、蛙癞、猴癞、鱼癞、蜂癞、蚊蝇、蝼蚁、绵羊，自然对象有雾癞、瘴气、崖癞、风癞、雷癞、地癞等。从防御对象来看，蛇、蛙、蚊蝇等动物被认为会传播麻风病，这些动物在众多神话描述中都是被打压的对象。《勒俄特伊》中记载：“毒蛇大如石地坎，蛤蟆大如竹米囤，苍蝇大如鸠。”这些动物的外形和麻风病患者在患处的颜色、局部形状等存在相似之处，同时彝族先民面对两者所做出的生理和心理反应有恐惧、回避等相似点，先民们认为这些动物传播了麻风病。相对应地，《阿鲁举热》中描述阿鲁举热穿盔戴甲、手挽长弓、骑着骏马、牵着猎犬，以猎人的形象驱逐和捕杀这些动物，减少它们和人接触的机会，阻断麻风病传播。

纵观彝族社会对疾病的认识，起初疾病名称和病因连在一起，如蜂蜇伤、草乌中毒等。阿鲁举热的相关文献记载中毒蛇咬伤天神恩体古兹的脚，蜜蜂蜇伤了女儿尼托的额头。而后解释说：“毒蛇咬伤的麝香拿来敷，蜂子蜇伤的尔吾拿来敷。”早期的疾病观是对伤痛直接的认识。随着彝族先民认识的疾病种类增多，他们便冠以不同的名称区分，如“肺病鬼”“胃病鬼”“肝病鬼”区别不同器官的疾病，“麻风鬼”“风湿鬼”“生疮鬼”区分不同性质的皮肤疾病。彝族先民对致病原因的认识基于日常所闻所感加以想象，其治疗方法也离不开日常接触的动植物，这是敬畏自然的环境意识投射在先民世界观的表现。

彝族先民朴素、系统的疾病观，是彝族先民在西南山地独立封闭的自然地理环境中形成的特色鲜明的支系文化。总的来说，彝族先民认为雷电是麻风病的罪恶之源，与之相关的云、风、雾、雨、雪、虹等自然现象将“粗”渗透到森林、山川、江河、土地中，以致植物和动物传播扩散了麻风病源。彝族先民还认为低凹山谷中有雾气和瘴气等气体，这些气体会传播麻风病，因此彝族先民在选择居住地时会避开湿度和雾气较大的谷地。将自然现象、动植物与麻风病的传染源和传染途径相联系，可以发现彝族先民简单的疾病逻辑，并在此基础上形成了独具特色的麻风病防治经验。

第二节　彝族先民对麻风病患者的处置

彝族社会认为麻风病有极强的传染性和遗传性，彝族家支中若有家庭成员患麻风病，患者将被家支除名并被驱逐出村寨，患者家庭也会因此在村寨中被疏远。确诊麻风病的患者将被抹除家支社会的身份，解除原有的社会关系。彝族社会对麻风病人的行为已经内化为公约性质的自觉意识，从而形成了社会结构性的乡规民约。

彝族社会中的麻风病不仅是个人身体的私人事务，也是家支集体中的公共事务。麻风病更多的是家支集体乃至地方社会共同的连带关系行为，患者和家庭甚至整个家支都会受到彝族社会的排斥。通常的措施是放逐患者去麻风村生活，患者余生将生活在麻风村，断绝和家支的一切往来，即使痊愈也无法回到原来的社会。彝族先民崇尚火葬，对于麻风病患者实行土葬。

本 章 小 结

阿鲁举热作为彝族的民间英雄人物，在彝族先民生活的方方面面都能看到他的身影。将阿鲁举热对抗麻风病的传说运用在医疗领域是彝族先民千百年来抗争麻风病的经验策略。彝族先民防治麻风病和自然联系紧密，一系列防治措施反映了彝族先民的医疗观念。从现代医学视角来看，彝族先民防治麻风病的方式收效甚微，然而麻风病于彝族先民而言早已超出了生理疾病的概念，故彝族先民利用阿鲁举热鼓励人们继续勇敢生活。这是生存的无奈及先民的智慧，也是人类对抗疫病史历史进程中的重要组成部分。

第九章　明代至民国时期贵州疫灾的时空分布研究

我国历史上曾多次发生重大疫灾，而明代至民国是疫灾的多发期。这一时期疫灾对社会经济、公共卫生等诸多方面产生了很大的冲击。学术界对这一时期疫灾的研究成果颇多，其中以龚胜生及其团队对疫灾的时空分布特征关注较多，成果也较为集中。但除了《民国时期云贵川地区疫灾流行与公共卫生意识的变迁研究》一文涉及这一时期贵州的疫灾外，目前学术界对这一时期贵州疫灾的关注仍相对欠缺。故本章在《贵州历代自然灾害年表》[①]统计的基础上，结合 GIS 空间分析，试图探讨这一时期贵州疫灾的时空分布特征。

第一节　明代至民国时期贵州疫灾的时间分布特征

明代以前，贵州地广人稀，疫灾很少。据《黔记》载，贵州疫灾最早发生在“元大德八年夏四月，乌撒、乌蒙疫，并赈恤之”[②]。明代以后，随着中央王朝对贵州管理的加强，大量卫所的设立，以及大规模的移民屯垦，使贵州人

---

* 本章由国家社科基金重大项目“中国西南少数民族灾害文化数据库建设”（项目编号：17ZDA158）成员谢仁典的中期研究成果《明代至民国时期贵州疫灾的时空分布研究》改编而成。

① 贵州省图书馆：《贵州历代自然灾害年表》，贵阳：贵州人民出版社，1982 年，第 370—394 页。

②（明）郭子章：《黔记》，贵阳：贵州省图书馆，1966 年，第 279 页。

口大增②，疫灾也较此前更为频发。

一、疫灾频次逐渐上升

笔者以《贵州历代自然灾害年表》为基础，对明代至民国 581 年间贵州的疫灾情况进行统计得出，这一时期贵州共有 77 个年份发生疫灾，其中明代疫灾年份有 22 年，发生频率约为 7.97%，即每年发生约 0.0797 次；清代疫灾年份有 38 年，发生频率约为 14.23%，每年发生约 0.1423 次，这基本为明代的两倍；而民国疫灾年份有 17 年，发生频率约为 44.74%，每年发生约 0.4474 次，约为清代的 3.1 倍，明代的 5.6 倍。显然，总体上这一时期贵州疫灾发生的频率越来越高。

二、多发生于各种自然灾害频发与社会动乱时期

为了从宏观上把握这一时期贵州疫灾在各个时段的分布情况，笔者以 30 年为一个微时段来进行探讨，明代至民国贵州每 30 年疫灾年次变化情况如图 9-1 所示。

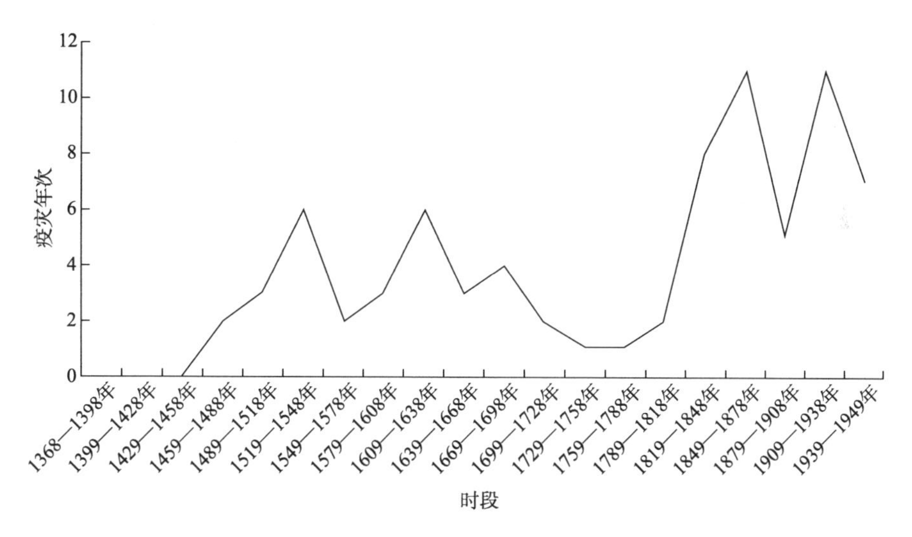

图 9-1　明代至民国时期贵州每 30 年疫灾年次变化情况

从图 9-1 可以看出，明代至民国这 581 年间贵州疫灾在时段上的分布特征是，明前期和清康、雍、乾时期是疫灾的低发期，明中期（1489—1548 年）、明末清初（1579—1698 年）及清后期至民国时期（1819—1949 年）是疫灾高

发期，而尤以清后期至民国（1819—1949 年）最为严重。这一时段每 30 年疫灾年次最高可达 11 年，甚至民国最后 10 年竟有 7 年发生疫灾，可见疫灾频率之高。疫灾大多是一种次生灾害，常伴随着其他大型自然灾害的暴发而流行，这已是一个共识，如嘉靖《贵州通志》载："新添卫大水山崩，城中饥疫。"①道光《遵义府志》载："顺治五年、六年连遭荒疫，民大饥，斗粟四两，僵尸载道。"②道光《清平县志》亦云："（万历）四十六年戊午（清平）旱疫。"③这些记载都说明了明代至民国贵州疫灾在各个时段上的这一分布特征在某种程度上与各个时段的水旱灾害、饥荒及当时的社会环境有一定的关系。另外，从图 9-2 亦可以看出它们之间的相关性。

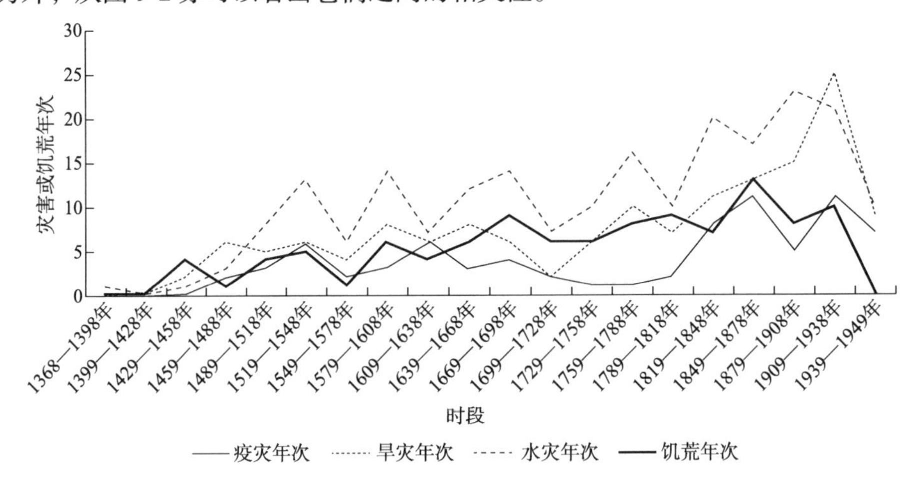

图 9-2　明代至民国时期贵州每 30 年疫灾、旱灾、水灾与饥荒年次图

笔者对《贵州历代自然灾害年表》收集的水旱灾害及饥荒和疫灾进行统计，同样以 30 年为一个微时段来探讨它们之间的分布规律。从图 2 可以发现，除了 1699—1818 年这一时段外，其他时段的水灾、旱灾、饥荒与疫灾都具有较高的相关度，尤其是明中期、明末清初和清后期至民国这两个时段四者之间的相关度最高，而清后期至民国亦是水旱灾害和饥荒的高发期。从图 2 来看，这一时期疫灾基本伴随着饥荒同时发生。此外，疫灾的流行与各个时段的社会环境亦分不开，社会稳定时期疫灾较少，如从图 2 可以看出，尽管 1699—1818 年

① 嘉靖《贵州通志》卷 10，成都：巴蜀书社，2016 年，第 435 页。

② 道光《遵义府志》卷 21，清光绪十八年（1892 年）刻本。

③ 道光《清平县志》卷 6，北京：国家图书馆出版社，2013 年，第 791 页。

这一时段的水旱灾害及饥荒都较为频发，但疫灾仍然很少，而这一时段正好处于康、雍、乾、嘉的社会稳定期。但在社会动乱时期疫灾爆发的可能性则大大提高，如明末清初及清后期至民国时期都是疫灾的高发期，而这一时期贵州正好处在各种战乱之中，如明末的平播州之乱、清初大西军与清军的战争、水西的改土归流及吴三桂之乱等，清后期的咸同大起义及民国时期的军阀混战，贵州常年处在战乱之中。加上第二次鸦片战争以后，贵州罂粟种植面积迅速扩大，占用了大量的耕地和劳动力，粮食产量减少。而这一时期又是水旱灾害频发期，这些因素集中在一起，大大削弱了政府的救灾能力，以致连年饥荒，疫灾盛行。

此外，由于战乱时期人口流动的速度和流动的规模都远超平时，疫灾的传播速度和传播范围大大增加，所以战乱时期疫灾涉及的范围远大于社会稳定时期疫灾所涉及的范围。如在疫灾广度上，明代至民国时期，涉及贵州全省的疫灾有 8 次，分别是嘉靖二十七年（1548 年）、万历二十九年（1601 年）、顺治十一年（1654 年）、康熙二十年（1681 年）、同治四年（1865 年）、民国二十七年（1938 年）、民国二十九年（1940 年）和民国三十一年（1942 年）。可以看出涉及全省的疫灾多发生在明末清初和民国时期等战乱时期，而康熙后期及乾隆、嘉庆等社会稳定时期，不仅疫灾频次低，且涉及的范围小，如康熙六十年（1721 年）的疫灾只涉及大定（大方）；康熙六十一年（1722 年）涉及永宁州（关岭）；乾隆三十六年（1771 年）涉及安南县（晴隆）和永宁州；嘉庆十三年（1808 年）涉及兴义。显然，社会稳定时期疫灾传播的范围较战乱时期传播的范围要小。

以上分析表明，明代至民国时期贵州疫灾在各个时段上的分布特征，在某种程度上与各个时段的水旱灾害、饥荒及当时的社会环境有一定的关系，但疫灾的盛行是多种因素综合作用的结果，并不与某个因素存在必然的联系（详后），只能说在各种自然灾害频发与社会动乱时期，疫灾爆发的可能性比其他时期大大提高。

三、多发生于夏季

为了明确疫灾发生的季节分布情况，笔者据《贵州历代自然灾害年表》收集的明代至民国时期贵州疫灾发生的季节分布情况进行分类统计，结果如

表 9-1 所示：

表 9-1　明代至民国时期贵州疫灾之年疫灾季节统计表

疫灾季节（年数）					具体疫灾年份
春	夏	秋	冬	季节不详	
9					1589 年、1612 年、1844 年、1863 年、1918 年、1920 年、1925 年、1940 年、1943 年
	23				1506 年、1536 年、1601 年、1636 年、1681 年、1825 年、1834 年、1844 年、1850 年、1861 年、1865 年、1867 年、1888 年、1890 年、1891 年、1917 年、1918 年、1919 年、1934 年、1938 年、1942 年、1945 年、1946 年
		7			1544 年、1632 年、1808 年、1833 年、1843 年、1864 年、1869 年
			7		1529 年、1618 年、1771 年、1831 年、1834 年、1836 年、1946 年
				35	1471 年、1481 年、1494 年、1504 年、1545 年、1546 年、1548 年、1574 年、1578 年、1598 年、1619 年、1622 年、1647 年、1653 年、1654 年、1676 年、1682 年、1683 年、1721 年、1722 年、1732 年、1815 年、1824 年、1849 年、1853 年、1854 年、1870 年、1887 年、1900 年、1910 年、1923 年、1924 年、1926 年、1944 年、1947 年

注：疫灾季节一栏的数字表示明代至民国时期贵州疫灾发生在各个季节的年数，如 9 表示这一时期贵州疫灾发生在春季的有 9 个年份。表中，春季和夏季均有疫灾发生的有 2 个年份，而夏季和冬季均有疫灾发生的也有 2 个年份，故有 4 个年份被计算了两次，而实际受灾之年只有 77 个年份

从表 9-1 可以看出，在 77 个疫灾年份中，有 35 个年份难以确定疫灾发生的季节。其余的 42 个年份中，据笔者统计，发生在春季的有 9 个年份；发生在夏季的有 23 个年份；发生在秋季的有 7 个年份；发生在冬季的有 7 个年份。显然，夏季是疫灾的高发期。这与夏季高温高湿的环境为各种病菌的滋生提供了易生的条件及其他灾害频发有关。据严奇岩统计，明清时期贵州全省共发生水旱灾害 666 次（水灾 366 次、旱灾 300 次），而发生在夏季的有 420 次①，约占水旱灾害总发生次数的 63%，这再次表明了疫灾的暴发在某种程度上与水旱灾害具有一定的相关性。而夏季是疫灾的高发期，这已经是一个普遍规律，以上统计数据再次证明了这一点。

通过对明代至民国时期贵州疫灾在时段上的分布特征的探讨可以看出，这一时期贵州疫灾越来越频繁，且多于夏季流行。在时段上的特征是明中期（1489—1548 年）、明末清初（1579—1698 年）及清后期至民国时期（1819—1949 年）等自然灾害频发和社会动乱时期是疫灾多发期，而尤以清后期至民国时期（1819—1949 年）最为严重。

① 严奇岩：《明清贵州水旱灾害的时空分布及区域特征》，《中国农史》2009 年第 4 期，第 58 页。

第二节　明代至民国时期贵州疫灾的空间分布特征

明代至民国时期贵州疫灾的空间分布在不同时期亦各有特点，笔者根据《贵州历代自然灾害年表》收集的明代至民国时期贵州疫灾发生地进行分类统计，并以今天贵州省的空间范围作为分析背景，结合 GIS 空间分析，将这一时期不同时段贵州疫灾在空间上的分布情况进行可视化处理。

此外，明代贵州疫灾地点集中分布于由荆楚通往云南的交通要道沿线各卫所，以及黔北开发较早的播州地区和黔东靠近湖南的黎平、天柱、铜仁和思南地区，而除了涉及全省的 2 次疫灾外，黔西北及整个贵州南部基本没有疫灾。这一分布格局与沿线卫所的设立及人口的流动有关，明前期为了满足军事上的需要，在荆楚通往云南的交通要道沿线普遍设立卫所，并大量移民屯垦，故这些地区成为明代贵州开发较早、人口比较密集的地区，而人口密度和人口流动是疫灾爆发和流行的基础。

除此之外，疫灾之地的疫灾频次亦不相同，除了 2 次涉及全省外，其余各地疫灾频次见图 9-3。

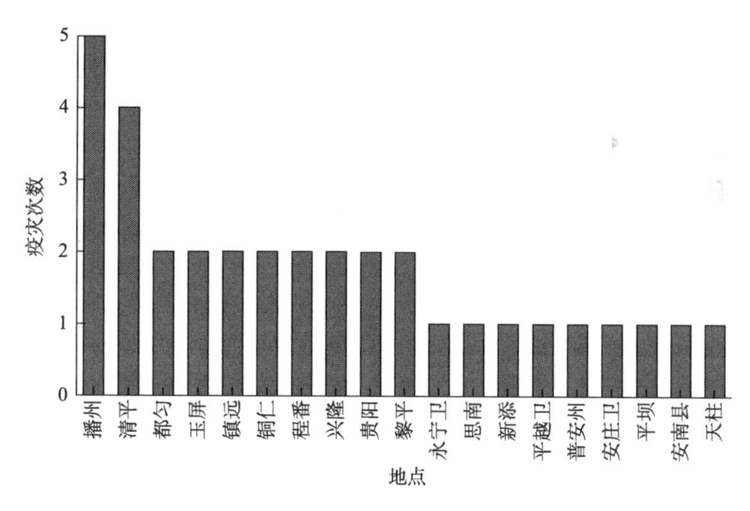

图 9-3　明代贵州疫灾之地的疫灾频次图

从图 9-3 可以看出，明代贵州疫灾频次较高的是播州和清平两地，分别是 5 次和 4 次，而疫灾频次为 2 次的地区有都匀、玉屏、镇远、铜仁、程番、兴隆、贵阳和黎平，疫灾频次为 1 次的地区有永宁卫、思南、新添、平越卫、普安州、安庄卫、平坝、安南县和天柱，显然贵阳以西各疫灾之地的疫灾频次要低于贵阳以东地区。

通过对图 9-3 进行分析，我们发现明代贵州疫灾的空间分布特征是集中分布于荆楚通往云南的交通要道沿线各卫所及黔北的播州和黔东的黎平、天柱、铜仁和思南。而在疫灾频次上，最高的是播州和清平两地，在沿线各卫所中，以贵阳为中心，其西部各疫灾之地的疫灾频次要低于东部地区。

清代和民国时期贵州疫灾的空间分布特征与明代相比有了明显的不同。到清代和民国时期，贵州的开发已不再局限于交通要道沿线，而是已经渗入各个山区，疫灾的分布亦随之发生了变化。

相对于明代而言，清代贵州疫灾的空间分布范围已经向四周扩大至全省各地，这在一定程度上亦能反映出明清时期贵州各地开发的时序。

有清一代涉及全省的疫灾共有三次。除此以外，中部的贵阳府、东北部的思南府、石阡府、松桃厅及北部一角的仁怀厅基本没有涉及。而明清时期贵州水旱灾害的频发区却是东北部的这些地区，据严奇岩统计，明清时期贵州水灾地次位居前五的是印江、桐梓、思南、铜仁、仁怀；旱灾地次位居前五的是遵义、印江、桐梓、思南和福泉。①这再次说明疫灾与水旱灾害并无必然联系。

其余各地疫灾频次最高的是西北的大定府，共 11 次；其次是安顺府 10 次；再次是遵义府 8 次、都匀府 7 次、兴义府 6 次、镇远府 5 次，而这些地方正好是当时人口相对集中、人口流通快、开发规模大的地区。据《中国历代户口、田地、田赋统计》统计，嘉庆二十五年（1820 年）贵州各地户口及耕地面积情况如表 9-2 所示：

表 9-2　嘉庆二十五年（1820 年）贵州各地户口及耕地面积情况表

序号	府、州、厅	户口		耕地面积（亩）
		户数（户）	丁口（人）	
1	贵阳府	151 251	749 033	896 874
2	安顺府	138 210	771 610	267 603

① 严奇岩：《明清贵州水旱灾害的时空分布及区域特征》，《中国农史》2009 年第 4 期，第 59 页。

续表

序号	府、州、厅	户口		耕地面积（亩）
		户数（户）	丁口（人）	
3	遵义府	115 769	603 777	252 738
4	镇远府	120 435	578 804	230 591
5	大定府	117 741	555 263	210 023
6	黎平府	69 677	423 592	200 148
7	平越州	77 392	368 525	155 520
8	思南府	82 842	337 697	104 367
9	兴义府	61 006	312 636	99 188
10	都匀府	51 794	243 426	86 526
11	铜仁府	37 378	131 844	59 494
12	思州府	22 580	127 211	57 202
13	松桃厅	26 001	115 453	55 786
14	石阡府	21 595	96 770	39 112
15	普安厅	16 214	76 232	23 566
16	仁怀厅	8 999	34 281	22 303

资料来源：梁方仲：《中国历代户口、田地、田赋统计》，上海：上海人民出版社，1985 年，第 410 页

从表 9-2 可以发现，除贵阳府外，其他疫灾频次较高的大定府、遵义府、安顺府、镇远府等地也都是当时人口较多、开发规模较大的地区，尤其是大定府，除了耕地规模较大以外，还成为当时重要的交通枢纽。当地的矿业，尤其是铅矿在清代得到了大规模的开采。铅是清代铸币的重要原料，当时贵州西北的威宁州、水城厅、大定府、毕节县等是大的产铅地，故大量的铅矿由这些地区通过赤水河进入长江运往京师铸币。故而此时西北的大定府又发展成为重要的交通枢纽，不仅是黔矿出山和蜀盐入黔的要地，还是滇矿由陆运转水运的重要节点。赵亨钤在由清镇前往永宁（四川叙永）运铅矿的途中写道：“……早饭干沟，人马络绎。肩挑背负，皆滇蜀之货。最多为铜、锡、盐斤。铜、锡自滇来，盐自蜀来，大商富贾，资以贸迁……”过赤水河时，附诗道：“……民褴黑铅负，马背青盐驮。群山互起伏，行旅何其多……”①可见

①（清）赵亨钤：《铅差日记》，汪文学，刘泽海：《贵州古近代名人日记丛刊》第 4 辑，贵阳：贵州人民出版社，2019 年，第 16、20 页。

当时贸易往来的繁忙景象。这样的人口密度和人口流动规模是疫灾暴发和扩散的基础和前提。而人口相对较少的松桃、石阡、思南、思州、普安、仁怀等地，疫灾亦相对较少，松桃、石阡、思南基本没有涉及，普安厅、黎平府和思州府疫灾频次也较低，均为1—2次。

从疫灾地点的分布来看，最为密集的亦是西部安顺府和大定府，以及东部由湖南进入贵州的交通沿线。

至民国时期，贵州疫灾的空间分布又与清代有了很大的不同，贵阳和遵义成为疫灾频次最高的地区，分别是12次和10次，其他各地则均为1—2次，而东北部仍然是疫灾最少的地区。从疫灾地点的分布来看，亦是中部和北部最为密集。

从以上明代至民国时期贵州疫灾的空间分布看，不同时段其空间分布特征明显相异。明代疫灾发生地主要沿荆楚通往云南的交通要道及黔北开发较早的遵义地区分布，而清代至民国时期疫灾的分布范围已延伸至全省各地。但这两个时期又各不相同，清代是以大定府、安顺府和遵义府疫灾频次最高，而民国时期以贵阳和遵义频次最高。从长时段来看，明代至民国时期遵义一直是疫灾的频发区，而东北部的松桃、石阡、思南、铜仁疫灾一直相对较少。

下面来看明代至民国时期疫灾频次较高的遵义、毕节（大定府）、贵阳地区的自然概况，如表9-3所示：

表9-3　疫灾频发之地自然概况表⑪

地区	平均海拔（米）	年平均气温（℃）	年降雨量（毫米）
毕节	1000—2000	10—15	850—1400
遵义	950	13—18	1000—1300
贵阳	1509.5	15	1197

虽然以上三个地区在不同时期都成为疫灾的频发区，但从表9-3中的数据可以看出，它们的自然地理概况存在着较大的差异，尤其是毕节地区和遵义地区，毕节地区海拔在1600米以上的面积占总面积的55.132%，西部的威宁县平均海拔更是达到2234.5米，而年平均气温只有10.5℃，年降雨量亦只有900毫

米。[①]在地势地貌上，毕节地区多为高寒山区，而遵义和贵阳则多为坝区和山区地带。所以，以上三地的自然地理因素虽存在着较大的差异，但三地在不同时期却都成为疫灾的频发区，再结合前文人口因素对疫灾的影响，可见贵州的自然地理因素没有人口因素对疫灾的影响明显。

本章小结

通过对明代至民国时期贵州疫灾的时空分布特征的分析，可以得出以下几点认识：第一，在时间上的分布特征。首先，疫灾频次总体上越来越高，且多在夏季流行。其次，在各类自然灾害频发期和社会战乱时期重合时，疫灾频次明显增多。最后，在社会动乱时期，疫灾传播的广度远大于常时。第二，在空间上，疫灾多分布于人口密度大和人口流动性强的地方，即交通要道沿线和开发规模大的地区。第三，疫灾暴发和流行是多种自然因素和人口因素合力的结果，并非与某种因素存在着必然的联系，但仅从贵州来看，在某种程度上，这一时期人口因素（人口密度和人口流动）及水旱灾害、饥荒和战乱对疫灾的影响较自然地理因素的影响更为明显。

---

① 贵州省毕节地区地方志编纂委员会：《毕节地区志·地理志》，贵阳：贵州人民出版社，2004年，第182、206页。

第十章　明末西南边疆抚按救灾及荒政转型研究——以天启五年云南大水灾为例

抚按是明代灾荒救济的核心力量，在整个救灾过程中发挥着主导作用。关于明代抚按救灾职能研究，学术界偶有关注①，但对抚按救灾职能转变与地方荒政体系之间的互动关系研究，专题性探讨较少。明末西南边疆地区在灾荒应对中，整个荒政体系发生了重大转变。明天启五年（1625 年）发生在云南的水灾灾情奇重，其覆盖面积广，灾后影响深，《抚滇奏草》与《云中疏草》作为反映明天启年间巡抚、巡按在处理地方荒政中所发挥作用的重要史料，有助于深入、细致地了解以抚按为核心的明末西南边疆官方救灾模式。鉴于此，本章以《抚滇奏草》与《云中疏草》中记载的天启五年（1625 年）云南大水灾为中心，探讨西南边疆地区抚按在整个救灾过程中所发挥的作用，从抚按在灾荒救济中的职能转变透视明末西南边疆荒政机制转型，冀望推动明代边疆地区灾荒史研究。

---

* 本章由国家社科基金重大项目“中国西南少数民族灾害文化数据库建设”（项目编号：17ZDA158）成员杜香玉的中期研究成果《明末西南边疆抚按救灾及荒政转型研究——以天启五年（1625 年）云南大水灾为例》改编而成。

① 如鞠明库《抚按与明代灾荒救济》一文探讨了明代灾荒救济中抚按官的职能、发挥的作用及其弊端，认为抚按官在明中后期救灾中发挥着核心作用，参见鞠明库：《抚按与明代灾荒救济》，《贵州社会科学》2013 年第 1 期。

第一节　《抚滇奏草》与《云中疏草》——云南天启五年大水灾

明天启五年（1625 年）云南在夏秋之际连续发生两次水灾，灾情奇重，可谓是明代以来云南最为严重的一次水灾，时人称此次水灾为“二百年来无此异变”①。经查，《明实录·明熹宗实录》《明史·五行志》《明会典》等官方文献并无此次水灾的相关记载，几乎让人忽略了此次水灾。

然而，天启年间云南巡抚闵洪学《抚滇奏草》与巡按朱泰祯《云中疏草》中详细记载了天启五年水灾发生前的自然现象及灾后报灾、勘灾情况。就两份史料的价值、地位而言，对于研究明末经济史、军事史、灾害史、交通史及云南地方史、西南边疆史意义重大，更为重要的是，史料所载天启云南大水灾反映了抚按救灾在荒政转型中所发挥实际作用的具体实践效应。

一、渊源探踪——《抚滇奏草》与《云中疏草》

《抚滇奏草》与《云中疏草》分别是明末天启年间云南巡抚闵洪学、巡按朱泰祯在滇任职期间的奏议、疏文等案牍汇编集成。因《抚滇奏草》于清道光以前便已亡佚海外，后人知之甚少②，无从了解此书的内容；《云中疏草》虽在国内流传，但此文献及所载此次水灾并未引起学术界的广泛关注。

在现存历史文献中可查阅到的明天启五年（1625 年）云南水灾记载的史料包括《云中疏草》③、《抚滇奏草》④、天启《滇志》及后世所编资料集《云南省历史洪旱灾害史料实录》，该资料集主要收录了《云中疏草》及天启《滇志》中关于此次水灾的内容。其中天启《滇志》所载此次水灾并不在《灾祥》，而是在《艺文志》中一则奏疏《类报水患灾伤乞加轸恤书》中记载了此

---

①（明）闵洪学：《抚滇奏草》卷 9，明末刻本。

② 王春桥：《闵洪学〈抚滇奏草〉考述》，《学术探索》2017 年第 7 期。

③（明）朱泰祯：《云中疏草》，明末刻本。

④ 《抚滇奏草》系明刻本，成书于明天启、崇祯年间，是云南巡抚闵洪学抚滇的奏议、疏文、塘报等案牍的汇编。原刻本藏于日本内阁，复制本流传于哈佛大学、芝加哥大学、普林茨顿大学，参见王春桥：《闵洪学〈抚滇奏草〉考述》，《学术探索》2017 年第 7 期。

次水灾，书中此奏疏辑录并无具体年份，奏报之人也只是称其为前人，无从知晓书中所载水灾年份及撰写者。

而《云中疏草》所记载的内容恰与天启《滇志》记载内容相同，也即证实了此次水灾乃天启五年（1625年）云南发生的大水灾，撰写之人乃当时的巡按朱泰祯。现存《云中疏草》系明刊本，原稿为何已无从得知，现流传版本乃“祝又祥”[1]从丽江木家搜集而来，原书缺一册，存四册，原书藏于云南省图书馆。《抚滇奏草》一书中有三篇关于天启年间水灾的奏疏，卷七《水灾疏》撰写于天启五年（1625年）十一月二十八日，与朱泰祯《报水灾》这一奏疏时间相符，卷九《水灾疏》撰写于天启六年（1626年）九月三十日，《类报水灾疏》撰写于天启六年（1626年）十二月三十日，记载了天启五年的水灾情况，因该书原刻本、复印本流传于日本、美国[2]，本章《抚滇奏草》引用资料版本系美国哈佛燕京图书馆收藏本。

根据奏疏撰写的时间来看，除却《抚滇奏草》卷七《水灾疏》及《云中疏草》卷四《报水灾》由云南巡抚闵洪学、巡按朱泰祯撰写于天启五年（1625年）十一月二十八日，天启《滇志》所收录奏疏除却没有明确时间外，内容与《云中疏草》卷四《报水灾》完全一致，说明其收录之奏疏乃《云中疏草》卷四《报水灾》。

就记载此次水灾的文献而言，撰写者均为时人，且闵洪学、朱泰祯亲历此次水灾，并向朝廷奏报。因此，此次水灾必然发生过，现存文献的记载无疑弥补了明代灾害史料之缺漏，为进一步探寻天启五年（1625年）云南大水灾的历史真相提供了可能，对于研究明代云南灾荒史具有重要的史料价值。两份史料均详细叙述了明天启五年（1625年）云南水灾灾情，包括此次水灾发生的具体时间、区域范围、灾后影响及勘灾、报灾、赈济的全过程，并记载了此次水灾发生时的情景，从水灾发生前的自然现象到大水形成再到灾后的悲惨景象，描述了水灾发生前后不同社会群体眼中的灾害景象，以及从地方政府的勘察到民众的积极响应过程，较好地还原了当时水灾发生的时空分布范围。

---

① “祝又祥”此人已不可考。

② 朱端强：《闵洪学与〈抚滇奏草〉》，《云南师范大学学报》（哲学社会科学版）2006年第3期。

二、水灾发生之景象

水灾发生之景象是民众在长期与大水抗争过程中对于灾害的一种认知描述，更是对水灾场景的一种直观形象的体验，包含时人的灾害心理反应。因不同群体的关注点、偏重有异，其描述不尽相同，又深刻揭示了灾害背后的文化意涵。

灾害发生前往往会出现一些特有的自然现象，古人对于这种现象的认知集中于幻想与现实的双重结合，既有浓厚的主观神秘色彩，又有场景的实际情况描述。显而易见，明人对于洪水的认知和理解已经清晰，如“烟雾弥天”“迅雷腾空”“山上起蛟”“民居尽暗”“山水下流，海水上漫”等描述说明了洪水发生时天色昏暗、电闪雷鸣、湖水上涨等较为异常的自然现象。

文人对于灾害的描述更为深刻，如《洪涛行》记载了此次水灾发生之自然景象：“西南漏天岂诚有，怪底毕宿光如帚，一夜洪涛卷地来，千溪万壑排山陡，只言昆海静安澜，岂谓冯夷怒作吼，须臾树杪尽行舟，咫尺城下难援手，巨鱼跳波细鱼泛，灶突生蛙柳生肘”。反映了此次水灾发生时出现闪电、湖水翻腾的景象。

面对大雨造成的河水泛滥、山洪暴发引发的水灾时，文人也感叹天灾人祸对于社会民生的影响：“始言人生多苦辛，盗贼水火竝时受……至今戎马蔓生郊，二藩是处同波操，深山大泽产龙蛇，兴云致雨掀箕斗，侧生北望黯生愁……吁嗟眼中太平宁再否。”[①]表明水灾发生后民生疾苦，也描述了明末战乱频仍、盗贼横行的社会背景，更反映了明代文人对于天灾人祸的悲叹及对太平盛世的渴望。

然而，历史时期不同社会阶层对于灾害描述的倾向也不尽相同，文人眼中更倾向于以景抒情，表达自然灾害、战乱频仍背景下的真实感情。官员、乡绅、普通百姓则因自身阶层不同，更多依据利益需求进行描述。根据《云中约草》记载天启五年（1625 年）云南水灾发生的实际情形，有官兵、乡绅、普通百姓三类不同人的描述。就描述的详尽程度而言，官兵、乡绅的描述更为详细，并有所侧重，因勘灾过程中，地方官员是重要成员之一，其了解灾情的程

---

①（明）刘文征撰，古永继点校：《滇志》，昆明：云南教育出版社，1991 年。

度更为深刻。天启五年（1625年）云南水灾最初发生在昆明的松华坝。据记载，松华坝乡绅萧风望描述了此次水灾发生之时的天气异常现象，他对空中、山上、地面上的场景都有较为详细的描述："六月二十八午时，左山烟雾弥天，民居尽暗，少顷迅雷腾空，山上起蛟，浪涌数丈。"驻守在昆明城的官兵描述了当时大水涌入的具体时间、地点，天启五年（1625年）六月二十九日丑时，大水从昆明南城门方向而来，"但见一望白波，平地水深六七尺"①。此次暴雨持续至七月，除六月"在省军民横罹天灾"，至十月初二、初三至二十三日正值粮食收获时再次发生水灾，昆明城中乡绅苏世科、六卫屯军周尚文所描述此次水灾的具体持续时间更为详细："正值收割，忽于十月初二、三至二十三等日，两旬大雨，猛如倾盆，昼夜不止，山水下流，海水上漫。"②

此次水灾揭示了明代不同群体对水灾的认知程度不尽相同，地方官员因上级政府需要，对于此次水灾发生的具体灾情，包括人员伤亡、房屋损失、农田损失、救济情况等进行了详细描述，地方乡绅则更为侧重于房屋、农田等经济财产损失，普通民众则对此概念并不敏感，而是简单地了解水灾发生之时的景象；文人则更为注重借灾抒情，将描述水灾景象、灾后社会民生疾苦与时局背景联系在一起，虽主观色彩较为浓厚，但与社会现实更为贴近。

三、水灾的时空分布特征

明天启五年（1625年）云南水灾在明代云南水灾记载当中，从其覆盖区域、影响来看都是有明一代二百七十多年来极为罕见的洪涝灾害。就时空分布特征来看，天启五年（1625年）云南水灾具有明显的季节性、区域性、交替性特点。云南地处低纬高原季风气候区，降水丰沛且集中在夏季，河流分支众多，河水泛滥常有发生；同时境内地形复杂多样，加之特殊的环境和天气系统的影响，云南洪涝灾害年年发生，但不同地区存在明显差异，受灾程度也有所区别。

从空间分布来看，天启五年（1625年）云南水灾区域分布不均，从受灾州县来看，几乎覆盖云南全境，除滇西南以外，滇中、滇西、滇东、滇西北、滇

① （明）朱泰祯：《云中疏草》卷4，明末刻本，第63页。
② （明）朱泰祯：《云中疏草》卷4，明末刻本，第65页。

东南一带都发生了水灾，绝非局部性的洪涝灾害，而是一次大规模、受灾面积广的重大灾害。此次水灾受灾较为严重的主要是滇中、滇东北、滇东南地区，滇西南地区因史料记载的缺陷未见于记载，但并不排除滇西南地区当年发生洪涝灾害这一可能。此外，从时间分布来看，天启五年（1625年）云南水灾具有明显的季节性，此年共连续发生两次水灾，第一次发生在夏季，即农历六七月，第二次发生在秋季的十月。

此外，明天启年间云南旱涝交替的特点尤为突出，先旱后涝或先涝后旱现象经常发生，如表10-1所示。值得关注的是天启元年（1621年）云南大旱，省城自正月至六月都未降雨。《凝翠集》中的一首歌谣《忧旱谣》记载了天启元年的大旱，加之赋税沉重，导致社会民生凄惨，百姓只能靠吃树皮、挖树根糊口，"冷突无烟处处村，榆皮剥尽到桑根，饥肠未实官租急，夜半犹惊吏打门"，民间卖儿卖女现象盛行，"前月元米鬻大女，今朝粂米典小儿，儿女易尽米难求，手把金钱徒饿死"①，此次大旱在明末也是极为罕见。

天启三年（1623年）局部区域发生洪涝灾害，农田、房屋、人口、牲畜损失严重，"六月，定远大雨震电，雾黄红色，水溢田禾、庐舍，溺三百余人，牲畜无算"②。天启四年（1624年），不同区域旱涝交替出现，"禄丰旱"③，"昆明大水成灾"④。天启五年（1625年），夏秋两季连续发生水灾。从天启年间水旱灾害情况可知，云南水灾具有明显旱涝交替特征，呈现出先旱后涝或先涝后旱的特点。

表10-1　明天启年间水旱灾害一览表

年份	区域	灾害类型
天启元年（1621年）	云南府	大旱
天启二年（1622年）	洱源县	大水
天启三年（1623年）	定远	大水
天启四年（1624年）	云南、广西府	大水、大旱
天启五年（1625年）		大水

① 云南省水利水电勘测设计研究院：《云南省历史洪旱灾害史料实录》，昆明：云南科技出版社，2008年，第30页。

②（明）刘文征撰，古永继点校：《滇志》，昆明：云南教育出版社，1991年，第1025页。

③（明）刘文征撰，古永继点校：《滇志》，昆明：云南教育出版社，1991年，第1024页。

④《中国气象灾害大典》编委员：《中国气象灾害大典·云南卷》，北京：气象出版社，2006年，第262页。

续表

年份	区域	灾害类型
天启六年（1626年）	云南	大水
天启七年（1627年）		无

资料来源：洱源县水利电力局：《洱源县水利志》，昆明：云南大学出版社，1995年

通过分析明天启五年（1625年）云南水灾实况及时空分布，其灾情危及全省。从明代云南历年洪涝灾害来看，水灾年年有，但其受灾程度、灾后影响远不及此次水灾。水灾固然会对政治、经济、社会造成一定影响，但明代荒政已有较大发展，究其原因，绝非纯粹的“天灾”，更多是“人祸”造成的，具有自然和人为双重属性。

第二节　自然与民生：天启五年云南大水灾的发生原因、影响及应对举措

洪涝灾害是云南气象灾害中较为频发的灾害之一，由于云南地形复杂多样，河湖众多，洪涝灾害一般伴随着滑坡、泥石流、塌方，危害较大。明天启五年（1625年）云南水灾不单是一次单一的水灾，更伴随着并发灾害，如由大雨造成的山洪暴发、河口决堤等，也有人为原因导致的灾情加重，此次水灾造成的房屋、粮仓、人口、牲畜损失严重。地方政府也意识到此次水灾之重，在水灾发生之时和之后，均积极采取救灾措施。

一、水灾发生的原因

自然地理环境是导致此次水灾的重要原因。从气候因素来看，农历四月以后，南支西风气流开始减弱北撤，西太平洋副热带高压逐渐北进，孟加拉湾西南季风暴发，偏南气流将海洋上的大量水汽不断传来，因受到低涡、切变、热带辐合带等天气系统影响，形成了大雨、暴雨的天气环流。①从地理环境来看，明天启五年（1625年）云南水灾的类型主要包括洪灾和涝灾两类，洪灾又包括山洪灾害、河洪灾害。山洪灾害受害面积不会太广，多发生在山区、丘陵

① 昆明市地方志编纂委员会：《昆明市志》第一分册，北京：人民出版社，2003年，第98页。

区和沿溪流江河两岸平原坝区，多为局部性灾害。

此次水灾首先是山洪灾害引发的塌方、泥石流等次生灾害，“其山倒裂约三十余丈，土石填压金汁河二十余丈，将大石桥冲坏二孔”①；其次是河洪灾害，多因河流引起，造成河流涨水，抬高水位而发生灾害，往往发生大面积的洪灾，灾情严重。此次水灾因连日降雨，导致盘龙江河水泛涨，冲垮堤坝，“以致盘龙江沿河大小东门一带民居房屋被淹倾倒间有被压死伤”②。滇东地区的水灾主要分布于盘龙江洪泛段，致使昆明池（今滇池）水上涨，难以排泄，出现灾害，且滇池出水狭隘，夏季多雨，宣泄不及，一年一度涨落，大为民害。

人为因素也是导致水灾加剧的重要原因之一。水灾的发生难以脱离人为因素，水利失修是造成此次水灾的主要人为原因。据松华坝水灾亲历者萧风望所述，“源头松华坝各闸，冲倒驳岸二十五”③，才导致此次水灾如此严重。水利建设是一项投入大、周期长、见效慢的系统工程，自万历十六年（1588年）后，文献中并无详细记载再次大修，且明末奸佞当道，战乱频仍，灾荒频发，松华坝年久失修而导致堤坝溃决。

松华坝位于云南府府城（今昆明）东北滇池上游，自元代赛典赤·瞻思丁增修为坝，分水灌溉农田万顷。明万历十六年（1588年），水利道按察副使朱芹建议大修此坝，此后经年调拨经费增修。除省城一带是因松华坝溃堤导致周边民众受害，水灾覆盖的其他区域也是因为堤坝决口，造成全局性灾害，如盘龙江沿河地带民众伤亡严重，而发生在弥苴河流域州县，如洱源县水灾也主要是因为弥苴河溃堤④。

天启年间连年的水旱灾害使黎民百姓处于水深火热之中，灾荒频发，粮食生产减少，仓储空虚，也是导致此次水灾灾情奇重的重要原因。天启五年（1625年），云南各地受灾，时任云南巡抚、巡按朱泰祯“蒿目省积贮之空虚，议各建仓以备不虞”⑤，备赈仓、常平仓两年所得粮食不过七千，难以满

---

①（明）刘文征撰，古永继点校：《滇志》，昆明：云南教育出版社，1991年，第61页。
②（明）朱泰祯：《云中疏草》卷1，明末刻本，第44页。
③（明）朱泰祯：《云中疏草》卷4，明末刻本，第62页。
④ 洱源县水利电力局：《洱源县水利志》，昆明：云南大学出版社，1995年，第93—96页。
⑤（明）刘文征撰，古永继点校：《滇志》，昆明：云南教育出版社，1991年，第792页。

足赈济需求。明末云南战事频繁，大部分粮食均用于军事，而且明末奸佞当道，中央政府在灾荒救济中有所懈怠，“被灾重地，地方脂血止有此数。当此三空四尽之秋”[①]。中央王朝的救济迟迟未落实，天启元年（1621年）大旱造成的饥荒尚未缓解，天启二年（1622年）、天启三年（1623年）、天启四年（1624年）又接连发生水灾，导致天启五年灾情异常严重。

二、水灾造成的影响

天启五年（1625年）发生的水灾波及甚广，陆良、宜良、寻甸、嵩明、晋宁、安宁等三十余处皆受其害。此次水灾对于房屋、农作物、人口及道路、桥梁等造成严重破坏。

从房屋受损的情况来看，此次水灾冲毁的房屋尤多，营房冲毁比重占据91%，民房占9%，如表10-2所示。省城房屋损失有详细统计，昆明城内外冲毁官厅民房以千计，除却省城内外房屋冲毁严重，其他州县亦然，但并无详细的房屋损失数据，如永昌府“仓廒公署民间房屋大半倾倒”、安宁州“民居屋墙垣尽行湮没”、邓川州“田地房屋尽俱没”、嵩明县“田地房屋尽俱没”[②]。又因大水冲没粮仓，造成严重的粮食损失[③]。

表10-2　天启五年（1625年）水灾云南府省城灾后房屋损失统计（单位：间）

受灾地点									合计
左卫	中卫	前卫	后卫	广南卫	绣衣街、水塘铺（民房）	松华坝（民房）	松华坝（营房）	白塔街民房	
54	527	499	803	812	149	10	141	200	3195

从农作物损失程度来看，连遭两次水灾时，水稻分别在生长和成熟期，因此晋宁、安宁、嵩明、寻甸、石屏、禄丰、腾冲等县水稻受灾严重。第一次是在六七月水稻生长期，“因禾未熟，概被泥浆冲坏”。第二次是十月水稻成熟期，收成全无，“大野稼谷，生芽邑烂，终年胼胝，仔望成空”，百姓难以交付沉重赋税，维持生计亦是艰难。[④]

① （明）刘文征撰，古永继点校：《滇志》，昆明：云南教育出版社，1991年，第793页。
② （明）朱泰祯：《云中疏草》卷4，明末刻本，第63页。
③ （明）朱泰祯：《云中疏草》卷4，明末刻本，第64页。
④ （明）朱泰祯：《云中疏草》卷4，明末刻本，第64页。

其中，据寻甸县乡民张君赐等连名告称，“据各村秧苗前被逆贼践踏过半、重新栽插，今又遭大水，一片淹没，寸草不留等情”；石屏县“田亩俱成巨浸，稻已割者，漂流入海，未割者，湮没萌芽，近城行舟，四门城墙俱被冲倒等因”；腾冲县“灌倾城垣二十余丈，湮没田禾无算”①。水灾不仅会冲毁田园，造成耕地和庄稼受害，往往也会冲毁道路、冲塌桥梁，阻碍交通，还会危及经济发展，给人们的生产生活带来严重影响，据黑盐井提举司称：“本司各井，六月被水冲没半月，七、八两月又被淹四十余日，井台惧裂，本司躬诣勘视，见水势稽天，井没无形，各灶丁环拥号泣。”②

从人口损失情况来看，据各州县的勘灾情况，仅省城有人员伤亡记载，男女加起来三十五人③，其他府州县并未有详细的人口伤亡统计。此外，从财物损失来看，此次水灾最为严重的是卫仓中的存粮被全部淹没，严重影响了社会经济的发展，间接造成民众负担加重，只以省府卫仓“每年本色三万有奇，为全城官军命脉所保”，遭逢此次水灾之后，“欲微本色，民岂能供”，进一步导致粮价上涨，“粜斗米已至三钱”，百姓难以负担，流民众多，盗贼横行，社会动荡，“弱者将转系，强者将揭竿，军兵不得势，非一哄而散，即脱斤一呼，势所必至，即在目前”④。

三、从中央到地方：抚按主导的灾害应对

明中后期已然形成较为系统完备的报灾、勘灾制度。闵洪学、朱泰祯的奏疏中全面反映了明末地方官员应对灾害的整个过程，包括报灾、勘灾、蠲免，反映了明末抚按救灾的灾荒应对机制的地方实践。

在此次水灾的救灾过程中，由地方政府官员亲自查勘，了解受灾人口、房屋损坏情况，登记造册上报，此次水灾云南巡按朱泰祯亲自到现场查勘灾情，“大小东门及买米巷、走马街，响铜街，鲁班巷、云津小桥，地藏、白塔、绣衣街一带，二官分投，从公备细查勘，挨门逐户，某街巷，某某家，倒房几

①（明）朱泰祯：《云中疏草》卷4，明末刻本，第64页。
②（明）朱泰祯：《云中疏草》卷4，明末刻本，第65页。
③（明）朱泰祯：《云中疏草》卷4，明末刻本，第63页。
④（明）朱泰祯：《云中疏草》卷4，明末刻本，第68页。

间，压死几人口，或男妇被伤几口，确查明白，次日造册通报”[①]。官方采取的灾害应急方式主要是倡捐船只，临时搭建住所，拯救受灾百姓。

此次水灾发生时，朱泰祯通过调拨官银，招募船只，分拨到各受灾地区拯救受淹灾民，因房屋全部被淹没，无法居住，民众流离失所，遂在灾区附近的高处搭建临时住所安置受灾群众，如昆明县“分拨船只，于水淹地方，载渡被没家口，速行移就附近空隙高埠处所，暂居一二日，俟恒居坚固之后，方行复业，毋得偷安贻患”[②]。

灾害发生后，地方官员意识到此次水灾最为主要的原因是水利失修、河道治理不足，采取的措施主要是：疏浚河道、修筑堤坝。

首先，巡抚朱泰祯命水利同知筑高堤坝，阻挡洪水泛滥，疏通沟渠，将洪水排至昆明池，“高筑松华坝六十一点一丈，以障横流，四面城濠，广开深浚，今水势洽泗，以入昆海，庶可以时蓄泄，而近水千家，永无鱼鳖之患矣”。

其次，命令云南府水利官和六卫官员亲自监察，疏通河道，将一切具有蓄水功能的塘坝全部拆毁，以排泄洪水，“亟行开挖，以疏下流，其暂筑一切塘坝，尽行折毁，毋得阻塞，以滋民宽”。此外，又通过减轻赋税徭役安抚民众，“轻刑薄赋，煦育遗黎，使无捐瘠”[③]。

此次救灾主要是地方政府主导，从中央政府层面而言，明末救灾时效滞后。明末中央政府的直接赈济逐渐弱化，一般采取区域联合赈济的方式，通过邻省、近省钱银转赈的方式开展救灾。如天启七年（1627 年），户部覆“云南巡抚闵洪学‘请接济灾荒议’，将广西原借欠银五万两，并湖广南粮改折米角□羊银一万两，乞敕两省督抚，作速措处角□羊，滇依议行”[④]，中央政府对于云南的灾荒赈济并没有直接由中央财政支出，而是就近赈济。

从明代官方文献记载来看，天启五年（1625 年）云南水灾，朝廷并未下发赈灾诏令，而是由地方官员主导救灾。从明代制度和法律来看，巡抚应是赈灾的主要领导者，但从天启五年（1625 年）云南大水灾来看，此次水灾主要是由抚按共同主导，以地方政府为核心力量进行赈济，也说明抚按职能的交叉重叠

①（明）朱泰祯：《云中疏草》卷 4，明末刻本，第 62 页。

②（明）朱泰祯：《云中疏草》卷 4，明末刻本，第 62 页。

③（明）朱泰祯：《云中疏草》卷 1，明末刻本，第 44 页。

④《明实录・明神宗实录》卷 431，台北：“中央研究院”历史语言研究所，1962 年。

性，更反映了明末巡按赈济权力的明显扩大。

在此次水灾赈济过程中，地方政府发挥了主导作用，尤其是抚按亲历此次水灾，开展报灾、勘灾、赈济工作，并及时采取灾害应急措施，在一定程度上缓解了此次灾情。但因天启年间，西南边疆面临内忧外患，外有缅甸洞吾王朝不时入寇，内有水蔺乌沾土司不时反叛，连年战事，仓储空虚，此次水灾救济效果并不明显，没有实现预期的救灾效果。

第三节　明末西南边疆抚按救灾职能及其模式转变

从天启五年（1625 年）云南大水灾来看，此次水灾主要是由抚按共同主导、以地方政府为核心力量进行赈济，说明了抚按救灾职能的交叉重叠性，更反映了明末西南边疆地区荒政体系中抚按权力的明显扩大。

一、抚按救灾职能的交叉与重叠

明代为加强中央对地方的控制，建立了一套既完善又复杂的地方监察系统，该系统主要负责督察并参与治理地方政务，荒政是其频繁介入的重要领域。①明朝中央政府赋予了地方监察职能，尤其是都察院派遣的抚按官在荒政处理方面的报灾、勘灾、赈济等一系列职责，抚按在处理地方荒政之中扮演着重要角色，是明中后期灾荒救济的核心力量。②明末巡按救灾职能更为地方化、常态化，在报灾、勘灾、赈济之中扮演着重要角色。鞠明库认为巡按侧重勘灾和救灾监察，巡抚侧重报灾和领导赈灾，共同推动了灾荒救济的进行，并取得了明显成效。③但在实际执行之中，或者说文献记载的史例之中，并未严格执行这一规定，抚按同是救灾的核心力量，其职能时有交织重叠。

明前期，巡按在整个救灾程序中主要是参与者的身份，巡按报灾、勘灾皆始于永乐二十二年（1424 年）④。嘉靖之后，巡按报灾、勘灾逐渐常态化。首

① 吴琦，杨露春：《明代地方监察体系与荒政》，《江西师范大学学报》2016 年第 6 期。

② 鞠明库：《抚按与明代灾荒救济》，《贵州社会科学学报》2013 年第 1 期。

③ 鞠明库：《抚按与明代灾荒救济》，《贵州社会科学学报》2013 年第 1 期。

④ 永乐二十二年（1424 年）六月，巡按开始参与报灾，巡按直隶御史李光学言：“通州及漷县、香河、武清诸邑淫雨，伤稼。”参见鞠明库：《抚按与明代灾荒救济》，《贵州社会科学学报》2013 年第 1 期。

先，报灾是救灾程序的首要环节，及时、如实奏报灾情是展开救灾工作的基本前提。明中后期，正统之后巡按报灾成为常例。嘉靖十一年（1532年）也明确规定，报灾之事由巡抚负责，无巡抚则由巡按负责。万历三十五年（1607年）三月，“云南巡抚陈用宾，以地方重灾，请蠲”①。

但从史例来看，因明末灾荒的日益加重，在实际执行之中，巡按往往也会奏报灾伤、请蠲请赈。在天启五年云南水灾中，云南巡抚闵洪学、巡按朱泰祯同一时间分别上报灾情，对比抚按奏报内容，可发现抚按救灾职能的交叉重叠性，从侧面也反映了巡按报灾的合法性。其次，勘灾是进行赈济的重要凭依，主要包括踏勘灾伤、核实灾情。永乐二十二年（1424年），巡按开始参与勘灾，“令各处灾伤，有按察司处按察司委官，直隶处巡按御史委官，会同踏勘”②。

此外，明前期对于主持赈灾之人并无明确规定。明中后期，随着巡抚制的推行，巡抚逐渐成为省级最高领导，由中央王朝受命主持赈务，中央在接到报勘灾伤奏疏之后，再向巡抚下发赈灾诏令。

嘉靖之后，明确规定由巡抚主持赈济事宜。《大明会典》中专门规定赈济之事由巡抚专责：“凡赈济，专责巡抚，会同司府州县等官，备查仓廪盈缩，酌量灾伤重轻，应时撙节给散。巡按毋得准行”③。明末，巡按勘灾逐渐常态化，天启五年（1625年）水灾，云南巡按朱泰祯会同总督朱燮元、巡抚闵洪学勘察灾情，在整个救灾过程中巡按的救灾权力明显扩大。

随着明末抚按救灾职能的转变与权力的扩大，异于内地，因西南边疆地区远离中央王朝，且交通不便，极大地降低了救灾的时效性，此时地方政府救灾的及时性更为突出。明末西南边疆地区的抚按官员在地方灾荒处理中形成了一套行之有效的灾害应急机制，抚按在报灾、勘灾、赈济等救灾环节所扮演的角色发生转变，在整个地方荒政体系中发挥着重要作用。

二、地方政府救济占据主导地位

明末抚按在整个救灾程序中起着承上启下的重要地位，从报灾、勘灾、赈

① 《明实录·明熹宗实录》卷80，台北：“中央研究院”历史语言研究所。

②（明）李东阳等撰，申时行等修：《大明会典》卷17，扬州：广陵书社，2007年。

③（明）李东阳等撰，申时行等修：《大明会典》卷211，扬州：广陵书社，2007年。

济，整个救灾程序形成了府、州、县官—巡按—中央政府三级，先由府、州、县官进行踏勘，报给巡按，巡按也会在州县官员呈报之前同巡抚等省级重要官员进行勘灾工作。

天启五年（1625 年）云南水灾的一系列救灾环节也反映了明末西南边疆地区灾害发生时主要依托于地方政府，抚按在勘灾和赈灾过程中共同进行统筹规划，在整个救灾程序中起到安抚民心、稳定社会、促进经济发展的作用，提高了救灾效率。天启五年水灾发生后，巡按云南监察御史朱泰祯到受灾各府、州、县进行勘灾工作，并及时展开灾情应急工作，拯救受灾民众，“动给官银，催募舡只，分拨各该地方”，并“沿门逐户亲行慰问，分别造册备报，动银抚恤，资助修理”，通过“轻刑薄赋，煦育遗黎，使无捐瘠”，减轻了民众的赋税负担，减少了流离失所人员。①

此次水灾主要是以地方政府为主开展灾害应急救援，由官府出钱租赁船只救援受灾百姓，由巡按亲自抚慰受灾百姓，发给银两，查勘具体受灾情况以备上报，通过减轻刑罚、赋税，安抚民心，为防水灾，修筑堤坝、疏浚河道，一定程度上起到了安抚民心、维持社会稳定的作用。

从《抚滇奏草》与《云中疏草》两书的记载来看，天启五年（1625 年）云南水灾整个救灾过程，抚按共同救灾，巡按职能有所转变，从参与者、监督者转变为既是监督者又是主导者，说明了明末巡按救灾权力的扩大。明前期，巡按只是作为灾荒救济的参与者，明中后期逐渐演变为奏报灾伤、请蠲请赈、主导赈灾的核心力量。其中，巡按与巡抚之间虽有明确规定，巡抚专责报灾和主导赈灾、巡按负责勘灾和监督，但在天启五年（1625 年）云南水灾的整个救灾程序中，以抚按为核心力量的地方政府救灾模式占据主导地位，中央在一定程度上提高了西南边疆救灾的时效性，但也为抚按专权独大及其督察功能的降低带来了风险。

三、民间力量广泛参与其中

明末，随着灾荒的频发，地方绅士在救灾过程中也起到了一定作用，官、绅、民结合的救灾模式在云南已经有所凸显。天启五年云南水灾，除一些州县

①（明）朱泰祯：《云中疏草》卷 4，明末刻本，第 61 页。

官员参与到勘灾的工作中，进行踏勘上报以外，在《抚滇奏草》《云中疏草》的记载中，也有如松华坝绅民萧风望，昆明耆民[①]苏世科、李昱、赵登仕，昆明县民郑秉直、陈思学，白塔街住民等上报灾伤，官、绅、民共同救灾的荒政模式在明末云南地区已经较为普遍。

此种现象自明中后期以来便开始凸显。天启《滇志·人物志》有关于“乡贤”的平生事迹，记载了一些士绅自主赈济的情况，此乃纯粹性的民间赈济行为。嘉靖、万历之后，云南赈灾主要依赖于地方政府和社会力量的广泛参与，不再是单一的中央政府蠲赈。[②]由此来看，明末中央王朝的救济功能有所弱化，地方政府和民间力量崛起，成为这一时期的典型特点，这也与中央王朝统治能力变弱有密切关联。

云南作为边疆地区，每遇重大自然灾害，地方政府所发挥的作用往往大于中央政府。从地方上报中央再到赈济，一定程度上影响了救灾效率，导致了赈济的滞后性。因此，巡按在救灾过程中及时采取灾害应急措施是相当必要的。云南自万历四十八年（1620年）以来，水旱灾害多发，战乱频仍，尤其是天启年间，灾荒加剧，社会经济尚未恢复，又遭逢夏秋两次水灾，时任巡按朱泰祯称：“滇自万历四十八年以来，水旱之后，继以盗贼。”加之，因灾荒连绵，战事频繁，仓廪空虚，“但又节存，悉充谷价，顾两年所得，各衙门不过一万四”，以致被灾重大。[③]

明末，灾荒频发，政局动荡，云南远离中央王朝，巡按救灾职能的转变使其在灾荒救济中权力扩大，提高了救灾效率，救灾效果明显，反映了明末西南边疆地区的灾荒救济中地方政府发挥主要作用，民间力量参与其中，不再以中央政府为主导，而是依托于地方政府和民间力量，官、绅、民共同参与救灾的荒政模式已然形成，对于清初荒政制度的完善意义重大。

清初的荒政制度在一定程度上延续明制，虽清代巡按只存于顺治一代，在官赈中的作用并未有所体现，但对于清初荒政制度却传承了明末所形成的

---

① 即德高望重之人，《明史·太祖本纪三》记载：“庚寅，援耆民有才德知典故者官。”

② 朱振刚详细地统计了明代人物赈济的事迹，统计了天启《滇志·人物志》中共17位人物的备荒赈济事迹，认为嘉靖至隆庆时期是云南地方仓储建设和赈济的高峰时期，地方政府和民间社会广泛参与。参见朱振刚：《明代云南荒政概述》，《文山师范高等专科学校学报》2009年第3期。

③（明）朱泰祯：《云中疏草》卷4，明末刻本，第70页。

官、绅、民共同救灾的荒政模式，并有所创新和开拓，尤其体现在仓储制度之中。仓储制度是备荒机制的关键部分，也是政府防灾减灾的重要应对措施之一。明末因战乱频仍，朝廷自顾不暇，仓储废弛，灾荒之年主要依托官、绅、民等地方政府和民间力量。

清初，仓储制度仍旧因循明末所形成的荒政模式，开展以地方政府为主导、民间力量广泛参与、以捐输为主要方式的赈济机制。清顺治十二年（1655 年），“其乡绅富民乐输者，地方官多方鼓励”。康熙十八年（1679 年），“题准地方官整理常平仓，每岁秋收劝谕，官绅、士民捐输米谷”①，仓储制度逐渐完备。明末西南边疆地区官赈机制从以中央政府为主导向以地方政府为主导的被动转型，到清初由朝廷主动鼓励和支持的制度之下，依托地方政府和民间力量，在一定程度上加强了地方的灾害应急处理能力，救灾的时效性增强，而逐渐完备的以地方政府与民间力量相结合的荒政模式是特殊社会背景下催生出的时代产物，为清代荒政制度的发展、完备奠定了重要基础。

本章小结

《抚滇奏草》与《云中疏草》还原了明天启五年（1625 年）云南水灾的历史面貌，更为深入系统地研究明末西南边疆抚按救灾及荒政机制提供了可能。根据奏疏记载，以闵洪学、朱泰祯为代表的官方载体以目击者、参与者、主导者的多重身份记录了此次灾情，有别于正史、实录、方志之中的灾害史料记录，更能反映灾况实景，也更为贴近历史真相。且巡按朱泰祯会同巡抚闵洪学监督，并共同主导了奏报灾伤、请蠲请赈、踏勘灾情、赈济黎民等环节，区别于明前期巡按仅参与救灾，反映了明末巡按救灾权力的扩大，提高了救灾的时效性。

同时，明末中央王朝的救灾能力在西南边疆荒政机制中已出现弱化趋势，更多依托地方政府和民间力量，官、绅、民共同救灾的荒政模式已然成型。但不可否认的是，虽然此次水灾，官员及时救灾，但救济效果并不是很明显，仍

① 牛鸿斌等点校：《新纂云南通志（七）》，昆明：云南人民出版社，2007 年，第 443 页。

无力挽救天灾人祸双重灾难之下带来的严重影响。

究其原因，明末处于灾荒之年，连年旱涝，致使粮食连续歉收，战乱频仍，导致仓储制度难以维系，水利灌溉工程废弛。此次水灾并非仅作为一次纯粹的自然现象而造成的恶果，而更多的是一种连锁反应，是战乱频仍、政局动荡，乃至中央王朝内部分崩离析的结果。在明末清初时代交替的背景之下，清初荒政制度对于明末西南边疆地区荒政机制的转型既有传承，又有开拓，值得进一步反思。

第十一章　清代滇盐生产的灾害叙事研究
——以水灾为中心的考察

一直以来，云南就是我国重要的盐产区，滇盐自古以来备受各界的关注，对于滇盐的研究更是不胜枚举。目前学术界对于滇盐的研究主要集中于以下几个方面，首先是滇盐盐政、盐务和征榷研究；其次是滇盐的产运销、私盐及缉私研究；再次是滇盐文化研究；最后是有关滇盐与云南经济社会发展关系的研究。以上几种研究的成果目前已有专门的学者进行了论述。①随着近年来史学研究视角的多样化，滇盐生产的研究不断深入，如从环境史视角研究滇盐生产中所产生的环境问题，与当前的生态环境问题相联系，该视角颇为新颖。②笔者在整理档案资料的过程中发现，灾害与滇盐生产之间存在着不可分割的联系，滇盐的生产始终受到灾害的影响。然而少有学者从灾害史的角度探讨滇盐的生产。故此，笔者初步尝试从灾害史的角度研究清代滇盐生产中所遇到的灾害概况。因能力有限，在探讨及论述中难免会有不足，敬请方家指正。

---

* 本章由国家社科基金重大项目“中国西南少数民族灾害文化数据库建设”（项目编号：17ZDA158）成员胡广杰的中期成果《清代滇盐生产的灾害叙事——以水灾为中心的考察》改编而成。

① 赵小平，肖仕华：《八十年来云南盐业史研究综述》，《盐业史研究》2014 年第 3 期，第 139—150 页。

② 李正亭，孔令琼：《滇盐生产的环境叙事与生态观照》，《学术探索》2020年第10期，第67—72页；李正亭：《环境史视域下云南井盐生产与井场森林生态》，《青海民族大学学报》（社会科学版）2018 年第 4 期，第 28—36 页；杜雪飞：《技术、制度、利益与生态环境变迁——云南黑井地区盐矿生产的生态环境史研究》，《思想战线》2012 年第 6 期，第 45—48 页。

第一节 滇盐生产中的水灾概况

清代滇盐生产的过程中始终备受各种灾害的侵扰。如据署白盐井提举吕调阳会同云龙州知州周名建、云龙井大使魏正鸿禀报："云龙井之石门井于二月二十五日酉刻居民失火，沿烧灶房二十八户，民房三十六户，公店一所，存盐二十一万五千斤，灶房器具概被烧毁。"①通过此次云龙井火灾资料的记载可以看出，火灾的发生，尤其是房屋和存盐被焚毁，对于盐区生产者的生产生活造成很大影响。

再如光绪十年（1884年）九月二十七日，据石膏井提举禀报，"当二十七日大震之时，石膏、磨黑二井，屋宇灶房，多有坍塌，卤圹亦多坼漏。磨黑井计压毙两人，受伤两人，被灾民户亦较石膏井为多，虽均停煎多日，幸硐槽未大损坏。臣伏查此次地震，道理甚宽，情形以普洱府为最重，次及石膏井，势即轻减，余即愈远愈轻"②。地震作为一种破坏性极强的灾害，在发生之时，通过史料也可以看出，对于灶民的生命财产、盐的制作生产，尤其是制盐场所与用具都造成了极大的破坏。

虽然火灾、地震等灾害在滇盐生产中时常发生，但与水灾相比，它们所造成的影响可以说是微不足道。水灾在清代滇盐生产的过程中伴随始终，对滇盐生产过程中灶户的生命财产和煎盐生产等方面都产生了极大的消极影响。据文献记载："乾隆十三年六月十六日酉时至廿七日，云南大雨滂沱，山水涨发，各河宣泄不及，安宁山田禾勘报不成灾，惟淹塌瓦房二百三十五间，墙七百八十一堵，洪新二井淹倒灶房十八间，墙七十八堵，坏锅口，冲塌沿河驳岸，漂没枧槽、架木、柴枝，又被水消化已煎未消盐一万三千余斛，暨煎额盐一十二万四千余斛。"③

嘉庆二十二年（1817年）据白盐井提举禀报："该井地方雨水过大，低洼

① （清）谭钧培：《奏为云龙州石门井被火焚毁灶房器具分店存盐现在委勘赈抚大概情形事（光绪二十年八月二十八日）》，档案号：04-01-01-0996-058，中国第一历史档案馆藏。

② 国家档案局明清档案馆：《清代地震档案史料》，北京：中华书局，1959年，第183页。

③ 《中国气象灾害大典》编委会：《中国气象灾害大典·云南卷》，北京：气象出版社，2006年，第116页。

处所陡被淹浸，冲去灶民男妇十六丁口，并冲失现煎盐三万一千余斤，泡坏仓盐四十八万六千三百余斤，并灶房盐本器具等项，其各井昨皆被沙石壅塞，现在不能汲煎。”[①]道光二十七年（1847年）云南巡抚程裔采等奏：

> 查，黑、琅等井，于本年六月二十一日被水，冲淹井口灶房运道，并威远同知亦于六月二十三日被水，冲淹衙署及抱母、香盐井口、盐仓、灶房。威远同知衙署、汛房及经管之抱母、香盐等井，俱系倚麓临河，灶户居民住亦比栉，附近并无田亩。因本年六月二十三日大雨如注，山水涨漫，致抱母、香盐等井被冲淹塞，并冲塌同知衙署、房屋四十五间，漂失仓米二百九十余石，汛署房屋十七间，盐店等房二十八间，居民瓦房十七间，草房一百四十四间，淹毙妇女二口。[②]

通过史料的记载可以看出，水灾的发生对于制盐区域内的盐生产造成了很大的破坏，尤其是对制盐的灶房、墙体、锅口、木材燃料及盐成品的破坏，给制盐区的灶民造成了更大的经济损失，因为在洪水过后，灶民们要重新建造制盐场所、购买制盐工具。

表11-1是笔者经过对清代黑白盐井灾害资料搜集整理得出的，通过表11-1可以看出，清代黑盐井和白盐井灾害次数总计达30次，尤其是黑盐井地区，灾害发生频率高，破坏性大。可以说，水灾是滇盐生产中尤为需要重视的灾种之一。

表11-1　清代滇盐生产部分地区水灾情况

地区	灾害次数	灾情举要
黑盐井	21	道光五年（1825年）据（定远县）黑盐井提举禀报：“该井于本年夏间雨水连绵，八月初八九等日复大雨如注，山水陡发，河流泛涨，致将大东新沙四井漫淹，其复井一区被淹尤重。所有各井板槽、井柱，及护井石岸海底等工，俱有冲击损坏，并被冲民灶房墙及运盐道路，并未损伤人口等情。”
白盐井	9	嘉庆二十二年（1817年）据署白盐井（大姚县）提举禀报：“该井地方雨水过大，低洼处所陡被淹浸，冲去灶民男妇十六丁口，并冲失现煎盐三万一千余斤处，泡坏仓盐四十八万六千三百余斤，并灶房盐本器具等项，其各井昨皆被沙石壅塞，现在不能汲煎。”

资料来源：水利电力部水管司科技司，水利水电科学研究院：《清代长江流域西南国际河流洪涝档案史料》，北京：中华书局，1991年，第621页

① 水利电力部水管司科技司，水利水电科学研究院：《清代长江流域西南国际河流洪涝档案史料》，北京：中华书局，1991年，第621页。

② 水利电力部水管司科技司，水利水电科学研究院：《清代长江流域西南国际河流洪涝档案史料》，北京：中华书局，1991年，第860页。

第二节　滇盐生产中的水危害

水灾的频发对灶民的生命和财产安全、滇盐生产器具都造成了严重的威胁和破坏，给清代滇盐生产带来了严重的影响。

一、威胁滇盐生产者的生命安全

据嘉庆二十二年（1817年）十月十二日云贵总督伯麟、云南巡抚李尧栋奏报："大理府属之邓川州楚雄府之白盐井两处地方，本年夏秋之间大雨连绵，冲决河堤，被淹田庐井灶盐斤，并淹毙灶民，臣等接据禀报，查得邓川州成灾十分，共计淹民田一万四千七百七十七亩，应征条公米折等银一千五百八十一两零。又淹倒瓦房四百九十八间，草房三百二十九间，墙一千四百九十五堵，又被灾二千八百一十一户，计男妇大丁九千九百一十七名口，小丁三千六百三十六名口。"①

光绪二十七年（1901年）六月初二日再据署黑盐井提举江海清禀报："本年五月二十一日午刻，晴天忽变阴云四垂，大雨倾盆，雷电交作，以致蛟水复泛，惊涛骇浪，迅厉无前，竟将该处石堤冲决四十余丈，附近灶房十三家、民房四十三户以及庙宇、衙署均被冲刷，人畜多数漂没，盐平半皆融化。查出溺毙有姓氏可稽者已至五十余丁口。"②

又据白盐井提举禀称："本年入夏以来，雨水较多，秋后更复大雨如注，山泉暴发，沥水汇归，以致冲没桥房盐斤柴薪井灶，并有淹毙人口，勘明淹毙男妇十六名口，被灾大小难民共计四千余名口，并冲塌房屋、桥梁、井灶、柴薪、盐斤。"③

通过资料记载可以发现，水灾的发生，始终威胁着滇盐生产区灶民的生命安全，甚至在一些情况下，严重的水灾也无情地将灶民的生命夺去。

---

①（清）伯麟等：《奏为云南邓川州及白盐井被水请加赈益蠲免钱粮借项事（嘉庆二十二年十月十二日）》，档案号：04-01-35-0048-004，中国第一历史档案馆藏。

②（清）李经羲：《奏为滇省黑盐井地方被水委勘赈抚事（光绪二十七年六月初二日）》，档案号：04-01-01-1048-061，中国第一历史档案馆藏。

③ 水利电力部水管司科技司，水利水电科学研究院：《清代长江流域西南国际河流洪涝档案史料》，北京：中华书局，1991年，第859页。

二、破坏滇盐生产的场所及器具

水灾发生后，除了威胁人民的生命外，同样对滇盐生产区的生产工具、生产场所造成破坏。乾隆十四年（1749 年）八月十二日张允随奏："据安宁州报，于六月二十四、七月初八等日，连次大雨，螳螂川水泛涨，溢入城厢，冲坏灶房、枧槽，淹过井台及漂失柴栅、船只。"①

光绪三十年（1904 年）七月十三日，据黑井提举李良年禀报："所管元永井本年六月初三、初五、初八等日因雨水过多，冲坏山岸压倒民房，伤毙男女及行路人八丁口，井地微震，行署前后皆有开裂坼缝之处，河岸灶房既多坍塌，书院魁阁亦渐倾圮，甚至后山土主庙陷下灶房一所，复于六月二十四、二十九等日因雨久山裂，郭王两户灶房冲塌陷没，盐平推倒街铺八户，压伤多人。"②

再如，宣统元年（1909 年）云南石膏井提举禀报："所管之按板井本年六月中旬连日大雨，山水涨发，冲去罗永源等二灶驼牛八双，淹没盐六十一锅。抱母井河水泛溢，冲倒盐房、民房十余家，河堤三丈余尺，各灶漂失锅一千余口，柴薪千余排，被沙泥填塞无卤可煎，牛马亦多漂没。"③大量生产工具和房屋被毁坏殆尽，严重干扰了滇盐生产地区灶民的盐业生产。

与此同时，炉民在洪水过后要重新建造制盐场所，打造制盐工具，增加了滇盐生产区人民的经济负担。与此同时，大量生产工具和房屋被毁坏殆尽，灶民不能及时地恢复生产，也会影响盐的生产总量。

三、损害灶民的生产成果

洪涝灾害的发生，对人民的生命财产、生产器具造成了破坏，但更为严重的则是，灶民辛辛苦苦所生产出来的盐被洪水冲刷殆尽。据嘉庆二十二年（1817 年）十月十二日云贵总督伯麟、云南巡抚李尧栋奏报："大理府属之邓

---

① 水利电力部水管司科技司，水利水电科学研究院：《清代长江流域西南国际河流洪涝档案史料》，北京：中华书局，1991 年，第 301 页。

②（清）林绍年：《奏为云南富州厅被灾勘灾办赈事（光绪三十年七月十三日）》，档案号：04-01-01-1069-020，中国第一历史档案馆藏。

③《奏为本年六月云南石膏井提举所管按板井被水伤煎委勘赈抚督饬修复井灶事（宣统元年）》，档案号：04-01-05-0311-021，中国第一历史档案馆藏。

川州楚雄府之白盐井两处地方，本年夏秋之间大雨连绵，冲决河堤，被淹田庐井灶盐斤，并淹毙灶民，臣等接据禀报，查得邓川州成灾十分，共计冲失泡坏盐五十一万六千六百余斤。”①

嘉庆二十三年（1818 年）云南巡抚李尧栋等奏，先据黑盐井提举禀报：“该井地方，本年夏秋之间，连降大雨，河水泛涨，致井灶民房猝被漫淹。此外冲倒盐仓三间，贮卤井楼一间，并沿河炮岸工程及运盐大路，俱有冲塌，均须赶紧修复。又冲倒庙宇、民房六十八间，墙壁六十九堵，淹毙大小男丁十一名，其各井灶房内冲失大小铁锅二百二口，又漂失已煎未锯盐一百九十五万二百数十斤，并锯沙盐十万一千数十斤。”②

光绪二十八年（1902 年）三月初四日李经羲奏勘明：“缘黑盐井地居卑下，两山对峙，一水中流，俗名龙沟河。河身极狭，势若建瓴，一遇蛟泛，水力益猛。民灶均居河干，全恃堤岸以资障卫，稍一失慎，全井均有及溺之虞。此次骤雨起蛟，幸在白昼，抢护得力，计冲决石堤六十八丈，井口多被泥沙淤塞，淹坏灶房十三家，民房二十九家，淴毙四十一人，受伤十二人，融化存灶盐平一十四万四千一百八十斤。”③

通过资料记载及分析可以看出，滇盐生产区的人民辛苦生产出的盐产品，在洪水面前不堪一击，被冲刷殆尽。而清代中央王朝对于产盐区实施的是比较严格的管理政策，生产盐的数量都有明确规定，如《康熙琅盐井志》记载，清代琅盐井每年“煎盐一百五十九万九千九百九十六斤，遇闰加煎盐一十三万三千三百三十三斤，窝卤在内”④。

通过遇闰加煎盐约十三万斤的举措可以看出，正常年份每月大概需煎盐十三万斤。而大量制出的盐被洪水冲刷殆尽，滇盐生产区的灶民不得不重新制盐，按量完成制盐任务，毫无疑问，这对于灶民而言是非常沉重的负担，将会影响井盐的顺利生产及销售，进而影响地方的赋税收入。

---

①（清）伯麟等：《奏为云南邓川州及白盐井被水请加赈益蠲免钱粮借项事（嘉庆二十二年十月十二日）》，档案号：04-01-35-0048-004，中国第一历史档案馆藏。

② 水利电力部水管司科技司，水利水电科学研究院：《清代长江流域西南国际河流洪涝档案史料》，北京：中华书局，1991 年，第 627 页。

③ 水利电力部水管司科技司，水利水电科学研究院：《清代长江流域西南国际河流洪涝档案史料》，北京：中华书局，1991 年，第 1142 页。

④ 杨成彪：《楚雄彝族自治州旧方志全书·禄丰卷》下册，昆明：云南人民出版社，2005 年，第 1057 页。

第三节　滇盐生产中的水灾应对

频繁发生的水灾，严重破坏了滇盐生产区人民的生产生活。面对灾害的发生，政府和当地人民也积极地采取相应措施来应对和防御水灾。

一、蠲免

蠲免是古代王朝对于所属区域内灾害发生后的一种应对措施，为历朝历代所沿用。同样，清代中央王朝对于滇盐生产区遇到大的灾害也会采取蠲免的政策。据档案资料记载，云南巡抚谭钧培奏请免除安宁井水灾停煎期内课款所书：

> 据安宁州知州张嘉璧、委员补用知县郄振铎会禀，该井每年额征盐课银二千五百两，卤水甚淡，须汲泼入田晒取硝土泡滤煎熬，历三昼夜而后成盐，味犹带苦，是以资本较重，卖价较轻，平日灶情已形竭蹶，兹被河水浸灌盐井、盐田，冲塌灶房，平时积存硝盐以及器具、什物概行漂没，灾情颇重。
>
> 现在天气晴霁，已督饬灶户格淡泼晒，料理房灶，定于十月初一日照旧起煎。惟自六月十五日被水停煎起至九月底止，计三个月零十五日，每月应完课银二百八两三钱三分三厘四毫，共应完银七百二十九两一钱六分六厘九毫，实属无力赶补声明。该井素称困苦，向来抽收盐厘等情，由该司道核明会详请奏前来，臣覆加确查，委系实在情形，所有该井水灾停煎期内应完盐课银两合无仰恳天恩俯准如数蠲免，以舒灶困。朱批：著照所请，户部知道。①

通过史料记载可以看到，在地方官员勘察灾情，提出蠲免意见后，中央政府所回复的朱批显然肯定了地方官员所请。地方政府在得到中央的肯定后，所采取的一系列蠲免政策，大大减轻受灾区域内人们的经济负担，舒缓了灾害带来的负面影响。

---

①（清）谭钧培：《奏为安宁州盐井灶房被水停煎请免停煎期内课款事（光绪十九年九月二十五日）》，档案号：04-01-01-0993-079，中国第一历史档案馆藏。

二、赈济

赈济同样是政府应对灾害的重要措施之一，灾害的发生，在当地政府上报中央以后，中央政府会根据灾情状况，采取相应的赈济方式来救济贫民，减轻灾害对百姓的损失。

> 嘉庆二十二年十月十二日云贵总督臣伯麟、云南巡抚臣李尧栋奏："为查明邓川州及白盐井被水确实情形恭折覆奏，仰恳圣恩俯准加赈蠲免钱粮，并请借项修理盐井，以纾民力而裕课源，事窃照大理府属之邓川州楚雄府之白盐井两处地方本年夏秋之间大雨连绵，冲决河堤，被淹田庐井灶盐斤，并淹毙灶民。
>
> 臣等接据禀报，当将委员查勘抚恤大概情形先行缮折奏明，并飞饬该管道府会同委员等亲诣被淹处所，确切查勘，分别妥办，先经照例瓦房一间给银一两五钱，草房一间给银一两，墙一堵给银二钱。
>
> 又灾户先给一月口粮，大口给谷三斗，小口给谷一斗五升，均系照例折银散放，统共用去银三千一百五两零，俾资修盖糊口。又白盐井除淹毙灶民十六丁口，酌给埋葬并冲倒民房关卡各项应需工料修费等银，为数无多，惟前项盐斤均已无存，若遽令赶补，实属力有未逮，请俟井工修竣后，分限三年带煎完款，以纾灶力，各等情由藩司会同粮盐迤西各道查明属实，详请覆奏。
>
> 又查白盐井并无被冲田禾，民情尚属宁贴，惟井区被淹攸关课款，而灶力难支，自应官为借项督令赶修，俾免旷煎堕悮，臣等现已饬令盐道于本年征解引课内动放银七千两，发给殷实灶户，承领一俟水涸冬晴，即可乘时修竣，仍令该提举督率认真修理，按限扣收还款，如有草率偷减，即行查究，其冲失泡坏盐斤一俟井工修竣，即令分限带煎完款，以符原额。"①

地方官员呈报灾情并提出赈济方式，中央王朝根据地方官员呈报的内容，命令地方官员妥为赈抚，安抚百姓，以保证受灾区域的稳定。政府在灾后的赈济，一方面使受灾百姓能够继续生存下去，另一方面也稳定了中央王朝的统治。

---

①（清）伯麟等：《奏为云南邓川州及白盐井被水请加赈益蠲免钱粮借项事（嘉庆二十二年十月十二日）》，档案号：04-01-35-0048-004，中国第一历史档案馆藏。

三、筑堤修坝

面对水灾的频繁发生，政府及当地人民为了降低洪水对盐业生产的影响，积极地筑堤修坝，防止洪水淹浸灶房，破坏盐业生产。据档案记载，光绪二十九年（1903年）十一月十六日云南巡抚林绍年上奏为滇省修筑黑盐井龙沟河堤工程用过工料银两内容中所述：

> 窃查前因滇省黑盐井龙沟河蛟水复泛，冲决石堤。署黑井提举江海清修费银二万六千两以资兴修，并委试用布经历王泽深、试用州吏目彭肇栋前往黑井，会同该署提举认真监修。前据该卸提举以修筑河堤各工均已一律完竣，共用去工料银二万六千九百二十一两一钱九分，除领过银二万六千两外，其余不敷之款，系由该卸提举捐廉发讫，造具工料清册，并声明原日旧料，均系小块毛石，不堪复用等情，禀请委员验收。
>
> 即经札委补用知县周炯会同现署黑井提举李良年等前往验收去后，嗣据该印委等禀称，亲诣黑井龙沟河地方传集原案监修各绅灶及匠役人等，逐一查验，勘得该堤自石犀前起至文庙围墙后止，全堤接连共长六十八丈，堤身高二丈，宽二丈，每石二块，长一丈，宽厚各一尺，计累高二十层，横宽二十排。临河一面用六面修石三排，堤内一面用六面细修石二排。共用六面细修石一万三千六百块。堤心之十五排系用毛石砌填，共用毛石四万零八块。
>
> 凡细石接笋处均用银锭式铁块互相连接。又于全堤以糯米熬汁调和石灰，逐块扣缝，均系遵照定案如法修筑，洵属工坚料实，并无偷减、草率等弊，取具保固各甘结加具印结，禀由该司道等会详请奏前来，臣等复加确核，均系实用实销，并无虚冒。①

堤坝是抵御水灾和保护居民生命安全的重要屏障，政府大规模积极地建造维修受灾区域的堤坝，毫无疑问是一种积极有为的措施，为保护人民的生命财产安全提供了保障，也会大大降低水灾泛滥成灾的频次。

四、修建水道

除了修建堤坝以防止洪水溢出，灶户也在房屋周围修建排水水道，促进排

① （清）林绍年：《奏为滇省修筑黑盐井龙沟河堤工用过工料银两事（光绪二十九年十一月十六日）》，档案号：04-01-01-1062-062，中国第一历史档案馆藏。

水，防治水患。《嘉庆黑盐井志》记载：

> 水之有道也，犹人之有口也。传曰：善治民者，宣之使言；善治水者，道之使流。
>
> 又曰：水者，山之贼，浸淫渐溃，以至于土崩山溃，伤人割地者，何所蔑有。然水性就下，能顺其性，疏之以分其势，使不至于中阻，合之以汇其归，使不至于旁溢，则浸淫者通、渐渍者去，即使七八月之间雨集，归其所当归之处，又何至土崩山溃，伤人割地哉！故治田者，先封洫，治河者，先堤堰，事虽不同，其实一也。
>
> 此地大井出西山下，官署去大井可百步，其形势与大井等。自井口与官署仰望，山崖巉峭险蟥，高五七十丈。入秋雨集，山水横行，流之所及，山随以崩，转巨石于千仞之上，目不及瞬，有令人不可以一朝居者。相传龙祠下崖崩三十余丈，井口为之填塞；司治上崖崩连延百十丈，倒衙舍、没仓库、坏民居无数。
>
> 询之父老，盖龙祠上有隙地，地有园口若干处，常以水灌溉，日积月深，水道壅塞之所。井司以状闻于上，乃价买其园圃，开除其粮税，浚为沟道，南北分流，不第使雨水行潦不得至其所处，即向之引以灌溉园圃者，亦弃之龙沟焉，水患乃息。①

黑盐井是滇省重要的盐生产地，其水道修建覆盖整个区域，对于水患的防治起到了重要作用。如表 11-2 所示，清代黑盐井地区大量沟道的修建对于保护灶民的生命财产安全起到了重要作用。

表 11-2　清代黑盐井地区沟道

沟道名称	沟道概况
大井沟道	“大井沟道地势洼下，昼夜车格淡水、用水车三辆蝉联，上达至金精门内，大沟穿赵应祥屋下暗流人河。又一道在大井上，自大龙祠下砌石成沟，经大街，过井门口，转井楼，东与暗沟汇流入河，每岁孟春，责令井役疏通。”
土主庙左水道	“此水道自上凤坊大龙树起，下后街，从城隍庙前转中街，由史家港流入河。又：土主庙后山水，并小井水，下沙卤井街，从民铺暗流入河。”
西山沟水沟	“自真武硐操演坪后起，北流入龙沟，南流至上凤坊左，从丁家巷口过后街，入大沟，暗流至盐仓底，归河右，从大龙祠下石崖头过大巷，经小巷各灶房门口，流人河。司治北沟道 自燕子窝白衣庵前起，绕学宫右，寻旧沟，自文星阁下，顺沟入河。一自学门口流人大街，至司治左归大沟，东流人张万潭。”

① 杨成彪：《楚雄彝族自治州旧方志全书·禄丰卷》下册，昆明：云南人民出版社，2005 年，第 951—952 页。

续表

沟道名称	沟道概况
东井沟道	“自德海寺水池起，穿巷转街下，至许又新巷，流归大河。一自宝莲庵历盐课司署后，直出转南，至凹腰街，流入大河。一自更口巷转街，至桥头雁翅，暗流归大河。”
福隆井沟道	“一在卤池右，一在卤池左，流入大河。不时修治，以御浸坏池灶。”

五、修桥铺路

即使百姓辛苦劳累地将盐生产出来，但如果遇到大雨等情况，也会面临运输的问题。大雨过后道路泥泞，难以行走，使滇盐无法运出销售。将会导致滇盐从生产到销售这一套流程便不能顺利完成。为了确保盐能够及时地销售，减少自然灾害带来的影响，百姓在政府的指导下也积极地修桥铺路，改善交通。李苾在《修五马桥记》中载：

五马桥者，黑盐井之要津也。其桥创建于元时，兴废几更莫可考矣。面对黑盐井的要道五马桥损坏，古人予查前卷，向之修此桥者，共费银四千四百有奇，动公帑三千两，其不敷者，灶户出三之一，牛脚出三之二。

今昔时异势殊，未可再议给帑。沈君又具详酌议，惟盐斤余羡尚可办，请于正额外行盐八万斤，当获银若干两，以若干修东井，若干修东岸桥，先以若干借给灶户作薪本，以公济公，庶不累。予然其说，就商藩司，请于两台，皆报可。

正月十一日，相度形势，鸠工斩石。二月十一日，撤水量深浅。先下橛立岸，岸入地五尺，镇以巨石，石五层，层二尺，后施料石十层，层八寸。乃砌圈，圈八十八层，层七寸，计长三丈三尺，高三丈六尺，广狭如中、西硐。补葺上岸之缺坼者，以通其道，增长下岸之短缩者，以壮其卫。制炼铁以联其缝，和矿灰以弥其隙。桥之下，石之能激水冲者，凿之以杀其怒；石之能壅阏者，去之以顺其势。桥之上，绕以楯阑，列以廛肆，设谯楼，建扉因，置器械，列兵卒以司启闭，缉奸宄。于闰四月初八日告成。①

修缮道路、搭建桥梁，在一定程度上为滇盐的运输提供了安全保障，使滇盐生产区的人民能够及时地将盐运出，完成政府的煎盐任务，同时也促进滇盐生产区盐业贸易的正常发展，增加人民的收益。

① 杨成彪：《楚雄彝族自治州旧方志全书·禄丰卷》下册，昆明：云南人民出版社，2005年，第952—953页。

本章小结

回顾历史，我们不难发现，灾害始终伴随着人类社会的发展。清代滇盐生产区的人民面对严重的水灾，依靠自身的智慧和寻求政府的帮助，修建水道、架桥铺路、筑堤修坝等，尽可能地减少洪水对盐业生产的影响。而在灾害发生后，政府能够及时地进行赈济蠲免，这对于受灾人民来说可谓是“雪中送炭”。面对滇盐生产区的水灾，无论是官方层面还是民间层面，都能够积极有为地抗灾救灾，最大限度地减少灾害带来的损失。可以说，这种精神、这些行为是中华民族几千年传承下来的宝贵经验。回望当下，无论是中国还是世界，每天都有各种灾害侵扰着人类，面对灾害的发生，我们除了自身要做好相关的防治措施外，更要对政府有信心，相信在政府的带领下，能够战胜困难，迎来更加美好的明天。

第十二章　清代云贵地区义仓建设及发展研究

义仓作为清朝应对灾害和荒年而于各直省府厅州县地方设置的粮仓，本质上是一种以民间社会力量参与为主、自主经营管理性质的救荒恤贫仓储类型和粮食储备制度。清代云贵地区的义仓多设置于市镇，亦有部分建于少数民族村寨，存仓粮食主要由地方官员、士绅及民众自愿捐置，并在荒年通过无偿赈济的方式为灾黎提供保障。清代云贵地区的义仓经营管理及其灾荒赈济功能的调适与整合，是西南边疆地区内地化进程中国家治理和基层治理的重要面相，为清政府加强对西南边疆的社会治理提供了路径依赖。

义仓作为备荒救灾的重要仓储类型，是清政府为储粮备荒而在各直省府厅州县地方设置的粮仓，也是地方社会防灾自救的重要仓储，为受灾地方的粮食安全和社会稳定提供了保障。康熙十八年（1679年），康熙帝提出建设义仓的系统政策。义仓储备供村镇赈济灾荒之用，是清政府赋予义仓的职能。雍正朝后，义仓制度在全国各地逐渐得到落实，西南边疆地区亦在国家仓政体系的引导下推

* 本章由国家社科基金重大项目“中国西南少数民族灾害文化数据库建设”（项目编号：17ZDA158）成员聂选华的中期成果《清代云贵地区义仓的经营管理与备荒救灾功能研究》改编而成。

进义仓建设。学术界关于清代义仓的研究，主要集中在义仓与社仓的异同[①]、义仓建设与演变[②]、义仓劝捐[③]、义仓赈灾实践[④]及其与地方社会的互动关系[⑤]等方面，相关研究为深入探讨义仓建设的区域性特征、运行管理及备荒救灾效用提供了理论视角，但仍缺少对西南边疆内地化进程中义仓建设及其功能整合的研究。本章基于清代国家边疆社会治理的视角，试图对清代云贵地区的义仓建设及其发展做进一步考察，借此揭示清代西南边疆地区义仓建设的实践路径及其对地方社会治理的影响。

第一节　清代云贵地区义仓建设的发展历程

清代养民之道以足食为先，而裕民之法以积贮为重。清代云贵地区的义仓作为西南边疆协同救灾的重要仓储形式，其粮食筹集和储备主要源于云贵地方官员个人名义的倡捐和地方士绅及民众的乐善好施。清代云贵地区的义仓建设

---

① 吴四伍：《义仓、社仓概念之辨析》，《清史论丛》2018 年第 2 期；白丽萍：《论清代社仓制度的演变》，《中南民族大学学报》（人文社会科学版）2007 年第 1 期；白丽萍：《清代长江中游地区义仓的设置、运营及与社仓的关系》，《江汉论坛》2008 年第 12 期；刘宗志：《从清代社仓与义仓之差异看民间社会救济之增长》，《中国农史》2018 年第 2 期。

② 张岩：《论清代常平仓与相关类仓之关系》，《中国社会经济史研究》1998 年第 4 期；郑清坡，郑京辉：《清代直隶义仓述论》，《历史教学（高校版）》2007 年第 11 期；马秀娟，张建英，赵江燕：《论直隶总督方观承与辖区义仓建设》，《安徽农业科学》2011 年第 7 期；白丽萍：《道光朝的义仓建设》，《农业考古》2014 年第 3 期；赵思渊：《道光朝苏州荒政之演变：丰备义仓的成立及其与赋税问题的关系》，《清史研究》2013 年第 2 期；郝红暖：《清代直隶义仓的兴废——兼论光绪初年方宗诚在枣强的义仓建设》，《安徽史学》2020 年第 6 期；李丽杰：《清代四川省社会保障仓储建设与发展研究》，《重庆科技学院学报》（社会科学版）2021 年第 2 期。

③ 白丽萍：《道光朝的义仓劝捐——以江西省吉安府义仓为例》，《福建论坛》（人文社会科学版）2018 年第 5 期。

④ 段伟、邹富敏：《赈灾方式差异与地理环境的关系——以清末苏州府民间赈济为例》，《安徽大学学报》（哲学社会科学版）2018 年第 4 期；吴四伍：《清代仓储救灾成效与国家能力研究》，《江海学刊》2021 年第 1 期。

⑤ 吴滔：《宗族与义仓：清代宜兴荆溪社区赈济实态》，《清史研究》2001 年第 2 期；衷海燕：《清代江西的家族、乡绅与义仓——新城县广仁庄研究》，《中国社会经济史研究》2002 年第 4 期；吴霞成：《清代山东仓储探究》，曲阜师范大学 2009 年硕士学位论文；段建宏，岳秀芝：《明清晋东南社仓、义仓初探》，《唐都学刊》2010 年第 3 期；王启明：《晚清吐鲁番义仓的设置与分布》，《中国农史》2017 年第 2 期；赵毅：《清代新疆义仓与地域社会》，《清史研究》2018 年第 1 期；刘拯华：《清代台湾地方社会慈善救助机构研究——以新竹义仓为例》，《东方论坛》2018 年第 2 期；程泽时：《以义为利：清末清水江流域的仓储与谷会》，《西华师范大学学报》（哲学社会科学版）2021 年第 4 期。

历经康雍乾时期的探索起步、嘉道咸同时期的缓慢发展、光绪朝的短暂复苏三个阶段，在地理空间上呈现出差异化和多样态的特征。

一、康雍乾时期云贵义仓的探索起步

清代府厅州县仓储主要有常平仓、社仓和义仓三种类型，“由省会至府、州、县，俱建常平仓，或兼设裕备仓。乡村设社仓，市镇设义仓”。此外亦因军事镇戍和食盐专卖的需要，于“东三省设旗仓，近边设营仓，濒海设盐义仓”。[①]清以前，云贵地区的义仓建设处于初步萌芽状态，但因流寇之乱、田地荒芜和世变沧桑造成粮食短缺，义仓之名不复存在。

清前期云贵义仓的兴建，肇始于官员个人自主自愿捐廉和地方士绅的慷慨捐输，抑或发轫于民间个体或群体的乐善好施，他们或捐银购置义田，或直接捐粮以积谷建仓，由于发展比较缓慢，因而义仓建设呈现出零星的分布态势。据文献记载，清代云贵地区义仓建设始于康熙年间。康熙六年（1667 年），李灏来守云南临安府建水县，他普施善政，划分义田，定其租额，确定义田界线，照亩绘图，列之印册，共建设义仓五间，“捐金营仓于燃灯寺之侧，以贮租谷，岁以绅士四五人司其出入”[②]。李灏还用义田所获租谷缴纳秋粮和条银等税，所剩租谷则在年终舂米济贫，并自愿捐俸数金购买盐和炭，责令乡耆每岁开列郡中鳏寡孤独的名册，照数赈给米粮，以资均平。康熙三十二年（1693 年），贵州黎平府开泰县兴建义仓，是贵州义仓建设之始。

康熙初，云南临安府阿米州知州方逢圣署理蒙自，开始筹建义仓于县治东边的桂香殿，意在济困扶危，但未及置田便离任而去 。康熙七年（1668 年），临安府蒙自县知县罗钜璘率领士绅续建义仓，他访查蒙自民风，发现这片乐土有翳桑之夫，穷苦无告者甚多，遂于每年末捐俸买谷，酌量发给，受惠之人无不称颂。他又清查荒芜土地，买牛借种，并得到蒙自好义绅衿襄助，于是大力招佃开垦，将所获粮石拨充义仓，使义仓建设上无损于官粮，下有裨于穷黎。此后，罗钜璘再次捐资购买蒙自川枋寨田三顷，全部划归义仓，所获粮食用以接济贫民，义仓建设之利惠施无匮，义仓赈灾救荒功能在西南边疆地

① 赵尔巽等：《清史稿》卷 121《食货·仓库》，北京：中华书局，1977 年，第 3553 页。
② 雍正《建水州志》卷 11《艺文·重修义仓碑记》，清雍正九年（1731 年）刻本。

区得到发挥。

在清代仓政体系中，义仓得以冠名始于雍正四年（1726年）的两淮盐义仓。[①]至乾隆朝，吉林地方官府创设八旗义仓、湖北巡抚晏斯盛奏请令商人建置义仓、直隶总督那苏图受圣命试办义仓，几乎都为官府主导倡建。在云南官府及官员的倡导下，云南地方士绅积极捐输建仓。康雍乾时期，云贵义仓建设在时间维度和地理空间分布上呈现出较大差异。贵州义仓兴建仅限于黔东南边远地区的黎平府，而处于贵州政治经济中心的府属地方则尚未建仓，直至乾隆末期亦未有兴建义仓的记载。

康熙六年（1667年）、康熙七年（1668年）、康熙十一年（1671年）、康熙二十一年（1681年）、康熙二十七年（1687年）和康熙二十九年（1689年），雍正五年（1727年）、雍正八年（1730年），以及乾隆二十年（1755年）、乾隆四十年（1775年），云南府、楚雄府、临安府、蒙化府、永昌府五府所属地方在建常平仓和社仓之余，即着手兴建义仓。康雍乾时期云南义仓建设主要散布于滇中、滇南及滇西地区，义仓规模不断扩大。例如，临安府石屏州仅康熙二十一年（1682年）就兴建义仓十五间，仓储谷石直接用于救济州境战乱和科敛加征期间的灾民。清前期云南义仓建设的地理空间分布由滇中向周边府属地方拓展，彰显了义仓对维护边疆稳定的功用。

二、嘉道咸同时期云贵义仓的缓慢发展

嘉道咸同时期，云贵地区的义仓建设呈现出缓慢发展的特点。清前期全国常平仓、社仓和义仓的建设和发展臻于完备，但各直省仍以常平仓和社仓为主，义仓建设处于仓政体系“边缘”。云贵于清前期开始筹建义仓，但仓廒筹建的数量及存仓谷石比常平仓和社仓的数量少。“迨嘉道以降，义仓的积弱地位乃至三仓制体系方得到根本改变。”[②]

至嘉庆朝，清廷视“义仓建设为备荒第一良法”。嘉庆六年（1801年）议准：“各省社、义二仓粮石，俱系民间捐储，以备借放。今社仓既已奉旨归民经

---

① 按：雍正四年（1726年），奉上谕：“今众商公捐及噶尔泰奏请解部之项，共计三十二万两。著将二万两赏给噶尔泰。其三十万两，可即为江南买贮米谷、盖造仓廒之用。所盖仓廒，赐名盐义仓。”详见《清实录·世宗实录》卷40“雍正四年正月乙巳”条，北京：中华书局，1985年，第595页。

② 朱浒：《食为民天：清代备荒仓储的政策演变与结构转换》，《史学月刊》2014年第4期。

理，所有义仓即照社仓之案，一律办理。”[①]咸同兵燹，义仓“广积储而备灾荒”的功能被破坏。同治六年（1867年）奉上谕：“著各直省督抚即饬所属地方官，申明旧制，酌议章程，劝令绅民量力捐谷，于各乡村广设义仓。”[②]地方义仓百废待兴。

嘉道时期，云贵承平日久，社会发展趋于稳定，地方开发进程加快，尤其是商品经济较为活跃，大批省外移民不断涌入，使各府属地方的农业垦殖向山区半山区拓展，玉米、马铃薯等美洲高产作物大范围推广和引种，在促进云贵高原区域社会发展的同时，为云贵义仓的建设和发展创造了条件。

嘉庆时期，云南、贵州仅各有一府开展义仓建设，相较于清前期而言，义仓建设明显处于缓慢发展状态，且落后于常平仓和社仓的建设进程。嘉庆二十年（1815年），普洱府知府王善垲捐资置办义仓，其仓谷分储于府城和县城的城隍祠、寺庙和会馆，“府城隍祠贮市斗谷六十石[③]，县城隍祠贮市斗谷六十石，石屏会馆贮市斗谷六十石，江西会馆贮市斗谷三十石，湖广会馆贮市斗谷三十石，回龙寺贮市斗谷三百石”[④]，义仓储积谷石主要用于荒月接济灾民。兴义府石田较多，民贫地瘠，偶逢歉岁或饥寒，仰赖平时积储。嘉庆三年（1798年），贵州兴义府普安县知县支敏学于县署内建义仓三十七间[⑤]，咸丰初因乱焚毁，又于光绪初在县城玉皇阁、邑林九屯、白坉和计坉建新城义仓四所。[⑥]至道光朝，云贵义仓建设处于徘徊发展状态，但义仓建设进程明显快于嘉庆朝。

道光十九年（1839年）、道光二十九年（1849年）和道光三十年（1850年），云南府、楚雄府、东川府和普洱府四府地方皆建有义仓。道光二十九年（1849年），云南府岁收歉薄，总督林则徐、巡抚程矞采倡捐救灾，博施赈济后尚有余银七千五百五十二两，并同先前省城士绅捐银买谷和平粜存余谷价银一万二千两，恳请朝廷准予采买谷石贮于小西门外云南府旧

---

①（清）昆冈：《钦定大清会典事例》卷193《户部·积储·义仓》，北京：中华书局，1991年，第99页。

②《清实录·穆宗实录》卷213“同治六年冬十月壬午”条，北京：中华书局，1986年，第770页。

③ 按：市斗市石谷一石折合京斗二石零五升。

④ 道光《普洱府志》卷12《积贮·仓库》，清咸丰元年（1851年）刻本。

⑤ 据咸丰《兴义府志》记载，普安县仓，三十七间，在县署内，嘉庆三年，知县支敏学建。详见咸丰《兴义府志》卷34《营建志·仓廒》，清宣统元年（1909年）铅印本。

⑥ 民国《贵州通志》卷11《建置志·公署公所下》，1948年铅印本。

仓[1]，并分别借仓廒收贮，交省城士绅自行经营管理，借此作为积谷义仓，其为此时云南存仓谷石最多的义仓。

道光时期，贵州的义仓建设有较大发展，贵阳府、思南府、安顺府、兴义府、石阡府、大定府、黎平府、都匀府八府所属地方都不同程度地兴建了义仓，绅民为善于乡者，仿照社仓之法而行义仓之实，以规避社仓之名，而称义仓，是故义仓有别于社仓。道光前期，大定府黔西州设有义仓五处，分别为城东关外义仓，官为捐谷，于城内南厢、永丰里、平定里、安德里分设义仓，皆民众自行捐置。道光中期，贺长龄巡抚贵州，颁行建设义仓之利民实政。道光二十年（1840 年），大定府知府姚柬之兴建义仓，府属乐贡里、悦服里、嘉禾里、大有里、仁育里和义渐里六里及大定府城共建十仓四十二间，共"贮谷一万三千八百二十六石三斗七合二勺"[2]，存仓粮食源自绅民捐献，地方遭遇灾荒时用于赈济灾黎。贺长龄将建仓情形上奏，道光帝依雍正朝建仓议叙之例予以优奖。

咸同时期，云贵义仓兴建和发展处于低迷期。从云贵地区新建义仓分布范围来看，局限于云南曲靖府、开化府和贵州南笼府、兴义府、贵阳府五府部分州县的市镇或乡村，义仓规模和存粮数额较嘉道朝大幅减少，部分仓储因兵燹被焚毁殆尽。咸丰三年（1853 年），云南曲靖府宣威州知州吴人彦捐修义仓，至光绪朝时已被废弃。贵州兴义府义仓在府城东门内，道光十四年（1834 年），知府谷善禾倡捐得谷四千石，因无仓存储，即以谷变价，建仓十一间、大门三间，由于辞官后绅民多捐而未纳，至道光二十二年（1842 年），兴义府知府张锳查府属义仓存谷仅有一半，遂筹款补足，借义仓空地捐俸建仓一所九间，以储租谷。同治元年（1862 年），贵州战乱导致兴义府的义仓被毁，后由知府陈廷楔倡建，先于同治十一年（1872 年）建义仓于府署侧，后又建义仓于北门内四眼井旁。咸同云南战乱和贵州战乱导致云贵地区三仓体系被破坏，义仓建设因此中断。

---

① 据光绪《云南通志》记载，云南府义仓谷石，系清前期承平年间省城绅耆为备荒散赈陆续捐资籴买积存于小西门外旧府仓的粮食。详见光绪《云南通志》卷 61《食货志・积贮》，清光绪二十年（1894 年）刻本。

② 道光《大定府志》卷 41《经政志三・积贮》，清道光二十九年（1849 年）刻本。

三、光绪朝云贵义仓的短暂复苏

咸同时期，云贵地区仓储建设遭到损毁，仓廒备荒救灾的社会功用遂失去原有的能动性。至光绪朝，云贵地区社会整体上归于安宁，在官府的倡导和社会力量的努力下，义仓建设呈现出繁荣态势。光绪朝，云南省云南府、大理府、楚雄府、开化府、普洱府、临安府、东川府、昭通府、曲靖府、顺宁府十府所属地方先后恢复义仓建设，但云南省义仓建设规模比贵州小。贵州省贵阳、遵义、安顺、兴义、都匀、思州、镇远、大定、铜仁、南笼、思南、黎平十二府所属地方均致力于复兴义仓，其中遵义府义仓建设规模最大，存仓谷石充裕，镇远府和思南府次之。

"仓储制度既有贮粮备荒、人安而致政治的社会保障功能，同时又是国家财政中'致财足以制国用'的重要经济保障。"[①]清代云贵地区常平仓、社仓和义仓的建置沿革、管理体系和功能结构及仓储管理规章制度的逐渐完善，为云贵地区的灾荒赈济提供了物质保障。仓储建设是历朝政府救荒实践的重要载体。中国官府于 19 世纪对地方仓储的干预和控制"积极性地减弱"[②]，嘉道朝以后，义仓仍旧由民间自主经营管理，避免了官府参与仓储经办可能诱发的弊端。清代云贵地区义仓由民间社会力量自主兴办，"储存乡村各种社会力量义捐的粮食"[③]，无偿赈给灾民，因而最为便捷有效，其丰富了中国仓廪制度的形式和内容。毋庸置疑，官府仓廪与民间仓廪相辅相成，是备荒救灾能力提高的表现。[④]

嘉道咸同以后，云贵地区常平仓和社仓体系濒临弊坏，仓廒出现较大缺额，义仓建设亟须恢复。贵阳府开州大乱甫平，地方渐次垦复，州官乃饬令由各富户按亩捐输，并以筹办善后耕牛、籽种之结余，购谷存储备荒。至光绪十三年（1887 年）、十四年，开州地方义仓始备。"其时各地义仓，即由总甲管理，按年以一部分放借生息，以息折银缴解州署，用作寒衣济腊及慈善之费，

---

① 张岩：《试论清代的常平仓制度》，《清史研究》1993 年第 4 期。

② 〔美〕王国斌：《转变的中国：历史变迁与欧洲经验的局限》，李伯重、连玲玲译，南京：江苏人民出版社，2008 年，第 114 页。

③ 陈碧芬：《前近代以来民间社会救助活动的兴盛和影响》，《暨南学报》（哲学社会科学版）2015 年第 6 期。

④ 魏明孔：《从义仓设置看隋代制度创新》，《中国社会科学报》2020 年 8 月 10 日，第 5 版。

其息视年岁丰歉，或多或少，并无额定缴纳数目。”①

光绪二十二年（1896 年），开州知州张翰奉令开办巡警局，请准以义仓所储义谷生息，作为巡警局的经费，全州仓谷共五千余石，以二斗取息，每年获息千石有余，折银一千三四百两。每年秋收后，各管仓人员照例增加息谷二斗，以五升作鼠耗及管仓员津贴，以一斗五升按政府定价折解，即遇丰年不能贷放，人民亦须摊息。清前期政府重视常平仓和社仓运作，“咸丰以后常平仓瓦解并无望重建，社仓也出现流弊，地方官只能通过重视民间性质的义仓来表达其道德责任”②。

清代云贵地区的义仓同全国其他直省一样，先后历经修建、损毁和复兴的曲折历程，但仍旧遵循以民间士绅自我管理为主的原则，官方则扮演监督角色，为云贵地区义仓的可持续发展提供了条件。光绪朝云贵地区义仓恢复建设，作为清代边疆社会治理的重要工具，其赈饥济贫的服务功能在备荒和赈灾的实践中与常平仓和社仓具有共通之处。

第二节　清代云贵地区义仓的经营管理及功能

民为邦之本，仓乃民之天，欲重民食以固邦本，莫大于备储积而防荒歉，此为古今救荒良图。清代云贵地区义仓在建设过程中得到了官府的倡导，地方士绅和粮户、庙会管理人员、当值膂长等负责轮流经营管理，官府只负盘查虚实之责，提高了地方社会力量自主筹办和管理义仓的积极性，使义仓备荒救灾的功能得到了发挥。

一、云贵地区义仓的经营管理

义仓经营管理，“其要在地近其人，人习其事，官之为民计，不若民之自为计，故守以民而不守以官”③。清代云贵地区义仓多委以地方公正率直之士绅经营管理。咸同兵燹后，云南楚雄府楚雄县的义仓被焚毁，义谷颗粒无存。

光绪八年（1882 年），陈灿来守楚郡，诸父老咨以利弊。光绪九年（1883

---

① 民国《开阳县志稿》卷 3《政治・救济》，1940 年铅印本。

② 吴滔：《明清苏松仓储的经济、社会职能探析》，《古今农业》1998 年第 3 期。

③（清）方观承：《畿辅义仓图》，台北：成文出版社，1969 年，第 1、2 页。

年），陈灿从马龙厂铜务项下筹获银五百余金，先购买市石谷四百石，以为倡导，并号召诸绅士耆宣告捐谷善举，并于城乡颁发印簿，三月内捐积谷若干石，加上此前购买的谷物，共计市石谷一千石。

光绪十一年（1885年），陈灿建成仓廒五间、住房三间，命名为和丰义仓，遴选殷实老成的士绅按年经营管理，并声明官吏不得侵扰需索。同时，陈灿与各位士绅共同商议义仓管理章程，酌定“每年二月，新旧绅管更替，各具册结于官，官为亲稽实数，防侵挪也。春借秋还，每年取息二升，所以给籽粒滋生息，并藉以推陈出新也。必良民有的保，而后借非其人，则不轻借，亦不强借，所以防亏欠，而免抑勒也”①。

清代义仓由地方士绅管理成为各省府厅州县地方官的共识②，云贵地区义仓管理主要由民间推举仓正、仓副各一人，全权负责义仓收贮和出纳事务。嘉庆六年（1801年），议准：“各省义仓，听民间公举端谨殷实士民二人充当仓正、仓副，一切收储出纳事宜，责令经理。”③道光帝谕令：“如乡村有愿立义仓者，地方官尤当劝捐倡办，不准官为经理，致滋流弊。”④云南东川府巧家县地处边远，山多田稀，少产稻谷，未曾设有常平仓、丰备仓及社仓，每遇荒歉，饥困之民专待官赈，而民间毫无预备。咸同兵燹导致巧家县民众愈发穷困，每逢年谷不登，无论大歉或小歉，仓储皆难供给赈济。巧家同知胡秀山认为，丰备仓创始自近今，乐岁捐集，凶年散赈，散尽复捐，不准借贷生息，以杜弊端。

光绪年间，胡秀山及同城经历首次捐资以为倡导，县城士绅和粮户尚义急公，同心乐输，分捐成数，共捐得“市石谷一百石，合京石谷四百石”。此后，胡秀山根据捐输成数，再次设法筹款，并将其交给绅首钟光耀等兴修仓廒，以广为储积粮食。胡秀山称：“事成公举正副总理，呈请官发印簿，轮年选换，专司经管。”⑤巧家县义仓建设捐输钱粮系民间好义者自捐自办，官府唯有监督之责，胥吏不得假手其中，此即义仓官督绅办这一定制的体现。

---

① （清）陈灿：《新建和丰义仓碑记》，宣统《楚雄县志》卷11《艺文述辑》，民国年间抄本。

② 刘宗志：《从清代社仓与义仓之差异看民间社会救济之增长》，《中国农史》2018年第2期。

③ （清）昆冈等：《钦定大清会典事例》卷193《户部·积储·义仓》，北京：中华书局，1991年，第99—100页。

④ 《清实录·宣宗实录》卷459“道光二十八年九月癸巳”条，北京：中华书局，1986年，第799页。

⑤ 胡秀山：《义仓碑记》，民国《巧家县志稿》卷9《艺文》，1942年铅印本。

在清代义仓经营管理的过程中，为使士绅、富民乐于捐粮，清政府议定给予奖励，“各省义仓，由殷实商民捐谷存，既应量予奖励”[①]，这是清代中央政府和地方士绅自治在乡村场域及社会治理方式上的具体表达。贵州地瘠人稠，户少盖藏，每遇青黄不接，粮价抬高，故而储积最关紧要。

咸丰五年（1855年），贵州巡抚蒋霨远同司道谆嘱在籍郎中黄辰宝应鼓励前任漕运总督朱树、江苏苏松太道王玥、翰林院检讨但钟良、知州衔前任湖南攸县知县孔宪典、候选盐运使司副使高以廉、州同职衔李珮琳等人捐资建仓，并率先倡捐，劝导城里的绅商量力捐输，“计捐谷一万五千四百五十六石，又捐建义仓银一千三百五十七两，于贵阳府贵筑县两处学宫内建仓三十八廒，将谷石陆续交仓分储，以备不时粜济之需”[②]，并酌定经营管理章程，以期经久。

清制，凡捐谷每石合银一两，十两以上，地方官奖以花红匾额；一百两以上，督抚奖以匾额；二百两至千两以上者，分别议叙。此次贵州省城绅士商民捐建义仓储积谷石，蒋霨远认为，绅商捐给谷石数量不多，应督率地方官奖以花红匾额，而捐数较多之但钟良等二十名，均应分别加以甄选任用，且与定章奖励相符，应奏请循例恳恩俯准交部分别议叙，以示奖励。

二、云贵地区义仓的服务功能

“以丰备歉、防患于未然的仓储制度是中国古代民众实施救灾的独特创造。”[③]“三仓制”作为重要的社会保障制度，是清代强化西南边疆治理能力和稳固基层社会的重要动因。义仓建设的本意在于解决灾民缺粮问题，尽管其救济效果较社仓不甚明显，但无偿赈济和借贷在一定程度上对缓解灾情起到了辅助作用。[④]

云南楚雄府建有义仓（又称京仓），道光十九年（1839年），楚雄府知府张敷率文武官绅、士民捐资积谷达千石，借此备荒防灾。[⑤]道光九年（1829年），贵阳知府于克襄劝建义仓，“厓洞仓，贮谷八百三十四石五斗；

---

① 《清实录·宣宗实录》卷296“道光十七年四月癸丑”条，北京：中华书局，1985年，第589页。

② （清）蒋霨远：《奏为省城绅士商民捐建义仓储积谷石请奖励事》，咸丰五年五月初七日，档案号：02-03509，中国第一历史档案馆藏。

③ 吴四伍：《清代仓储救灾成效与国家能力研究》，《江海学刊》2021年第1期。

④ 刘宗志：《从清代社仓与义仓之差异看民间社会救济之增长》，《中国农史》2018年第2期。

⑤ 宣统《楚雄县志》卷3《建置述辑·官署》，民国年间抄本。

迎恩寺仓，贮谷五百四十五石；斑竹园义仓[①]，贮谷八百六十四石；花犵狫义仓，贮谷四百九十五石八斗”[②]。以上四仓额贮粮食，系由于克襄捐银百两建仓，云南按察使翟锦观、江西布政使花杰各捐银五百两买进米谷，绅民各捐谷以充盈之。由于义仓储积充裕，防灾备荒得以依赖。

明清时期义仓的功能为防备荒歉，灾民借领义仓粮石须收取息粮，若用于救荒活民，则为无偿赈济。贵州地瘠民贫，山陵林麓居十之七，而军民居其三，军户除屯田缴纳赋税外，所剩粮食甚少。镇远府黄平州城苗族人较多，他们背米进城交易，皆零星地以升或合为度量卖出，亦有粮食不敷糊口者，给予重息向他人举借口粮，故而苗族人一日不进城卖米，则有灾黎嗷嗷待赈。

嘉靖二十八年（1549 年），贵州黄平灾祲迭告，灾民死亡过半，原因在于仓储平时未有储备，贵州提学副使万士和仿照社仓遗意，用赎金购粟数十石，积贮于官[③]，此即黄平义仓创建之始。万士和视积储为生民大命，继而所积粮食愈多，受惠民众则弥广。

康熙二十七年（1688 年）八月，贵州巡抚田雯到任，适值岁丰谷贱，凡银一金可买米谷六斛，田雯“相率出俸钱以易之，得谷三千石有奇。司会司书记之，仓人廪人掌之，盖将以防天时之不常，而济地利人稐之不及”[④]。清代云贵地区义仓的建设为地方备荒救灾提供了条件，其与常平仓、社仓相辅而行，在增加粮食有效供给量和赈济恤贫等方面发挥了重要作用。

“义仓从一开始兴起时，其用途就比较灵活，或者用于赈济，或者侧重于平粜，赈济而不出借，或粜、借、赈兼行，并不统一。”[⑤]云南临安府有义仓五所，为明代乡贤所置，各贮田租，备赈贫乏。康熙四十六年（1707 年），因兵燹迭起，田籍湮没，无法考查。雍正八年（1730 年）春，临安府建水州郡绅捷公、沈君等兴复北义仓，请知州祝宏记载其事。沈君与邹君龙门及其弟之松，因家中有公田数亩，各自量捐资金，“仿前辈遗意，更得同志转相劝助，

① 按：斑竹园义仓，系郡人李含章、李培章共同捐谷倡建。

② 道光《贵阳府志》卷 46《食货略三》，清咸丰二年（1852 年）刻本。

③ 《附提学万士和义仓记》，民国《黄平县志》卷 19《食货志・积贮》，1965 年油印本。

④ 《巡抚田雯积谷说》，民国《黄平县志》卷 19《食货志・积贮》，1965 年油印本。

⑤ 白丽萍：《道光朝的义仓建设》，《农业考古》2014 年第 3 期。

合为置田若干亩，建仓于普庵堂。岁储田租，亦冬夏二季出以赈散里中之衣食不给并婚丧难举者”[①]。建水州北义仓的兴复，主要在旧仓的基础上建成，仓储米谷源自民间士绅捐输，并购置田亩入租存贮，为冬夏季节散给贫民创造了条件。黎平府古州厅在厅署旁建义仓十一间，“原贮谷二千二百二十石”。

道光二十三年（1843年），古州厅杨兆奎劝捐谷一千七百石，后因兵变仓毁，米谷无存。光绪三年（1877年），古州同知余泽春请款修建，并买谷存仓。光绪四年（1878年），古州水灾，拨义仓谷石发赈，“复奉文买还，实存谷三千石”[②]。古州义仓的建设和仓粮存贮，为水灾赈济提供了粮食安全保障，救灾后又购置米谷存储，使义仓备荒救灾的功能得到发挥。

义仓积储用于备荒防灾，有助于避免仓储平粜和借贷造成的弊窦丛生。新建义仓“盖以推陈出新，易滋蒙混，春放秋收，出借难偿，所以专主于凶荒散放，不在推陈出新，以求滋长，亦不必春借秋还，以收利息。亦陶澍鉴于当时社仓之弊，矫枉过直之举也”[③]。道光十一年（1831年）五月十二日至十六日，贵州镇远府接连大雨，镇远卫城与黄平重安江城垣被洪流冲塌较多。黄平州滨河草房微有冲坏，镇远府饬令给资添补。

邻近的思州府属地方亦于同期遭受水灾。云贵总督嵩溥奏称：“饬司查明该府州县被水甚轻，并未成灾，水冲沙压田亩无多，已修复补种杂粮。冲坏草房亦经给资修好，坍塌城垣分饬修理完固，以资捍卫。因值青黄不接之时，镇远、思州、施秉三处粮价稍增，均碾粜义仓谷石，以平市价而裕民食。现在民情甚为安谧。”[④]积谷备荒是救灾恤民之善政，劝办义仓不仅是未雨绸缪之计，亦有利于满足穷民糊口之需，因而督饬各府厅州县查验仓储实情，有助于保障义仓救灾功能的延续。

作为清代各直省地方基层社会的济民仓储，常平仓、社仓和义仓兼具各自主要范围内视灾荒程度而定的平粜、出借和赈济职能。[⑤]“清代义仓是由民间

---

①（清）祝宏：《新建北义仓碑记》，雍正《建水州志》卷13《新增艺文》，清雍正九年（1731年）刻本。

② 光绪《黎平府志》卷3《食货志·积储》，清光绪十八年（1892年）刻本。

③ 冯柳堂：《中国历代民食政策史》，北京：商务印书馆，1993年，第213页。

④（清）嵩溥：《奏为镇远府思州近日被水城垣损坏捐款补修事》，档案号：01-10907，中国第一历史档案馆藏。

⑤ 张岩：《论清代常平仓与相关类仓之关系》，《中国社会经济史研究》1998年第4期。

集资建设、由地方绅富管理、专救本地灾民的备荒仓储。”[①]义仓积贮，得益于平时未雨绸缪，相机存储粮食，以备灾年赈济所需。岁丰之时，由人民量力捐集，迨至饥馑荐臻之际，可将积储分配给灾民食用。

清代云贵地区的义仓救荒职能、管理模式、经营策略和救助方式在不同阶段适应了清政府加强西南边疆治理的需要，使义仓在云贵基层社会互助互济的“边缘地带”发挥了积极作用。

第三节　清代云贵地区义仓建设的“在地化”表达

清代云贵地区义仓建设的历史是西南边疆内地化[②]整体历史的一部分，义仓建设的阶段性特征揭示了西南边疆在内地化进程中实现社会治理的复杂性，义仓建设参与主体的多元性增强了区域社会治理的协同效应，拓展了西南边疆地区义仓建设“在地化”的实践内涵。

一、义仓建设由城镇向乡村延伸

清代云贵地区的义仓建设遵循因地制宜的策略，清朝“因俗而治”政策的实施与边疆内地一体化进程的加快，为义仓在云贵地区的发展提供了条件。嘉道以后，常平仓和社仓的衰落，促使义仓在全国范围内得到全面推广和普及[③]，主要特征是以官仓为主的旧体系向以积谷仓为主的新体系转变[④]。

清代云贵地区筹建的义仓兼具独立性和自主性，无论是官员个人还是地方士绅的捐置，皆系自主自愿，捐置方式不受官府牵制，因而义仓建设的数量和

① 王卫平，黄鸿山：《清代慈善组织中的国家与社会——以苏州育婴堂、普济堂、广仁堂和丰备义仓为中心》，《社会学研究》2007 年第 4 期。

② “内地化”是一个集地域性、社会制度及其发展模式、民族文化及生活方式等内涵为一体，表现历史时期中央集权统治的区域与边疆民族地区差异的名称，指将中央集权直接控制的地区所实施的政治、经济（包括生产力水平和生产方式）、文化及社会生活的发展水平和发展模式推行于边疆民族地区，以改变边疆民族地区的政治、经济发展模式和发展方向。“内地”既指中央集权直接控制的中原内地，也指边疆地区的省会及受中原内地影响较大的腹里地区，内地化的对象既包括中央集权控制相对薄弱的边疆地区，也包括边疆区域内中央集权势力影响较小的、多民族聚居的边缘地区。参见周琼：《清代云南内地化后果初探——以水利工程为中心的考察》，《江汉论坛》2008 年第 3 期。

③ 刘宗志：《从清代社仓与义仓之差异看民间社会救济之增长》，《中国农史》2018 年第 2 期。

④ 吴四伍：《清代仓储基层管理与绅士权责新探》，《学术探索》2017 第 4 期。

规模在短期内取得了重要进展，其米谷储积为清政府加强对西南边疆的社会治理提供了粮食安全保障。义谷救荒乃“最善之策”，“惟义仓之法，坏废已久，恐各州县名虽有仓，实乃无谷，饬令放借，徒为画饼。欲修方敏恪遗法，须俟丰岁为之，非荒歉时所能及此”①。鉴于义仓备荒之便利，至光绪朝末年，清政府仍倡导地方兴复和发展义仓。光绪二十四年（1898年），上谕：“民闲，义仓必应劝办。”②光绪帝还晓谕地方要认真经理备荒义仓，以纾民困。

清代云贵地区除在府厅州县治所或市镇建义仓外，还在村寨、屯堡等处建立义仓，一度出现府厅州县所辖村寨义仓储存谷石数量多于城区义仓谷石数量的情形。贵州镇远府台拱厅不仅将义仓设在厅城，还将其延展至东郎寨、交架寨、番招寨、苗江寨、五岔寨、内寨、石川硐寨、稿午寨、新寨、汪江寨、台盘寨、水牛寨、施洞口、黄泡寨、报效寨十五个村寨。

光绪五年（1879年），台拱同知周庆芝奉文通饬城乡五区的汉苗军民捐谷，先后获捐谷一万零八百七十九石八斗③，分储城乡村寨（表12-1）。贵州省黄平州向来仅建有社仓，并且积存谷石较少，咸丰兵燹后损毁殆尽。光绪五年，贵州巡抚林肇元通饬各府厅州县筹办义仓谷物，分贮各堡寨，以备歉荒。黄平州绅民踊跃捐献谷石，共积存京斗义谷一千六百二十二石九斗二升。光绪十三年（1887年），巡抚潘霨通饬捐办义谷，增加捐输谷三千五百三十石七斗三升，实际共存京斗谷五千一百五十三石六斗五升（表12-2），此数即成定额。

表12-1　光绪五年（1879年）台拱厅义仓统计表

厅属区名	义仓位置及名称	间数（间）	积谷数额
中区	县城内义仓	九	二千六百九十七石
东区	东郎寨义仓	一	二百零四石
	交架寨义仓	二	三百三十六石四斗
	番招寨义仓	五	一千二百零一石
	苗江寨义仓	三	一百一十六石
	五岔寨义仓	二	一百七十八石
	内寨义仓	三	一百七十一石

①（清）曾国藩：《曾国藩全集》第31册，长沙：岳麓书社，2011年，第89页。
②《清实录·德宗实录》卷416“光绪二十四年三月丁亥”条，北京：中华书局，1985年，第443页。
③ 按：每石实重96斤。

续表

厅属区名	义仓位置及名称	间数（间）	积谷数额
东区	石川硐寨义仓	一	三百三十八石三斗
	稿午寨义仓	二	二百五十石
南区	新寨义仓	三	二百零三石
	汪江寨义仓	五	一千五百石
西区	台盘寨义仓	三	六百五十八石三斗
	水牛寨义仓	三	一百七十一石
北区	施洞口义仓	五	一千六百九十一石
	黄泡寨义仓	五	八百五十石八斗
	报效寨义仓	三	三百一十四石
合计		五十五	一万零八百七十九石八斗

资料来源：民国《台拱县文献纪要》，1919 年石印本

表 12-2　光绪二十三年（1887 年）黄平州义仓统计表

义仓名称	仓储谷石数额（京石/斗）
本城仓	二千一百零四石九斗一升
重安仓	五百七十四石八斗五升
金竹寨仓	八十四石七斗
班溪仓	四十二石
旧州仁上甲仓	五百四十一石五斗六升
旧州仁下甲仓	一百二十二石六斗
旧州义上甲仓	三百五十一石
旧州智上甲仓	二百一十五石五斗
旧州智下甲仓	九十四石一斗
旧州信上甲仓	三百四十五石五斗
旧州信下甲仓	一百四十八石三斗
旧州在字甲仓	八十一石一斗五升
旧州太字九甲并在字五甲共仓	四百四十七石四斗八升
合计	五千一百五十三石六斗五升

资料来源：民国《黄平县志》卷 19《食货志・积贮》，1965 年油印本

从表 12-1、表 12-2 的统计数据可知，清水江流域台拱厅和黄平州的义仓或设立于村寨，或依保甲制度建设[1]，并且义仓筹建逐渐从府厅州县治所向村寨、屯堡延伸，这一趋势在咸同变乱后更为明显。义仓建设关系地方灾民的生

[1] 程泽时：《以义为利：清末清水江流域的仓储与谷会》，《西华师范大学学报》（哲学社会科学版）2021 年第 4 期。

存，义仓存储用于赈济灾荒，于地方救灾和国家施行边疆治理有较大裨益。

云贵两省在光绪朝先后开展义仓的恢复建设，义仓运行管理和粮食储存为云贵灾荒赈济奠定了基础。清政府在“改土归流”初期致力于地方社会秩序的维护和重建，“重建的背后隐含着清朝‘正统’意识形态作为秩序构建的标准”①，通过仓储制度的建设加强基层社会管理和边疆社会治理，在云贵地区的成效较为显著。

清代云贵地区义仓建设起步、徘徊及兴复发展的阶段性历程与其所处的地理空间场域密切相关。与清代全国范围内的义仓建设相比，云贵地区义仓的建设整体进程较中原省份晚，由于义仓建设的整体规模小，因而仓储粮食亦远不如“中心”地带充裕。“边疆内地化本是一个历史的进程，在中国各朝代疆域伸缩、民族融合的过程中，南北区域均有不同体现。”②西南边疆地区的社会治理是历代王朝都面临的重要问题，并且历代王朝都采取了因地制宜的治理举措，“因俗而治”与边疆内地一体化互为参用、协同推进，在西南边疆内地化的进程中，仓储体系建设为清政府实现灾荒赈济、社会治理及维护国家统一的愿景提供了支撑。

二、边疆与内地义仓建设的差异

“清朝是中国古代王朝实施‘因俗而治’治边政策最后的时期，同时也是边疆内地一体化政策实施的重要阶段。”③有清一代，清政府对云贵地区的社会治理以“内地化”为主要目标，义仓建设作为考察西南边疆内地化的一个维度，其规模和整体进程反映的是清政府的边疆治理水平。

在从内地到西南边疆的场域转换中，尽管义仓建设体系及其社会服务功能没有发生根本性变化，但由于自然地理环境、粮食市场体系、地域社会文化及交通网络格局的差异化，云贵地区义仓建设规模滞后于内地，并成为清政府在边疆地区推行仓政和社会治理的短板。西南边疆社会治理与清代国家治理相辅

① 姜明，石君勇，王健：《清代“国家意识”在贵州苗疆地方社会的实践——以清水江地区为个案》，《贵州大学学报》（社会科学版）2019年第6期。

② 张萍：《边疆内地化背景下地域经济整合与社会变迁——清代陕北长城内外的个案考察》，《民族研究》2009年第5期。

③ 陈跃：《“因俗而治”与边疆内地一体化——中国古代王朝治边政策的双重变奏》，《云南师范大学学报》（哲学社会科学版）2012年第2期。

相成，义仓建设随着西南边疆社会治理策略的调适而发生变化，并始终在清政府的国家治边格局中处于从属地位。这一状态主要受清代国家治理中“内地—边疆”模式长期存在的影响，同时也受到重内地、轻边疆的根深蒂固的观念及边疆地区社会发展水平的制约。

从清政府加强西南边疆社会治理的地理空间场域来看，由于云贵地区的社会经济发展具有相对独立性，因而义仓建设在内地和西南边疆之间呈现出较大差异。清代仓储体系作为边疆治理体系的重要内容，伴随国家治边能力、统治者政治偏好及区域社会经济的发展而出现较大波动。

云贵地区的义仓建设在清代国家仓储制度转型中具有较为明显的地方性和特殊性，其作为清政府加强西南边疆基层治理、地方治理和国家治理的微观基础，官府及官员的倡建、地方士绅轮流经营管理、地方官员监督运行模式的形成，有助于推动边疆社会治理重心向基层下移。清代云贵地区义仓建设在充分发挥地方社会力量组织作用的同时，还推动了社会治理、民众自治和国家边疆治理的良性循环和互动。

与清代云贵地区常平仓和社仓建设相比，义仓的建设规模和仓存谷石偏少。从经营管理方式来看，清代云贵地区的义仓米谷除民众自愿捐助外，官员或士绅捐资购置义田所产粮食亦是主要来源，同时，民间自主筹建义仓的方式使“民捐民管”落到了实处。

清政府推进边疆社会治理和国家治理的基础性工作在地方，城乡和村寨是基础单元，因此，西南边疆地区内地化进程与云贵地区义仓建设的“在地化”，在国家治理体系下显得尤其重要。在云贵地区社会治理的过程中，清政府通过开展义仓建设，进一步强调基层社会治理与国家治理的统筹兼顾，有效促进了区域社会力量和资源的整合，从而维护了西南边疆的社会稳定。

“西南边疆行政治理方式的内地化，关涉皇朝中央政治上实现多民族统一之大计。”①西南边疆社会治理与国家治理的结构关系，实质是“边缘”与“中心”的关系。清代云贵地区义仓建设的“在地化”是中央权力在边远地带的继续拓展，义仓建设在较大程度上推进了西南地区的内地化和国家治理进

---

① 陈征平，刘鸿燕：《试论历史上皇朝中央对西南边疆社会的内地化经略》，《思想战线》2012 年第 2 期。

程。因此，清政府在西南边疆地区推行的仓政体系和荒政制度，通常是在国家权力之下通过基层社会治理和边疆治理来实现的。

毋庸置疑，在西南边疆内地化的过程中，义仓建设在“内地”与“边疆”、“中心”与“边缘”地区的发展程度是不对称的，并且云贵地区义仓与常平仓、社仓的建设在边疆治理过程中仍存在较大差距，这是清代国家政治制度、经济体系和文化政策等向西南边疆移植过程中客观存在且难以逾越的一道鸿沟。

本章小结

“从国家治理的角度看，中国历史上的‘大一统’既是最主要的治理目标理念，也是历代治理体系的重要内容。”[①]赈济灾荒不仅是救灾，也是清政府的自救，义仓建设彰显了清代执政者的政治道义和生命关怀。乡村社会治理是清政府维护国家统一和社会稳定的基础，仓储备荒赈灾不仅能获得民众支持，还能够加强基层社会对国家的认同。

清政府的垂拱而治和财赋征收无不求诸乡村治理的规范化。在清代乡村统治体系中，灾荒治理的地位非常重要，因而清政府对它的重视并不亚于保甲或里甲制度。[②]清政府对西南边疆的统辖方式由垂直管理逐渐向地方治理协调推进，但伴随国家从强盛走向衰弱，仓储制度建设过程中的国家权力和地方社会力量之间的博弈关系愈加复杂多样。

清代作为中国荒政的集大成时期，在仓储制度上不断发展，无论是仓储规模还是经营管理都得到完善。[③]清代云贵地区的备荒仓储制度是清代国家仓储建设的一个缩影，云贵地方政府结合清政府大一统和加强西南边疆治理的需要，积极推进义仓及常平仓和社仓的建设，为提高云贵地区的救灾能力创造了条件。当然，我们不仅要看到清代云贵地区义仓倡建、修复或重建与地方官员

---

① 贾益：《从国家治理的角度思考中国历史上的“华夷”与“大一统”》，《史学理论研究》2020年第5期。

② 〔美〕萧公权：《中国乡村——论十九世纪的帝国控制》，张皓、张升译，北京：九州出版社，2017年，第173页。

③ 叶玲，杜振虎：《清代陕西仓储制度的建设与管理运营初探》，《农业考古》2016年第4期。

的倡导有密切关联，也须关注清政府饬令兴建义仓、劝民捐谷储积对地方义仓建设提供的制度保障。

清代义仓和社仓的建设及其救灾实践证明，作为清代最重要的民间仓储，义仓在不同的历史阶段伴随各省的具体建设情况呈现出各种形态，其揭示出历代民间仓储本身实践的历时性和复杂性，并不是一个简单的结构性事件。[①]云贵地区虽然地处西南边疆，行政地理上属于清政府统治的边缘性地带，但清政府凭借大一统思想和儒学的教化功用，不断推进西南边疆的内地化进程，以强化各民族的国家认同。清代云贵地区筹建的义仓作为地方性和民间性的粮食储备系统和救灾机构，民间自主经办和地方士绅轮管，是国家基层社会结构和地方权力体系交互的体现。从整体上讲，清政府通过义仓的建设和施济，较大程度上实现了对西南边疆治理的深度干预。

① 吴四伍：《义仓、社仓概念之辨析》，《清史论丛》2018 年第 2 期。

第十三章　自然与民生：清代云南雹灾时空分布、成因及应对研究

雹灾是云南气象灾害中较为严重的自然灾害类型。有清一代，云南冰雹灾害的影响远大于清以前，对人、生物及非生物等造成了较大影响。历史学、灾害学领域的学者对历史时期云南雹灾进行了初步研究，主要集中于雹灾的时空分布和特征分析。

较具代表性的有从历史学视角通过历史文献资料分析对历史时期雹灾展开研究。如王培华在总结元代北方雹灾时空分布特点的基础上对元代的雹灾救济制度和措施进行了探讨①，耿占军分析了清代至民国 306 年间陕西雹灾发生的时空分布特点②，戴龙辉探讨了明代中后期云南雹灾时空分布、年际变化及影响③。也有从灾害学视角利用统计分析方法对历史时期雹灾的时空分布进行研究，如颜停霞等对我国明代的雹灾史料进行整理和分类，构建了明代雹灾数据库，并根据冰雹的大小和造成的危害程度进行等级划分，利用

---

* 本章由国家社科基金重大项目“中国西南少数民族灾害文化数据库建设”（项目编号：17ZDA158）成员杜香玉的中期研究成果《然与民生：清代云南雹灾时空分布及其成因研究》改编而成。

① 王培华：《元代北方雹灾的时空特点及国家救灾减灾措施》，《中国历史地理论丛》1999 年第 2 辑，第 47—54 页。

② 耿占军：《浅析清至民国陕西雹灾的发生特点》，《唐都学刊》2014 年第 1 期，第 79—81 页。

③ 戴龙辉：《明代中后期云南雹灾的初步分析》，《文山学院学报》2015 年第 1 期，第 25—28 页。

统计方法揭示了我国雹灾发生的时间特征和频次规律[1]；瞿颖、毕硕本从灾害学视角探讨了山西明清时期雹灾的时空分布特征、发生频次、等级[2]。

近年来的研究多从宏观、区域层面探讨，以量化统计为主，缺少具体细致的分析，对其特殊性分析不够深入，且对清代云南雹灾时空分布和成因的专门性探讨较少。因此，本章在史料分类整理、分析考辨的基础上，探讨清代云南雹灾的记录特点、时空分布及特征，借此对清代云南雹灾的自然及人为成因进行深入探究，进而梳理官方及民间对于雹灾的应对措施，冀望推动清代西南边疆灾害史的研究。

第一节　清代云南雹灾的记录特点及时空分布规律

清以来，文献种类逐渐增多，正史、奏稿、地方志、笔记、碑刻、族谱、诗歌之中不乏雹灾记录。其中，地方志记载最多；正史、奏稿次之，笔记、诗歌中较少。现以清代云南地方志为基础，探讨雹灾的记录特点，并对相关记录进行量化分析。

一、文献中雹灾的记载特点

清代云南雹灾的记载内容更为详细。关于云南雹灾的灾赈方面记录集中在正史、奏折、实录之中，偏重京畿和邻近地区及全国政治、经济、文化重心，但灾况描述较为笼统。关于雹灾发生的时间、地点、灾情等记录集中在地方志之中，人物志、艺文志、笔记类文献中也有少部分将冰雹的形成与阴阳五行、地方风俗结合起来，但具体的灾害救济举措等较为分散[3]。本章以地方志的相关记载为主，对文献中云南雹灾的详细描述情况进行整理、分析（表 13-1）。

---

① 颜停霞等：《明代雹灾的时空特征分析》，《热带地理》2013 年第 5 期，第 604—609 页。

② 瞿颖、毕硕本：《山西省明清时期雹灾时空分布特征分析》，《灾害学》2015 年第 4 期，第 202—208 页。

③ 如《滇南见闻录》记载道："雹，阴胁阳也。阳气暖，阴胁不能入，则相搏而成雹。而夷人往往托于绝不相关之人事，如谓黑龙潭之鱼，取则致雹。在丽江禁民火葬，一生员遵谕藏其亲于官山，舁棺将至，藏所附近，夷民云集哗然，云此山系龙脉，藏之必有雹伤禾稼。"参见（清）吴大勋：《滇南见闻录》，昆明：云南省图书馆，时间不详。

表 13-1 清代地方志中关于云南雹灾的记载

时间	府州县	频次	灾情
顺治年间	弥渡、昆明、曲靖	3 次	农作物、牲畜、房屋等皆损
康熙年间	开远、昆明、曲靖、龙陵、澄江、泸西、丽江、大理、寻甸、嵩明、昆阳、剑川	16 次	农作物、牲畜、其他植被等皆伤；饥荒
雍正年间	弥渡、晋宁、邱北、会泽	5 次	农作物、其他植被等受害；饥荒
乾隆年间	马龙、宣威、宁蒗、姚安、通海、华宁、镇雄、霑益、景谷、盈江	25 次	农作物、人畜、其他植被皆受其害
嘉庆年间	昆明、宜良、澄江、新平、景谷、陆良、罗平、昆阳、巍山、洱源、霑益、普洱、玉溪、楚雄	17 次	农作物受损
道光年间	丽江、洱源、昆明、宜良、新平、昆阳、宣威、云龙、嵩明、曲靖、澄江、姚安、华宁	17 次	农作物；人畜、庐舍等皆受害
咸丰年间	昆明、江川、蒙自、霑益、陆良、姚州（姚安）、大理	7 次	农作物、鸟兽等受害
同治年间	宣威、姚安、大理、安宁、祥云、昭通、鹤庆	9 次	人畜、房屋、农作物皆受其害
光绪年间	呈贡、蒙自、建水、师宗、丽江、永胜、宣威、云龙、江川、思茅、马龙、镇源、路南、石屏、曲靖、寻甸、昭通、宾川、南界（南华）、鹤庆、通海、嵩明、东川、中甸、文山、平彝（富源）、罗平、姚安、禄劝、邓川、楚雄、牟定、呈贡	45 次	农作物、人畜、其他植被等皆受害；洪灾、旱灾、饥荒等接踵而来
宣统年间	广南、武定、安平	7 次	农作物、房屋等受损

注：由于清代云南地方文献繁杂，对于诗歌、笔记之中的雹灾记录并未进行详尽统计，且因云南不同地区发展不平衡，历史文献保留较为完整的地区偏重滇中、滇西，滇南遗留文献较少，并不排除此地有雹灾而无记载的情况，笔者主要参照地方志资料进行统计

从表 13-1 可以看出，清代 268 年中，云南冰雹灾害暴发频次远胜于前[①]，不仅严重影响到人们的生产生活，更威胁到动植物的生存。从雹灾发生时间段来看，光绪年间，雹灾发生频次达到顶峰，其危害更甚于前；从雹灾的发生地点来看，主要集中于滇中、滇西，滇中地带更为频繁；从受灾程度来看，雹灾主要危及人畜、农作物等，易引起继发性灾害，如饥荒、洪涝等，冰雹对于农作物的损害过重，导致饥荒。

如“乾隆二十五年（1760 年），四月，倘甸里雨雹，大如鸡卵，有重二三斤者，居民牛马被伤极多”[②]。人畜在此次雹灾中伤亡众多。“咸丰四年（1854 年），夏四月，丽江大雨雹，月中七次，岁歉收。”[③]也因农历四月正

① 有关云南雹灾的记录始于元代，元代发生了 4 次雹灾，明代发生了 36 次雹灾，清代多达百次。参见《中国气象灾害大典》编委会：《中国气象灾害大典·云南卷》，北京：气象出版社，2006 年，第 320—322 页。

② 李春龙，江燕点校：《新纂云南通志（二）》，昆明：云南人民出版社，2007 年。

③ 《中国气象灾害大典》编委会：《中国气象灾害大典·云南卷》，北京：气象出版社，2006 年，第 470 页。

值农作物生长时节，七次冰雹足以致粮食歉收，如出现仓储不备、市场抬价、官员腐败等社会问题便可引发饥荒。又因冰雹常伴随暴雨出现，易引发洪涝，“光绪三十年（1904年），（师宗）四月初，城关及东北两分各村被雹灾，历时一时之久，继以通宵大雨，致将田内二麦及新种苞谷、荞子概行打毁冲没”①。雹灾和洪涝的连带发生，所致危害更甚。

周琼认为区域灾害史的记录方式，受区域历史、民族及文化发展的影响而呈现出不同的特点。通过史料整理、分析，可知清代云南雹灾史料记录具有以下特点：其一，史料记载的数量、地区分布不均。清代云南政治、经济、文化发展极不平衡，较为发达的地区文化程度较高，文献记载较多，如滇中、滇西地区，雹灾记载更为详尽，但滇南地区的开发晚于滇中、滇西地区，发展缓慢，雹灾记载较少。其二，文献记载受到了个人主观因素和时代局限性的影响。一方面，由于个人观察、偏好不同，史料记载的详尽程度不一，且对雹灾定义模糊，有粗略和详细之别；另一方面，受时代局限性的影响，时人将雹灾与神怪、两龙相争、上天之怒联系起来，此类史料对于研究社会民俗、地方文化等有重要价值，却不利于雹灾的客观性分析。其三，滇南高温高湿地区雹灾史料记载较少；北回归线以南地区主要是热带气候，高温多雨，易受潮、虫蛀，文献资料难以持久保存，纸质文献遗留较少。

清代文献不再苦于少，而是难于精，缺乏系统性，需要在广泛搜集、整理文献的基础上进行归纳，本章则此基础上通过定量分析和定性分析，探讨清代云南雹灾的时空分布及其特征。

二、清代云南雹灾的时空分布

清代地方文献中，对雹灾发生的时间、地点和影响程度等均有详细记录，不同的文献资料记载的详细程度有所差别，但通过地方志记载可大致还原清代云南雹灾的时空分布。

在空间分布上，清代云南雹灾发生的区域范围并非大面积覆盖，而是以小区域为主，扩及周边，但也不排除有大面积的雹灾所致的并发灾害，不过仅能了解雹灾发生的大概区域范围，难以具体到精确位置。在时间分布上，清代云

① 宣统《续蒙自县志》卷12《祥异》，上海：上海古籍书店，1961年。

南雹灾发生的时间可具体到年月日，记载较为详细，但也有个别史料有所缺漏，有年代而无具体月日。因此，有必要对清代云南雹灾的时空分布进行系统探讨，对清代云南雹灾发生的时间、地点和受灾程度进行量化分析。

1. 清代云南雹灾的空间分布

清代云南雹灾发生频次不亚于其他地区，乾隆、光绪两朝，雹灾发生频率最高，达到清中期、后期两个顶峰，地域范围分布极为广泛。从区域分布来看，滇东、滇中、滇西北、滇南（滇东南记载多于滇西南）地区皆有分布，滇中、滇西北地区是雹灾多发区。

据地方文献记载，按行政区划中雹灾的分布，可将云南按东、西部进行划分：东部地区是雹灾的多发区，集中于北纬 24—26 度，东经 102—104 度，这一区域雹灾主要分布在滇中、滇东南地区，滇中主要是昆明、曲靖、宣威、嵩明、陆良、江川、罗平等区域，滇东南主要是红河、文山、广南等区域，滇中地区冰雹灾害发生频率高于滇东南地区。西部地区比较分散，滇西北、滇西南都有分布，但史料中关于滇西北的记载较多，集中于北纬 25—27 度，东经 99—101 度，滇西北分布在大理、丽江一带，滇西南分布在普洱、景谷、思茅一带，滇西北地区冰雹灾害多于滇西南地区。

清代雹灾的分布区域集中于滇中、滇西北等地方开发程度较高的地区。滇中、滇西北是雹灾的多发区，滇南一带关于雹灾的记载较少，仅限于局部区域，如普洱、思茅等。一方面，滇南地区开发较晚，政治、经济、文化发展水平较低，文献记载甚少，即使有文献，也更重于政治、军事方面的记录；另一方面，滇南地区因处于北回归线以南，大部分区域为热带气候，原始森林覆盖率较高，可在一定程度上减少冰雹所带来的危害。然而，处于政治、经济、文化中心的滇中、滇西的地方文献中雹灾的记录较多，因雹灾或多或少会影响人们的生产生活、社会经济发展，祸及区域较广。因此，清代云南雹灾的空间分布受不同因素影响，具有一定差异性。

2. 清代云南雹灾的时间分布

文献中关于雹灾的时间记录具有很大的差异性。通过对清代云南雹灾发生的年、月、日进行统计分析，年际变化（图 13-1）整体趋势呈递增，清中后期

雹灾远多于之前；月际变化（图 13-2）整体趋势呈递减，雹灾的季节性变化比较明显，清代云南冰雹灾害在春夏秋冬都有发生，集中于春、夏两季，秋、冬较少，春季发生频次最高，主要发生于农历三四月，是典型的春雹发生区。

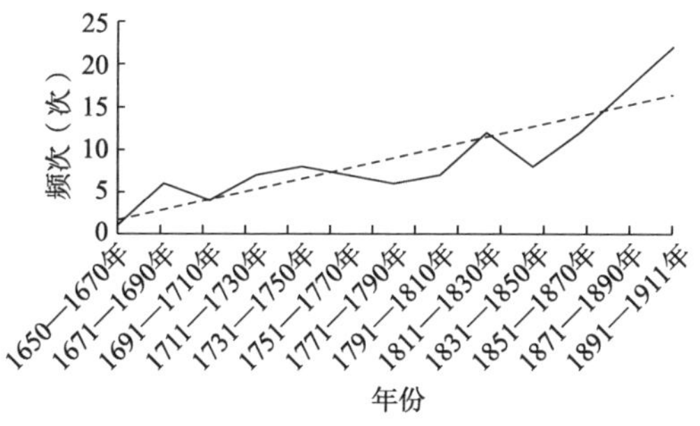

图 13-1　清代云南雹灾年际变化

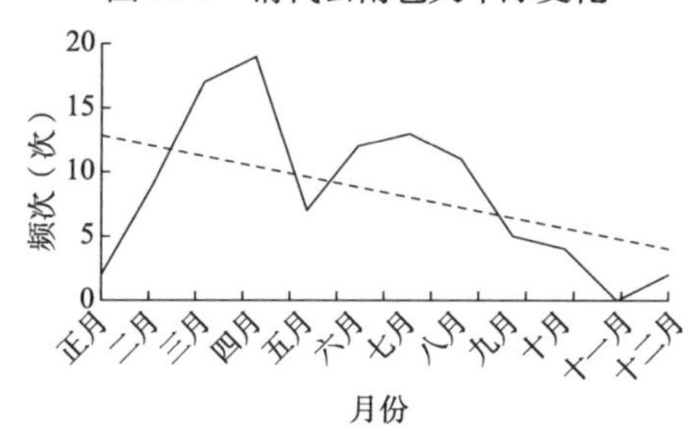

图 13-2　清代云南雹灾月际变化

从年际变化来看，以每20年为一次间隔期，雹灾发生最多的时段集中于19世纪以后，19 世纪之后的雹灾发生次数明显超过之前。1851—1870 年发生了12 次，1871—1890 年发生了 17 次，1891—1911 年发生了 22 次，从图 1 可看出清代云南雹灾的年际变化较大，整体呈递增趋势，清代中后期是雹灾的多发期，1831 年以后雹灾的发生频次逐年递增。从月际变化看，春季为农历二、三、四月，夏季为农历五、六、七月，秋季为农历八、九、十月，冬季为农历十一、十二、正月。通过数据统计，春季发生 45 次，夏季发生 32 次，秋季 20次，冬季 4 次。民国《广南县志》记载："冰雹多起于春末，损伤谷物，害及民生，甚则其大愈卵，毁物伤人，为害之烈，不亚旱潦。"[①]因此，雹灾主要集中于春季，夏季次之，秋冬两季较少，从图 13-2 可看出清代云南雹灾的月际变化整体趋势呈递减，季节性变化明显，春季是雹灾的多发期，雹灾的发生频

① 民国《广南县志》，昆明：云南省图书馆，1934 年稿本。

次受气候变化影响，严重危害人们的生产生活。

以世纪划分，17、19 世纪气候偏冷，18 世纪气候偏暖①。陶云等认为除温带外，云南大部分气候带冰雹在气候偏冷期（偏暖期）较多年平均偏多（少），云南各地对气候变暖的响应程度不一，滇中及以西以南大部分地区和滇东南大部分地区冰雹频次对气候变暖有着很好的响应，即偏暖时期冰雹频次偏少，而偏冷时期则偏多。②

从清代云南雹灾频次变化来看，以世纪划分，年际变化反映了 18 世纪整体气候偏暖，雹灾的发生频次有所降低，19 世纪整体气候转冷，雹灾发生频次逐渐增加，气候冷暖交替是雹灾频次发生大幅度变化的重要因素之一；月际变化反映出春季是雹灾的多发期，雹灾发生的高峰期处于春夏之交，秋冬雹灾的发生频次较低。根据此种现象，并结合清代云南雹灾的史料记载，陶云等所得结论既有其合理性，即年际变化中，气候回暖之时，雹灾发生频次确实减少，但也有其不当之处，月际变化上，春夏气候回暖之时，雹灾发生频次达到高峰，秋冬气候转冷之时雹灾较少甚至并无雹灾发生。由此来看，气候偏冷偏暖并非断定雹灾时间分布差异性的决定性因素，而是影响因素之一。雹灾的年际变化、月际变化恰是自然与人为双重因素的产物。

清代云南雹灾的时空分布图形象直观地反映了其动态变化，同一朝代不同时期不同地区雹灾因受多方面机制驱动影响，其发生频次有所差异。从整体趋势看，雹灾的空间分布区域具有局地性强的特点，雹灾的时间分布反映了年际变化大、季节性变化明显的特点。因此，雹灾产生的时空差异性的主要原因受多方面因素影响，既包括气候变迁、地形地貌等自然因素，也包括人口密度、地区开发程度等人为因素。

第二节　清代云南雹灾成因分析

清代云南雹灾具有明显的时空分布差异性，其原因涉及自然与人为双重因

① 竺可桢认为温暖冬季是公元 1550—1600 年和 1770—1830 年，寒冷冬季是公元 1470—1520 年，1620—1720 年和 1840—1890 年，以 17 世纪为最冷，19 世纪次之。参见竺可桢：《中国近五千年来气候变迁的初步研究》，《中国科学》1973 年第 2 期，第 179 页。

② 陶云等：《云南冰雹的变化特征》，《高原气象》2011 年第 4 期，第 1114 页。

素。雹灾是孕灾环境、致灾因子、受灾体相互作用之下形成的危及人、生物、非生物的气象灾害。因不同时期不同季节的气候冷暖变化有异，雹灾的时间分布不均衡；因不同地区不同环境，人口密度、地方开发程度、地形地貌有所区别，雹灾的空间分布不均衡，致灾面积有所增减。就其影响而言，轻则祸及农作物，重者可使人、牲畜、植物被皆受其害，甚至诱发一系列的继发、并发灾害，其致灾程度不亚于洪涝、干旱及其他灾害。

一、造成雹灾时间差异性的主要原因

从气候变化规律来看，明清以来进入持续四百年之久的小冰期，气候的异常变化致使全国性自然灾害极为频繁，尤以气象灾害为重。雹灾作为一种不亚于旱涝的气象灾害，自清代以后发生频次多于以前，通过对清代云南雹灾的时间分布趋势变化分析，发现其具有年际变化较大、季节性明显两大特征。笔者认为，气候变化是造成雹灾时间分布差异性的主要原因。

云南南北气候差异较大，具有低纬气候、季风气候、山地气候、立体气候的多元气候特点，气候变化包含当地气候类型及历史性的气候变迁，即静态和动态两类。从静态变化来看，其一，热带气候为冰雹的形成提供了一个高温、高湿的环境，在降雹过程中水汽得到了明显的补充或输送，也表明充沛的水汽条件及强烈的辐合上升运动有助于强对流云发生、发展①；其二，立体气候为冰雹云的形成提供了有利环境，强烈的垂直上升运动促使冰雹云形成。从动态变化来看，清代云南雹灾发生频次在不同时期的浮动，与气候变化规律密切相关。周琼在探讨云南历史灾害的记录特点时，指出冰雹灾害与气候变迁联系密切，呈现出浓厚的年际及季节性变化特点。

从清代历朝云南雹灾的年际变化来看，图 13-3 反映了清后期是雹灾的多发期，清前期、中期雹灾的频次变化幅度较大，根据中国近五千年气候变化的研究，清前期受明清小冰期影响，全国性的天气灾害较为突出。在气候变化的影响下，康熙、乾隆、光绪三朝在清代雹灾频次达到顶峰，尤其是光绪朝成为清代雹灾发生最为频繁的时期，气候冷暖交替是造成年际变化较大的重要原因。

---

① 和卫东等：《滇西北高原一次冰雹灾害天气过程成因诊断及预报》，《气象科技》2012 年第 1 期，第 107—113 页。

从清代云南雹灾季节变化来看（图 13-4），春夏两季是雹灾的多发季节，云南不同于我国其他地区受东亚亚热带季风气候影响，而是处于东亚热带季风气候、南亚热带季风气候和青藏高原高寒气候结合部位，三种气候的交互作用使云南气候复杂多样。[①]清代云南雹灾主要集中于二、三、四月，因受北方强冷空气影响，春季降雹可能会伴随低温冻害，康熙《永昌府志》记载：“康熙三十三年（1694 年）三月，大雨雹，永昌城中阴霾数日，寒甚，四山牛畜冻死者无算。”夏季雹灾仅次于春季，往往伴随暴雨出现，引发洪涝，危及农作物、牲畜等，“光绪十九年（1893 年），六、七月内箐口等村田禾被雹、被淹、民户俱损伤。光绪二十三年（1897 年），平彝县七月十三日夜，雷雨交作，冰雹如注，田禾杂粮均被打伤”[②]。因天气系统的异常变化，雹灾随季节性变化而有所增加。根据气象探测，冰雹属于强对流空气下的产物，冰雹是从发展强盛的积雨云中产生而降落下来的，一般发生在午后或半晚，每年在温暖的季节里，当高空气流强烈时，积雨云发展很强盛，可伸展到上万米的高空，那里的气温常降至零下几十摄氏度，上下部的暖云和冷云交织汇合，水滴像滚雪球一样越滚越大，最终增大至云中上升气流无法承载，则降至地面，形成冰雹。故气候偏冷或偏暖并非雹灾发生的决定性因素，只是影响雹灾发生的重要影响因素之一。

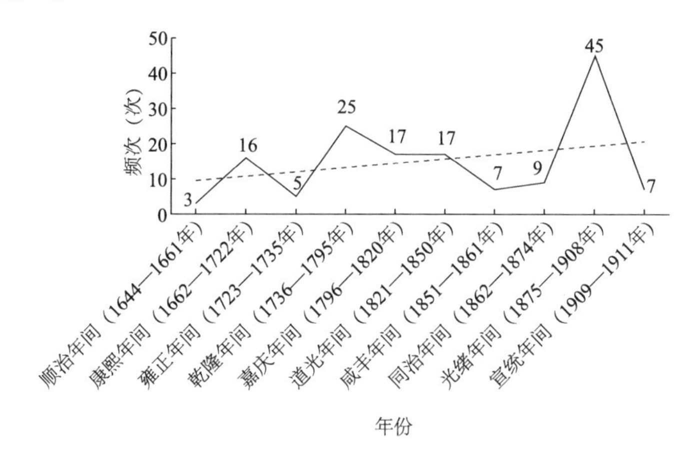

图 13-3　清代历朝云南雹灾年际变化

① 濮玉慧：《霜天与人文——1925 年云南霜灾及社会应对》，云南大学 2011 年硕士学位论文。

② 云南省水利水电勘测设计研究院：《云南省历史洪旱灾害史料实录》，昆明：云南科技出版社，2008 年，第 129 页。

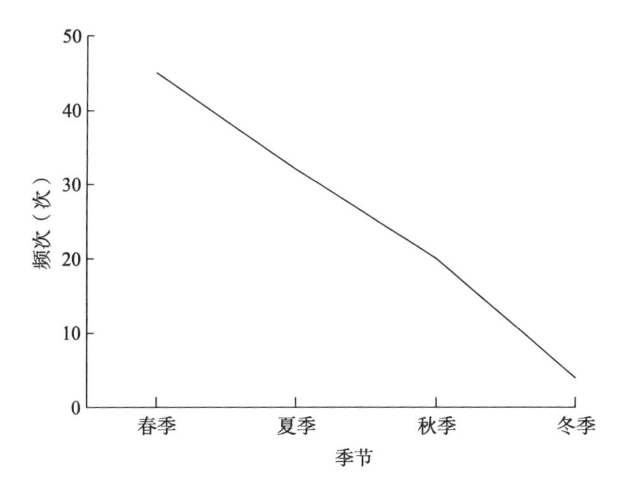

图 13-4　清代云南雹灾季节变化

二、造成雹灾空间差异性的主要原因

雹灾的空间分布不平衡主要受自然、人为两方面因素的影响。从降雹的孕灾环境来看，不同地区的地形地貌是造成降雹分布有异的重要原因，从降雹的受灾体来看，承灾体是成灾与否的关键因素，因此，冰雹成灾也难以脱离社会经济发展的影响，人类既是雹灾的促发者，又是受害者。

1. 孕灾环境不同

冰雹需要在水汽条件、动力条件、地面温度得以满足之下形成，冰雹因孕灾环境不同，本身具有历时性短、局地性强、年际变化大、季节变化明显等特点。就清代云南冰雹的形成而言，与其他地区相比有其特殊性，独特的气候、复杂的地形等孕灾环境为雹灾提供了重要条件。云南地形复杂多样，多元的自然和地理类型构成雹灾异于其他地区的关键因素，山地、丘陵、平坝等不同地形地貌之下形成的强对流运动是冰雹形成的重要原因。

一般较为复杂的地形，尤其是山脉连绵之地，山地的抬升作用会造成气流的强烈上升运动，所产生的强对流是产生冰雹的重要因素。滇中地区以山地、盆地为主，几乎占据云南地区平坝总面积的一半，滇西地区山脉连绵起伏，滇南地区山区、丘陵、平坝相衔接，地形的复杂性为冰雹的形成提供了重要条件。冰雹灾害一般发生在局部地区，其范围局限于小区域，多以山区为主，而地形复杂是雹灾发生的重要原因，地形亦是影响气候变化的关键因素。山区接受太阳辐射较弱，上升气流较强，平坝地区接受太阳辐射较强，产生上升气流较少，此种情况之下易产生强烈的对流运动，进而在一系列过程之中形成冰雹，地形的抬升作用加剧了冰雹的形成，为降雹提供了良好的孕灾环境。

2. 承灾体类型、数量不同

降雹与成灾的规律一致。[①]承灾体主要是人、生物、非生物三类，承灾体类型成为是否成灾的关键，承灾体数量是影响成灾率的重要因素，承灾体的数量、类型对于雹灾的空间分布不均具有重要影响。

人口密度大小是造成不同地区致灾程度各异的重要因素。清代是云南人口的迅猛增长阶段（图 13-5），自康熙五十年（1711 年）年，云南人口逐年增加，至光绪年间云南人口总数出现高峰，整体走向呈上升趋势。反观雹灾，清代云南雹灾至光绪年间达到高峰，降雹与云南人口增幅规律一致，人口增加可能是导致灾荒的影响因素之一。

云南人口增加主要以外来移民为基数，自雍正六年（1728 年）改土归流后，汉族移民增加，云南总人口中外来人口所占份额增加，“雍正二年（1724 年），云南布政司人丁十四万五千二百四十。六年，定丁随田办之例，在各州县成熟田地内摊征。丽江改土归流，增夷丁二千三百四十四。……八年，编审清出民赋滋生人丁四万一千三百三十六，屯赋滋生军舍土丁一万七百六十四”[②]。

图 13-6 反映了光绪十年（1884 年）云南的户口调查情况，汉族移民人口集中于以云南府、澂江府、楚雄府为主的滇中，以曲靖府、昭通府为主的滇东，以大理府、丽江府为主的滇西，以普洱府、开化府为主的滇南。因大量汉族人口从内地迁移至边疆地区，云南移民人口带动总人口剧增，汉族带来了先进的生产工具及技术，促进了当地社会经济的发展。从人口密度看，降雹区域与人口密度大小一致，以滇池、洱海为辐射圈的滇中、滇西人口密度大、经济

① 刘峰贵等：《三江源地区冰雹灾害分布特征及其成因》，《干旱区地理》2013 年第 2 期，第 238—244 页。

② 李春龙，王珏点校：《新纂云南通志（六）》，昆明：云南人民出版社，2007 年，第 341 页。

开发程度较高，雹灾严重危及人们的生命财产安全。

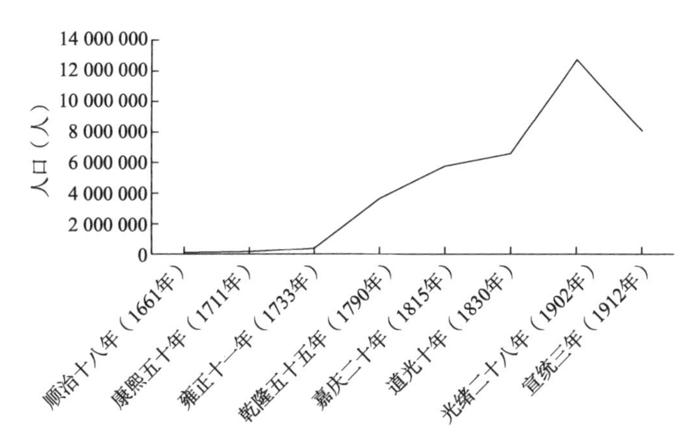

图 13-5　清代云南人口统计

注：数据以清代历朝最后一次统计为准

资料来源：李春龙，王珏点校：《新纂云南通志（六）》卷 125《庶政考》，昆明：云南人民出版社，2007 年

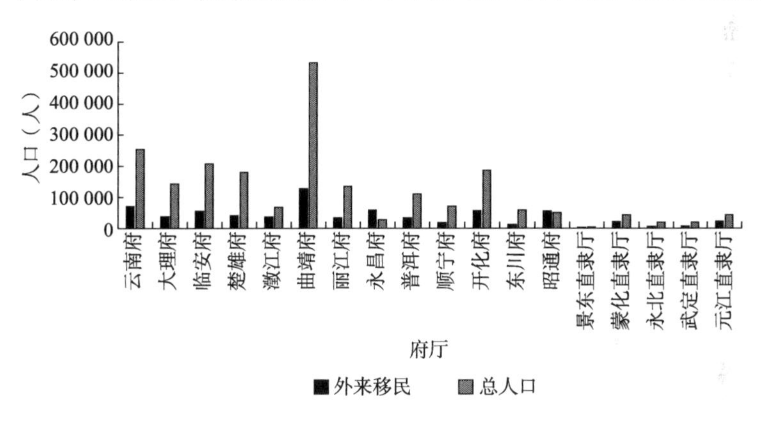

图 13-6　光绪十年（1884 年）云南人口统计

资料来源：李春龙，王珏点校：《新纂云南通志（六）》，昆明：云南人民出版社，2007 年，第 340—342 页

人口密度与地区开发程度之所以成为影响雹灾空间分布不均衡的重要因素，主要是因为：其一，人口密度大、地区开发程度高的区域更多是政治、经济、文化中心，政府更为关注自然灾害的发生与应对，历史文献中的相关记载较多，主要是滇中、滇西；相较之下，人口密度小、地区开发程度低的区域政治、经济、文化发展较为迟缓，降雹的致灾程度相对较轻，主要是滇南。

其二，人口密度大、地区开发程度高的区域，也是生态脆弱区，即灾害脆弱区，往往易伴生直接性损失和继发性灾害，严重危害人们的生产生活。直接性损失主要是对农作物的危害极大，春夏两季正值作物的幼苗发育期和成熟期，粮食作物、果树林木遭受雹灾，对于当时造成短期影响，如“光绪三十年（1904年），四月初，城关及东北两分各村被雹灾，历时一时之久，继以通宵大雨，致将田内二麦及新种苞谷、荞子概行打毁冲没”。因冰雹伴随暴雨，除雹灾造成农作物直接减产外，继发性洪涝灾害扩大了雹灾的致灾面积。

此外，雹灾后果最为严重的是灾后长期效应。《新纂云南通志》记载：“常因禾稼伤害过重而构成年岁饥歉，如嘉靖二十年（1541年）腾越饥，康熙三十一年（1692年）丽江大饥，道光三十年（1850年）晋宁岁饥，咸丰四年（1854年）丽江岁歉，同治元年（1862年）浪穹、霑益岁歉，光绪四年（1878年）丽江岁大歉，影响皆雹灾之也。”[①]因此，雹灾会使民众生存受到威胁，人口密度、地区开发程度也与冰雹的致灾程度相关。

自清代云南广泛种植玉米、马铃薯，农作物成为雹灾的主要承灾体之一，很大程度上扩大了冰雹成灾面积、加重了成灾程度，生计方式和生产方式成为影响降雹成灾与否的重要因素。一方面，云南是最早引入玉米的地区。清乾隆玉米被广泛种植，逐渐改变了山地民族的生计方式，取代山区原有的荞、粟、菽、高粱、燕麦等传统低产作物，成为当地主要的粮食作物，致使粮食结构及地域分布发生重大转变。玉米适宜在山区、半山区种植，滇中多是荒凉高原，其海拔不适合种植稻麦，而广泛种植玉米，分布于昆明、富民等地；滇西地区亦是玉米的重要产地，分布于泸西、平彝、霑益等处。玉米是云南粮食作物中最为重要的一种，可以饲养牲畜、酿酒，且与稻、麦用途相同，自清以来则是民众生活的必需品。

玉米作为山地民族的主要粮食作物之一，既是降雹成灾的主要受灾体，也是造成雹灾致灾程度加深的因素之一。滇中、滇西位于北回归线以北，玉米的播种期与收获期分别是农历三月和八月，集中于春夏两季，春季为冰雹多发季节，正值育苗时节，冰雹对于玉米幼苗的影响高于夏季，其致灾程度较高。北回归线以南玉米的种植不分季节，全年均可种植，但由于滇南一带人口密度、地区开发程度远低于滇中、滇西，且植被茂密，一定程度上降低了冰雹的危害程度。清代以来，随着人口增加、山地开发，原本的生计方式难以满足人们的

① 李春龙，江燕点校：《新纂云南通志（二）》，昆明：云南人民出版社，2007年，第470页。

生活需求，从稻麦种植到玉米种植的转变，改善了人们的生活质量，玉米作为救荒作物也极大地缓解了饥荒对于民众的影响。然而，玉米在云南的广泛种植建立在毁林开荒基础之上，山地开发程度加大，山区植被大面积减少、水土流失加剧，农作物取代植被后，因耕种方式不合理，使地力下降、土质疏松，大部分山区生态极为脆弱，无力抵抗自然灾害。①

此外，不同地区的生产方式是影响冰雹成灾与否的关键因素。以农业种植为主的地区集中于水热条件较好、海拔较低的河谷、盆地，尤其是傍水一带，云南府滇池周边区域、大理府洱海区域作为开发农业较早的地区，也是典型的灾害脆弱区，而且易引起继发性灾害，伴随冰雹的往往是洪涝灾害，尤其是在植被稀少、水土流失严重的山区更易导致雹灾、洪涝灾害的发生。如“光绪二十三年（1897年），平奕县七月十三日夜，雷雨交作，冰雹如注，田禾杂粮均被打伤”②。

滇中、滇东南地区属亚热带气候，温暖多雨，水热条件较好，地势相对低缓，丘陵坝区较多，是全省耕地最为集中、开发程度最高的地区，滇中昆明西安“土宜稻菽”，滇东南宁州“土下泥多宜水稻”③。作为经济中心区的云南、澂江、大理等府亦是水稻种植的重要区域。以云南府为代表的滇中、以大理府为代表的滇西、以开化府为代表的滇东南均是雹灾的主要分布区域，生产方式与雹灾的分布规律一致。而以畜牧业为主的滇西北地区冰雹成灾率较低，其受灾体主要是人、牲畜，受灾体的数量较少，类型也未发生转变，一般重度以下的冰雹难以致灾。

承灾体的数量、类型是造成雹灾空间分布不均的关键因素。人作为承灾体之一，人口密度的大小意味着地区开发程度的强弱，人口密度的变化与冰雹成灾的规律一致，以滇中、滇西为主的人口密集区，亦是经济中心区，冰雹成灾的面积受其影响；以滇南为主的人口稀少区，地区开发程度较低，受冰雹的影响较小。除人以外，农作物、牲畜亦是承灾体，受生计方式和生产方式影响，

---

① 徐君峰：《清代云南粮食作物的主要分布地域》，《中国历史地理论丛》1995年第3辑，第85—96页。

② 云南省水利水电勘测设计研究院：《云南省历史洪旱灾害史料实录》，昆明：云南科技出版社，2008年，第129页。

③ 徐君峰：《清代云南粮食作物的主要分布地域》，《中国历史地理论丛》1995年第3辑，第85—96页。

不同地区传统农作物种植的转变及地理环境所固有生产方式的限制是影响雹灾地域分布不均的重要因素。

雹灾的时空差异性因孕灾环境、承灾体数量和类型各异，形成年际变化大、季节性明显、地域分布不均的特点。雹灾的年际变化趋势与清代整体性气候变化规律一致，季节性变化主要受云南的特殊气候类型影响；雹灾的空间分布与人口密度、地区开发程度、生计方式、生产方式规律一致，也是决定降雹是否成灾的重要依据。冰雹成灾则具有突发性、局部性、继发性和连带性，冰雹灾害会引发一系列自然灾害，是一种复合型灾害。如春季雹灾往往伴生低温冻害。如康熙三十三年（1694年）三月“大雨雹，永昌城中阴霾数日，寒甚，四山牛畜冻死者无算”①。夏季则多引发洪涝灾害。如“乾隆五年（1740年），驾歌寨（宣威）地方同日雨雹，山水陡发，冲损民房九间，在田已割稻谷冲浸损失”②。此外，冰雹也经常诱发洪水、病虫害等，造成荒年。如咸丰四年（1854年）夏四月，丽江大雨雹，月中七次，岁歉收，如冰雹发生在夏季，砸坏农作物叶子，易引发病虫害。从雹灾自身特点看，雹灾的成因在冰雹形成的基础上有所继承、延伸和深化。

第三节　清代云南雹灾的应对

灾荒与政治、经济、社会之间联系紧密，灾荒的发生会带来一系列社会问题，如人口死亡、流民四起、盗匪横行、民众心理恐慌等，严重威胁王朝统治及社会稳定。雹灾往往造成粮食作物减产、人口及牲畜伤亡，尤以粮食作物减产为重，导致饥荒发生。清代以来，云南雹灾频发，救灾机制逐渐完备，官方及民间对于雹灾积极应对，对于安抚民心、稳定社会和巩固王朝统治具有重要作用。

一、救荒机制

清代救荒已经形成了一套完备的程序，经报灾、勘灾、审户，再到蠲免、

---

① 李春龙，江燕点校：《新纂云南通志（二）》，昆明：云南人民出版社，2007年，第1050页。
② 李春龙，江燕点校：《新纂云南通志（二）》，昆明：云南人民出版社，2007年，第129页。

赈济，清代云南雹灾的救灾措施主要包括赈恤、缓征、蠲免、借贷。

赈恤是救灾中的重要措施，以抚赈为主。具体实行情况定于乾隆五年，《新纂云南通志（七）》记载："发放赈米，大口日给五合，小口二合五勺。若为利便灾民起见，可按月计量，一次发给。每月大建大口给米一斗五升，小口七升五合，小建照扣一日之粮。发放之口粮如为米、麦、豆、粟，即以一石算一石；若为稻谷与大麦，每二石作米一石；高粱、玉米，每一石五斗作米一石。至赈期之长短，又视灾情之轻重及贫穷之等级而殊。"①先经过地方官员勘灾，根据灾情发放口粮，一般为方便灾民起见，按月计量，一次性发放，口粮的种类包括米、麦、豆、粟，稻谷和大麦，每二石算作米一石，高粱和玉米，每一石五斗算作米一石，具体赈期长短，则根据灾情轻重和贫穷程度而定。勘灾除了确定灾情轻重，还需对成灾户进行核查，核实其贫困程度，区分极贫、次贫户，以便区别赈济。雹灾赈济根据赈期长短又可分为正赈、大赈。但就清代云南雹灾赈济情况而言，一遇雹灾，即行赈济，概赈一月，是为正赈（也称急赈或普赈）；待勘灾、审户之后，被灾极贫加赈四月，此为大赈②。《新纂云南通志（七）》也记载："道光二年（1822 年）因河阳县被雹，庄稼严重减产，上谕：'……其各灾户，照例赈给一月口粮并苦费外，著将极贫之户加赈四个月，次贫之户加赈三个月，以资生计。……各灾户赈给一月口粮，毋庸加赈。'"③

缓征主要是指因某一区域发生灾荒难以缴纳当年赋税，政府经勘查核实而减免该地区的税额，具体缓征期限据当地灾情而定。缓征是雹灾救济措施的重要部分，对于缓解灾民赋税压力、安抚民心、保持社会稳定具有重要作用。《新纂云南通志（七）》记载："嘉庆八年谕：'河阳县盐井沟等七村地方，上年猝被风雹伤坏秋禾，业经照例抚恤，小民自不至失所。惟念该村地方贫瘠，若将应征秋粮等项照旧征收，民力恐不免拮据。所有该七寸应征嘉庆七年（1802 年）秋粮、夏税、官租米石，著加恩缓至本年三、四两月征完。其应征条、公银一百七两九钱二分五厘，著加恩全行豁免。'"④嘉庆七年，河阳县因风雹灾害导致

① 牛鸿斌等点校：《新纂云南通志（七）》，昆明：云南人民出版社，2007 年，第 489 页。
② 马晓粉：《清代云南灾荒及其应对机制研究》，《玉溪师范学院学报》2017 年第 2 期，第 20—27 页。
③ 牛鸿斌等点校：《新纂云南通志（七）》，昆明：云南人民出版社，2007 年，第 490 页。
④ 牛鸿斌等点校：《新纂云南通志（七）》，昆明：云南人民出版社，2007 年，第 490 页。

庄稼严重减产，加之地方贫穷，严重的赋税必然造成民力难以负担，本该于嘉庆八年征收的秋粮则延缓至三、四月，银钱则全部豁免。

蠲免是清代救荒中最为重要的一项，主要是蠲免钱粮。道光二年，云南丽江县遭受严重水灾、雹灾，官方在经过报灾和勘灾之后，采取相应救济措施，《新纂云南通志（七）》记载了道光二年云南丽江县的蠲免详情："史致光等查明被灾地方，请分别蠲、缓、赈恤，并先将口粮、苦费等银动项散放一折，所办是。云南丽江县……梨树等十一村被雹，二麦杂粮受伤；东村等八村同日被雹，民力不免拮据。加恩著照所请……又梨树等十一村本年应征条、耗等银四十五两四钱零，麦折米六十七石六斗零，著全行蠲免。……其口粮，大丁按月折给银三钱五分，小丁减半折给。苦费，瓦房每间给银一两五钱，墙每堵给银二钱，照例散放。其东村等八村尚可栽种稻谷，所有本年应征条、耗等银三十三两七钱零，折麦米五十石三斗零。并著缓至道光三年秋成后带征完款，以纾民力。"光绪四年（1878年），云南丽江县雹灾，"旨：'酌拨银七八三十九两七钱一分二厘四毫六丝，分别赈给各灾户。'"[①]蠲免一般由地方官员报灾、勘灾之后，由地方政府按照中央或上级政府的批示进行救灾，根据道光二年（1822年）云南丽江县梨树等十一村、东村等八村的受灾情况，梨树等十一村灾情重于东村等八村，即行当年钱粮全部蠲免，并发放银钱；而东村等八村因庄稼受损较轻，则将当年赋税推至次年，即道光三年（1823年）征完。

借贷主要是针对尚可维持生计，但又无力进行再生产的灾民施行的救荒措施。借贷的来源主要是常平仓、社仓仓谷，借贷是常平仓、社仓的主要功能之一，另有截漕或发库银出贷。[②]清代云南雹灾借贷的种类包括籽种、农具、银钱，《新纂云南通志（七）》记载："光绪七年谕：'云南镇沅等处被水、被雹……'当经议定，滇省被灾昆明、石屏、河西、南宁、宣威、平彝、会泽、恩安、武定、禄劝、龙陵等厅、州、县，并按板、云龙两井，委员查勘，分别动款抚恤。其缺乏籽种、农具之处，亦即酌借钱文，以备补种之资。"[③]借贷对于安抚民心、稳定社会具有重要作用。

① 牛鸿斌等点校：《新纂云南通志（七）》，昆明：云南人民出版社，2007年，第490页。
② 李向军：《清代荒政研究》，北京：中国人民出版社，1995年，第37页。
③ 牛鸿斌等点校：《新纂云南通志（七）》，昆明：云南人民出版社，2007年，第490页。

二、备荒机制

官赈在地方灾害应对中发挥着重要作用，其形式多样，除有一套完整的救灾措施以外，地方政府也会通过备荒和禳弥开展防灾减灾工作。

备荒是官方和民间防灾减灾的重要措施，对于防御雹灾、减轻灾情极为关键，如嘉靖二十年（1541年）腾越饥，康熙三十一年（1692年）丽江大饥，道光三十年（1850年）晋宁岁饥皆是因为雹灾引发饥荒，饥荒是食物短缺引发的严重后果。雹灾是造成粮食作物、经济作物减产最为严重的农业灾害之一，往往造成食物短缺，此时的仓储则显得极为重要。清代云南的仓储制度始于康熙二十一年（1682年），《新纂云南通志（七）》记载："令云贵总督蔡毓荣于滇南酌定各款，捐输米十余万石，分贮两迤郡县。"[1]这推动了云南常平仓的发展，云南常平仓主要以捐输的方式充实仓廪，进行赈恤。雍正、乾隆年间中央和地方政府又开始发展社仓，雍正十三年（1735年），云南始设社仓；乾隆二十四年（1759年）政府又实施"免息"之法，云南社仓尽数收贮，当年所收当年散出，永不收息，极大地推动了云南社仓的发展。[2]

通过梳理历史文献资料，清代云南雹灾应对集中于官方层面的记载，集中于清中后期，尤以道光、光绪年间最多。有官方赈济的详细记载的年份主要是嘉庆八年（1803年）、道光二年（1822年）、道光二十九年（1849年）、道光三十年（1850年）及光绪四年（1878年）、光绪七年（1881年）、光绪八年（1882年）、光绪九年（1883年）各一次。民间对于雹灾的应对记载较少，但随着清中后期的灾害频发，一些民间绅士、富商的赈灾活动及固定的赈灾机构、组织的出现极大地弥补了官方应对的不足。雹灾对于农业经济活动的危害较大，其专门的民间赈济记载存在一定局限，究其原因，一方面，因雹灾的发生往往伴随继发性灾害，如大风、暴雨、干旱，继发性灾害带来的后果通常超过原发灾害；另一方面，雹灾对于农作物的危害较大，往往会引发饥荒，如嘉靖二十年（1541年）腾越饥，康熙三十一年（1692年）丽江大饥，道光三十年（1850年）晋宁岁饥，咸丰四年（1854年）丽江岁歉，同治元年（1862年）浪穹、沾益岁歉，光绪四年（1878年）丽江岁大歉。因此，针对

① 牛鸿斌等点校：《新纂云南通志（七）》，昆明：云南人民出版社，2007年，第443页。

② 马晓粉：《清代云南灾荒及其应对机制研究》，《玉溪师范学院学报》2017年第2期，第20—27页。

雹灾的专门性官方应对措施少于洪旱灾害、饥荒等。从官方的态度来看，在面对雹灾时持积极的心态，加之完备的救荒机制，对于减轻灾情、保障民众生活具有积极作用。

本章小结

清代云南冰雹灾害频发，正史、实录、奏折、地方志、诗歌等文献中有关记载有所增加，地方志对雹灾的时间、地点、灾情程度记录更为详细，但受区域政治、经济、文化及自然环境的影响，以致雹灾资料记载极不均衡。从清代云南雹灾的时间分布看，具有年际变化大、季节性变化明显的特征。清中后期为雹灾多发期，是典型的春雹多发区；从空间分布来看，呈现出东部多西部少、北部多南部少，集中于滇中、滇西地区。

清代云南雹灾呈现的时空差异性主要是由于不同时期、地区孕灾环境不同，承灾体类型和数量有所差别；出现时间分布差异性的主要原因是不同时期的整体性气候冷暖变化各异，气候转暖时期雹灾发生频率较低，气候偏冷时期雹灾发生频率较高；导致空间分布差异性的原因较复杂，涉及自然和人为因素，因同一时期不同地区孕灾环境、承灾体的数量和类型不同，各地区的人口密度、开发程度、生产方式、生计方式是冰雹是否成灾的重要依据。

本章在地方文献搜集的基础上尽可能还原了清代云南雹灾的时空分布、特征及其成因，同时对雹灾的社会应对进行了探讨，但地方志、实录、奏折之中对雹灾的应对记录主要是官赈，清中后期随着雹灾的频发，一些民间机构组织相继产生，但雹灾救济仍以官方为主，对于安抚民心、稳定社会、巩固统治起到了重要作用。

第十四章　电信业视野下的彝良 1948 年灾害研究

彝良县位于云贵川三省交界部的乌蒙山区，清雍正时期得现名“彝良”。清宣统二年（1910 年）迁治所至角奎镇，初隶属于镇雄州，民国二十二年（1933 年）开始隶属于昭通。作为滇东北典型的山地县，彝良电信业发展起步较晚，民国时期主要采用话传电报，无专用电报线路。1935 年由省政府资助架设电话线路，到中华人民共和国成立前彝良电话连接昭通和牛街的线路仅有一条。彝良山高谷深的地形特点也决定该地区气候有别于平坝区，气候垂直分异规律明显，除具备云贵高原气候特点外，同时具有川渝地区四季分明的气候特点。按气候类型可分为 3 个类型，即北亚热带、南温带、中温带。以县境中部的钟鸣、龙安、三道一线为分界，形成南干北湿的气候特点。此线以南温高雨少，日照多，干旱突出；此线以北多雨潮湿，日照少。这些因素共同作用，造成彝良地区气象灾害与地质灾害频发，一旦发生便给该区造成巨大影响。除地方志、年鉴、地震目录以外，目前关于中华人民共和国成立前该区域的灾害研究还比较薄弱，仅有梁操等所写《1948 年 10 月 9 日贵州省威宁地震研究》一文中提到此次地震对彝良的波及。有鉴于此，本文基于彝良县档案馆所藏民国档案，通过分析彝良电信业在 1948 年受灾后的响应和应对，进而分析该年灾害情

---

* 本章由国家社科基金重大项目“中国西南少数民族灾害文化数据库建设”（项目编号：17ZDA158）成员吴博文的中期研究成果《电信业视野下的彝良 1948 年灾害研究》改编而成。

况带给我们的历史审视。

第一节　彝良电信业中的1948年灾情

彝良电信业起步较晚，1948年时仅有一条电话线和角奎、牛街两个电话所，业务能力比较有限，且为军政专用。保持彝良的电信通畅就要保证穿行于山间的电杆与铅线不受损伤。但彝良地处云贵高原北部边缘斜坡地带，地形切割深，切割密度大，山峰林立，峡谷遍布，地势险峻，相对高差可达2260米。

这种地形状况使彝良形成了区别于云贵高原平坝地区的热力环流特点，山谷风比较强烈，加之当地地形情况引起狭管效应，有产生剧烈阵风的地形条件。此外在部分山谷区空气会做绝热下沉运动，形成干热风。因此，海拔每下降1000米温度就会上升6.5摄氏度。而彝良相对高差大，阵风形式的干热风也比较强烈。这也使彝良的气压变化比较剧烈，夏季夜晚很容易形成降雨，剧烈降雨后所引起的山洪及次生灾害也较为严重。

正是由于这种情况，彝（良）牛（街）线的电杆铅线时常受损。1948年彝良电话线路有两次受损记录，分别是该年3月风灾导致的电杆倒塌及8月水灾导致的电杆与铅线受损。

一、3月风灾

1948年3月上旬，天气持续晴好，宝藏乡大莜坝子第三保遭到大风袭击，导致电话线路“被大风吹倒多数，电线亦经折断，查验共计二十五根”。《彝良县宝藏乡长陇厚岚关于电杆被大风吹倒已经换新杆的报告》还提到“事出多次，此次被风吹折过多，不能不另换新杆，以期耐久”。

可见在宝藏乡大风导致的电话线路受损绝非偶然之事，只是此次受损面积较大才主动向县政府汇报。而到了该年4月10日电话管理员姜应纶所呈《关于签呈请饬宝藏乡赶办电杆木由》中则说：“大莜坝子换齐三十株，其余差一百九十余株杆木尚无着落。”可见又过了短短二十余日，受灾情况已并非宝藏乡乡长报告中所说的仅有部分电线折断和25根电杆受损，而是这一数据的数倍。

二、8月水灾

1948年8月17日彝良突降暴雨，进而引发山洪、山地崩塌等灾害，对当地电信线路通畅造成很大影响。彝良县政府1948年8月29日的一份报告显示："入春以来，雨阳失调，夏秋之交，淫雨连绵。"可见该年季风活动异常，在前半年本就降水较多的情况下8月17日晚突降大雨，这场"滂沱大雨，终宵不止，历九小时"，对山区县的打击可想而知。很快，彝良县南部洛泽河流域和北部白水江流域河流水位均快速上涨，到8月18日早晨，"角奎河、牛街河、小米溪、角奎小河等流域山洪暴发"。角奎镇位于洛泽河、小河和小米溪三条河流交汇处，上游来水增多，泄洪压力巨大，灾情最重。该镇第六保花生地在暴雨的作用下发生山地崩塌，大量设施被冲压，损失惨重。

此外，还有仓盈乡、棋盘乡、贤达乡和宝藏乡等乡镇也因暴雨受灾严重。这些乡镇多位于牛街镇与县城之间的谷地，从这些乡镇的受灾情况我们也不难觉察到暴雨对游走于此的彝牛电话线所产生的影响。

早在1948年6月15日，云南省第一区行政督察专员公署就下达了《关于昭通县境内电话杆线坍塌由昭通设法修复的指令》，其中提到"昭通境内电话杆线坍塌"，可见电话线路受损的隐患早就存在，8月17日发生的暴雨灾害则将隐患转为现实，电话线路的受损情况进一步加重。

这一情况从9月11日彝良县电话室高级管理员姜应纶向彝良县政府呈递的《关于为签呈棋盘乡被洪水冲倒之电杆请饬严加保护由》中就能发现，其对此次电信业的损失描述为："此次河水泛涨沿途线由棋盘乡起至县城止均被损坏四成惟剩六成存在，其添补之线需用二百余斤。"此次暴雨灾害引起的线路损毁，对当地电信业可以说是雪上加霜。

第二节　电信业与地方的博弈

云南电信业以军事需求起步，1886年始有电报线路。电信业在保证军政需求后，有线通信才逐渐向商用开放。不同于滇中、滇南等开放或开发较早的地区，滇东北限于地理条件的制约，经济发展在民国时期比较滞后。彝良县作为山地城镇，地形对经济的制约作用非常明显。因此，彝良直到民国二十四年

（1935 年）才架设电信线路，并且彝良的电信业几乎全部服务于军政，特别是长话业务完全为军政专用。直到中华人民共和国成立初期彝良县也只有昭（通）彝（良）牛（街）一条通信线路。

在彝良县政府驻地角奎镇和电信线的终点牛街镇设有两个电话所。彝良电报通过话传方式实现，县外电话只能连接到昭通，昭通以外则要通过昭通邮电管理部门连接。与其说彝良电信业是两电话所独立领导的，不如说是昭通电信业在彝良的分支机构。

正是由于这种通信作业流程的客观安排，设在彝良的电信机构由驻扎在昭通的邮电部门进行管理。在通信顺畅、万事无虞的情况下，这种管理模式对电信行业发展滞后的地区来说，可以保持上传下达的效率，不过一旦地方出现威胁电信通畅的不抗力因素，便会迅速引起电信业与地方之间的摩擦。

在 1948 年 3 月彝良风灾发生后，为维修大莜坝子至白泥氹之间腐朽和受损的电杆，电话所与宝藏乡之间就产生了一次争端。这一争端在该年 4 月 10 日电话所管理员姜应纶向彝良县政府呈递的《关于签呈请饬宝藏乡赶办电杆木由》中有详细记述。该文件提到宝藏乡前时所呈递的一件涉及电话所的报告，其中说道："应急计已将备换新杆移换，诚恐日后电话所派员换杆时以杆木不齐藉口，请予令该所知照。"显然宝藏乡对协助电话所维护电信线路早已不满，希望上级通过这个报告告知电话所，本乡紧急挪用电杆的做法合情合理，不要以此做借口来控告宝藏乡。而此次挪用后产生的电杆亏空竟达"一百九十余根"，对此事宝藏乡解释为第一保杨作敬和第三保陈朝武办事不力，换言之此事的责任应由个人承担，不应对宝藏乡政府追究责任。

这一报告从表面来看，乡长是在对辖区第一保和第三保管理不力声明，但通信不畅电话所难辞其咎。宝藏乡乡长陇厚岚意欲由此撇清该乡的责任，又暗中剑指电话所，最终使电话所来承担电信线路维护不力的责任。当然，对宝藏乡乡长陇厚岚这种说法，电话所管理员姜应纶必然认为是一种挑衅，其在报告中回应称："前案毫未提及究竟实情若何，殊难悬揣……应令饬其漏夜备齐，否则小题大做，甚至藉浪兴风，则事安俱在不难辨别真伪。"其直接指责宝藏乡乡长陇厚岚通过隐瞒事实来掩盖真相，并由此借题发挥，让电话所陷入难堪。甚至电话所管理员姜应纶在该则报告最后直言："如有搁置推延者责成由该乡长负担。"双方通过文书大打口水仗。彝良县政府于 1948 年 3 月 22 日下

达名为《关于宝藏乡办理换新电杆敏捷负责殊堪嘉许仰知诏照由》的通知，表示："准转饬电话所知照该乡办事敏捷负责，殊堪嘉许。"对于这种擅自挪用备用电杆的行为，县政府却认为情有可原，甚至认为该乡找到了及时解决问题的好办法，值得嘉奖。

显然，在涉及此次电信救灾的争端中，彝良县政府、宝藏乡同电话所之间各有立场并各执一词，尤以宝藏乡和电话所的冲突最为激烈。面对电话所的强烈抗议，彝良县政府不得不于 1948 年 4 月 12 日下达《关于速备齐杆木并具报呈核由》和《关于令宝藏乡速备齐电杆木并以便更换由》两则文书，对电话所的强烈反对做出回应。文件中在要求各乡镇将挪用的电杆木备齐外，还特别点名宝藏乡，对其进行具体要求，这次彝良电信业同地方的博弈才算告一段落。从这两则通知也能觉察到，事实上电信线路沿途各乡镇均有挪用电杆的做法，这种做法似已成为地方应急时常采用的解决方式。

第三节　政府救灾管理中的电信业

民国后期电信技术已经有了长足进步，云南电信网也已初步形成，电信线路几乎通达每个县城。特别是电信民用与商用功能的开通使其成为重要的通信工具。正是由于电信业的特殊性，所以其有一套独立的管理体系，彝良县也是如此。电信线路受灾后，虽然其与地方政府管理并不交叉，但仍能受到政府的关照，成为线路属地政府救灾的对象。

一、从彝良 1948 年灾害应对看电信业的救灾流程

尽管电信由邮电部门专门管理，但第一时间得知线路中断、受损情况的则是线路途经地，抑或是经常使用的政府部门。通信线路受损后，线路属地便向上级报告相关情况。1948 年 3 月彝良风灾发生后，宝藏乡"大莜坝子第三保长陈朝武报称，该保路线电杆因近日天气亢阳被大风吹倒多数，电线亦经折断，查验共计二十五根，报请核办"。宝藏乡根据第三保所述情况又上报彝良县政府。同时负责电信管理的邮电部门电话所在发现通信问题后，也会同属地政府沟通，要求属地政府向线路受损所在乡镇下达保护或者做先期维护准备的训令。

在1948年风灾发生后的救灾准备中，彝良县城电话所管理员姜应纶于4月8日向彝良县政府报告，要求政府“催令宝藏乡长陇厚岚漏液赶办，仅三日内速将此一百九十余株电杆备妥”。县政府根据电话所报告在四天后（4月12日）下发《关于速备齐杆木并具报呈核由》和《关于令宝藏乡速备齐电杆木并以便更换由》两份文书。1948年8月17日水灾后，牛街镇电话所管理员宋吉泉和县城电话所管理员姜应纶向县政府建设科报告山洪对彝牛电信线路的损毁，要求政府协助修复。彝良县政府在水灾发生三天后（8月20日）下达《关于为修复彝牛电话线路的训令》。线路出现损毁的属地根据政府要求对通信线路进行初步保护，另外根据需求准备好架设线路所需的杆木，随后电话所派遣维修技工到实地进行维修，但准备杆木及进行初步维护的费用电话所并未承担。

由于电信线路受损直接影响线路属地上下级之间及时沟通，因此属地政府会根据需求向属地上级电信管理部门提出相关诉求。上级电信管理部门则根据报告情况告知属地政府处理情况及属地电信部门是否执行。1948年3月风灾发生后彝良县政府就曾向云南省第一区行政督查专员公署提交报告，希望能够“速将昭通境内电话杆线修复以利电讯”。

对此，云南省第一区行政督查专员公署“准为所请”，下达文件要求彝良县城和牛街电话所遵照，并将此文件抄送至所有相关乡镇。1948年6月15日云南省第一区行政督查专员公署又下达《关于选派技工修复昭彝电话线路的训令》，要求电信线路受损地对线路维护予以配合。这说明，根据通信线路属地受损的具体情况，云南省第一区行政督查专员公署也有权下达响应命令，要求属地协助电信救灾。

简单来说，电信业的救灾流程是首先由属地乡镇、电信部门上报受损情况，其次是电信部门统计属地政府需准备的救灾材料上报当地政府，并要求其下令给线路受灾地政府做好维修前的准备与保护，最后是电信部门派遣技工到现场进行维修。

但在实际操作中，乡镇政府可以先行自主维修并向上级报告，上级则根据乡镇报告的具体数据通知电信部门受损及维修的现状。地方政府有特殊需求可向上级电信部门报备，上级电信管理部门批复后则知会属地电信部门。同样，上级电信主管部门在有相关需求的情况下，也会下达相关维护命令给主管部门，并告知电信线路途经地各级政府部门。

二、电信救灾中的三角关系与焦点解除

对电信线路的属地政府，电信线路可谓烫手的山芋。一方面，他们需要通过电信线路实现政令上传下达，这一通信方式不可或缺。另一方面，电信部门不受地方政府领导，且线路维修所需开支多由地方负担，特别是彝良县电信线路几乎全部为军政使用，地方政府不敢怠慢，一旦出现问题导致政令不畅，由此所引发的后果地方政府必难辞其咎。有鉴于此，上级政府选择将风险和压力转嫁到通信线路途经的乡镇，乡镇面对这一棘手问题表面迎合暗地敷衍，在报告中将“皮球”踢回上级政府并将问题向电信管理部门转移。电信部门人手较少，处理线路受损问题时不得不向地方政府寻求协助。通信线路受损的属地电信管理部门此时又面临上级电信管理部门的压力，对属地政府这种推脱的态度就有所不满。这种情况下便形成了属地政府、通信线途经乡镇政府和电信管理部门之间互相纠葛的三角关系。其中非常重要的焦点就是——属地政府协助电信管理部门维护、救灾所产生的材料成本、人工成本未能明确究竟由哪个部门来承担及怎样承担。显然档案所显示的结果是，地方承担了其中很大一部分，这也是地方对电信救灾产生排斥心理的一大原因。

从属地政府、线路途经乡镇及电信管理部门之间的三角关系，我们能够发现其中的核心问题是线路受损后维护的成本由谁来承担，要缓解三者之间的矛盾就要解决这一核心问题。从档案中我们也能看出实际上电信管理部门已经觉察到问题的症结所在。在1948年3月电信受灾所引起的宝藏乡同电话所的争端发生三个月后，云南省电话局对修复昭通境内的电话线路给予了拨款补助，在对属地进行补助的同时也强调：“乡镇电话仍由地方负担修建。”省电话局下发补助以后虽然对缓解三者的紧张关系有一定帮助，但补助覆盖有限，属地政府仍有不少需要承担的部分。地方财政收入本来就有限，一旦电信再次受灾，缓和的矛盾将再次被激化。

1948年彝良县灾害不断，8月17日又出现暴雨，山洪暴发，河谷地带受灾严重，大量电杆木和铅线被冲毁，风灾后电信部门的预算也捉襟见肘。在这种情况下，负责该片区电信管理维护的云南省电话局长途电话第五管理分处在灾情出现两周后直接下达公函称：“电话线路损坏应由地方自办维修。”这种要求加重了属地政府的财政压力，但军政事务的及时处理传达非常依赖电信的通

畅，一旦通信中断就必须紧急维修。地方政府陷入进退两难的境地，但显然即使明知是“哑巴亏”也不得不打掉牙齿往肚子里咽。

在又一次风波之中虽然矛盾以保证电信部门利益诉求为基础得以平息，但三者之间的错综关系仍然存在。尤其是利益受到极大冲击的地方政府，其诉求一直被客观情况所限制而不能得到满足，这也始终是三者产生冲突的隐患，一旦导火索被点燃，历史将再次重演。

因此，中华人民共和国成立后彝良县的邮电管理也有所调整，“1952 年为云南省邮政管理局和县人民政府双重领导，由省邮政管理局视察室派出视察员对县邮政局进行管理”。

三、电信救灾与民众救灾

电信救灾和民众救灾虽然均属政府救灾行为的一部分，但二者并非同时进行，根据当时的档案情况来看，电信救灾的准备和开展往往要早于民众救灾。1948 年 8 月山洪暴发后，最早提到民众救灾相关事宜的文件是 8 月 29 日彝良县政府向云南省民政厅递交的报告《我县最近受灾人民损失情形，恳祈鉴核》，其中提出要统计当地的灾歉状况，并对受灾民众减免田赋。

但电信救灾的响应速度便快了许多，在此次灾害发生仅三天后（1948 年 8 月 20 日）彝良县政府便发布《彝良县政府关于为修复彝牛电话线路的训令》，要求各相关部门积极协助救灾和维护。当日彝良县政府同时发布了《关于命令迅查山洪冲毁电杆情形由》及《关于命令角奎镇采备电杆木由》两份电信救灾相关的通知。因此电信线路沿途各乡镇反应也很迅速，8 月 20 日便有乡镇上报线路受损的具体情况。尽管人员伤亡和财产损失统计比较耗时，但部分乡镇统计水灾受损情况的详细数据比电信受灾统计晚了近三个月，在当年 11 月 1 日才真正呈递给县政府。

从两者灾后救援的反应速度来看，当时彝良县政府对普通民众的救灾响应明显滞后于电信业。虽然这与电信通畅的重要性及彝良有且仅有这一条电信线路有关，但从政府的关注程度看，对电信救灾的关注完全胜过对民众救灾的关注。而事实上保障人民群众的生命财产安全才是重中之重，这也明显是民国时期政府救灾管理中存在的一大问题。事实上，民众救灾和电信救灾在政府救灾中并非完全作为争夺救灾资源的对立面而存在，重视救助民众对电信救灾也能

够起到一定的帮助作用。

一方面，在当时电信管理的情况下，积极进行电信救灾是属地政府不得不承担的责任。如果能够积极做好民众救灾，在协调、安顿好受灾民众的情况下，对调配人手协助属地恢复通信正常化会有一定裨益。如若大量人力投入民众救灾中，民众自身生命财产安全还难以保障，那么对于乡镇保长协调人力物力投入电信救灾也有一定难度。

另一方面，灾害发生后，受到灾情影响的民众生计往往遭遇重创。1948 年 8 月彝良水灾直接导致部分民众田地几乎颗粒无收，牲畜、财物、房屋等被山洪冲毁。而电信线路途经乡镇在等待电话所委派的技工前来修理通信线路时，先期所准备的铅线等电信物资就堆放在受损通信线路附近。

因此，电话所管理员会请求政府“发布告……贴公房门前，如有异乡人与地方任何人员盗窃昭彝电线责饬该乡保甲长沿途居民切实认真保护，如有损失应由该乡负责赔偿”。但是，看管物资的人手难免有照顾不到的地方，再加上受灾后一些民众陷于困顿，政府救灾又难以在一时之间及时送到，急于自救的民众难免会对物资产生非分之想，铤而走险盗窃电信物资。民众救灾的滞后会直接导致电信救灾的压力增大。

本章小结

不同于云贵高原地区的平坝市县，彝良是典型的山区县，对外交通不便，并且纬度较高，局部山地小气候特征明显，容易发生风灾、水灾、山洪、泥石流、地震等灾害。彝良电信线路自民国二十四年（1935 年）架设贯通后就成为当地对外通信所依赖的重要方式，但由于上述客观地理条件的限制，常常因各类灾害而受到影响。1948 年 3 月大风灾害及 8 月 17 日暴雨袭击后引发的山洪、泥石流，使当地电信业受到很大冲击。

山区县对外交通的不便决定了电信的重要性，以及在电信管理上直接由平行于属地政府的电信部门管理不受线路属地政府的制约。尽管这种管理模式在军政设备的集中管理上有很大的便利，但电信线路受损后进行救灾时便暴露出很大的弊端。特别是较大灾情出现后通信因灾中断，线路途经乡镇不愿受电信管理部门的指挥，更不愿承担因各种情况下线路损毁所造成的费用。而依赖电信通信的属地政府则陷入两难，其既希望通信尽快恢复使政令能够及时上传下达，又不愿付出相关代价，至于通信不畅的责任就更不愿承担了。可是在需要大量人力物力进行维修的情况下，电信管理部门只得选择向属地政府提出各种要求，属地政府又将要求转嫁到线路途经乡镇，进而形成三者之间利益互相纠葛的错综关系。这也始终是电信管理中潜在的隐患，只要出现风吹草动，这一隐患就会显现。

因此，1948 年 3 月风灾发生后，宝藏乡与电话所之间便发生了争端，该年 8 月水灾后云南省电话局长途电话第五管理分处不得不下达维护修理成本由地方承担的政令，明确其中争议最大的焦点问题。由电信救灾情况来审视政府的救灾管理，能够发现当时政府救灾管理存在很大问题，不仅反映出政府救灾管理重电信救灾轻民众救灾，更反映出救灾流程不完善、责任划分不明确的漏洞。当然我们也不能过于苛责前人，这种情况是电信管理与属地政府之间处于平行关系所导致的必然结果。中华人民共和国成立后，邮电从平行领导转变为双重领导，电信管理部门、属地政府和线路途经地乡镇三者之间的矛盾逐渐得到了缓解。

电信业在灾害中的种种危机表现，是近代化以来长期存在的现象，无论何种灾害来临，都会不同程度地发生，几乎已经内化成民族区域灾害文化中一个习以为常的内容。在研究现当代灾害文化时，电信业的灾害危机现象，值得有关部门进行反思并能够有及时改善的措施。

第十五章　云南阿佤山区火灾频发的原因及其应对方式初探（1959—1986年）

近年来，有关佤族的研究成果很多，但关注的焦点是文化领域，如伦理道德、民间艺术、民族建筑等①，对云南佤族聚居区的灾害关注较少，尤其是缺乏对火灾的关注，这不利于民族地区防灾减灾工作的推进。基于此，本章就1959—1986年云南佤族聚居区火灾多发的原因及其形成的良好应对方式做初步的探讨。

我国云南佤族聚居区位于云南省的西南边境，主要分布在沧源和西盟两个县及孟连、双江、澜沧、耿马、镇康、永德等县。聚居区内山脉纵横交错、连

---

* 本章由国家社科基金重大项目“中国西南少数民族灾害文化数据库建设”（项目编号：17ZDA158）成员谢仁典的中期研究成果《云南佤族村落火灾频发原因及应对方式探析（1959—1986）》改编而成。

① 相关研究著作有罗之基：《佤族社会历史与文化》，北京：中央民族大学出版社，1995年；艾兵有：《佤族伦理道德研究》，上海：上海人民出版社，2013年；赵富荣：《佤族风俗志》，北京：中央民族大学出版社，1994年；刘军，梁荔：《阿佤人 阿佤理：西盟佤族传统文化调查行记》，昆明：云南民族出版社，2008年；陈国庆：《中国佤族》，银川：宁夏人民出版社，2012年。相关研究论文有黄圣游等：《云南佤族寨桩的文化符号意义及价值探究》，《贵州民族研究》2019年第8期；徐俊华，王月青，朱炫霖：《佤族文化元素的提取及应用》，《西南林业大学学报》（社会科学版）2019年第3期；张志华：《佤族木鼓与木鼓舞文化的价值与传承探究》，《贵州民族研究》2019 年第 9 期；吴军：《佤族民间甩发舞概述》，《民族音乐》2019年第2 期；杨春立，刘菡，谭泽君：《云南佤族“竹竿舞”发展传承的对策研究》，《武术研究》2019年第 2 期；徐钊，夏青，郭晶：《沧源佤族自治县翁丁村寨传统民居地域特色与建筑成因》，《山西建筑》2018 年第 34 期；周琦，唐黎洲，孙婧妍：《翁丁佤族干栏式建筑木构架演变研究》，《遗产与保护研究》2017年第4期。当然，佤族文化相关研究成果还有很多，这里不再一一列举。

绵起伏。而当地佤族多居住在半山腰上较为开阔平坦的地方，海拔高、纬度低，旱季长（1—6 月）且干燥多风。而在电力及家用电器普及之前，各种柴草是当地居民的主要燃料，且房屋多是以竹、木结构为主的茅草房，房子的下层及周边堆满柴草以备雨季和过冬之用等，这样的自然环境和居住环境都为火灾的发生提供了条件。

第一节　1963—1986 年云南佤族聚居区火灾概况——以西盟县翁嘎科镇龙坎村为例

龙坎村是西盟县翁嘎科镇下辖的一个位于中缅边境上的佤族聚居村寨。在此次佤族灾害文化调研中，笔者发现无论是访谈还是档案记载，火灾都是佤族聚居区最主要的灾害之一，而尤以龙坎村为重。据 1958 年《云南省西盟卡瓦族社会经济调查报告》的记载推算[①]，龙坎村建寨至今已有约200年的历史，但直至中华人民共和国成立前夕，这里的佤族仍处于原始社会末期，且到 20 世纪初，才出现“撒拉文”（老佤文）。所以从建寨至中华人民共和国成立前夕，龙坎村究竟发生过多少次火灾，具体受灾情况如何，都缺乏资料记载，我们难以知晓。因此，笔者现将所收集的龙坎村 1963—1986 年的火灾发生情况按时间先后梳理如下。

据龙坎村戈斗下组村民 YG 介绍，1963 年，戈斗片区永厅寨（现龙坎村戈斗组）发生过一次火灾。而此次火灾是由雷击引发的，大概发生在晚上八点，当时正下着小雨，火灾持续了大约一个小时。造成的损失是烧掉了 20 多个粮仓，但没有造成人员伤亡，也没有房子被烧。[②]龙坎村因地势开阔、下垫面潮湿、地下储藏有金矿等特殊的自然地理条件，成为一个雷击高发区，但因雷击引起的火灾，自 1949 年以来，只此一次。

据《翁嘎科区龙坎乡永厅寨失火情况处理的报告》[③]记载，1967 年 3 月 27 日上午 9 : 30 左右，龙坎村永厅寨因岩甩家“出工”时，未把火塘里的火熄灭而

① 全国人民代表大会民族委员会办公室：《云南省西盟卡瓦族社会经济调查报告》，1958 年，第 161 页。

② 讲述者：YG，龙坎村戈斗下组村民，时间：2019 年 1 月 26 日，地点：龙坎村戈斗下组。

③ 西盟县民政局：《翁嘎科区龙坎乡永厅寨失火情况处理的报告》，档案号：27-1-18，西盟县档案馆。

引发火灾。本次火灾共烧掉住房 22 间，各类生产生活资料受损情况如表 15-1 所示：

表 15-1　1967 年 3 月 27 日翁嘎科区龙坎乡永厅寨失火受损情况

序号	物品名称	数量	折合人民币（元）
1	房子	22 间	
2	谷子	5816 斤	552.58
3	大米	330 斤	45.54
4	小红米	615 斤	43.05
5	小豆	120 斤	13.20
6	玉米	35 斤	3.29
7	荞子	160 斤	12.80
8	黄豆	90 斤	18.00
9	毯子	91 床	363.00
10	大小铁锅	30 个	90.00
11	小铝锅	31 个	102.00
12	各种衣服	6 套半	33
13	各种筒裙	14 件	70
14	银子	28 刀	35
15	人民币	180 元	180
16	锄头	31 把	60
17	长刀	37 把	111
18	大刀	17 把	34
19	小銱铲	21 个	4.2
20	镰刀	32 把	9.6
21	铝钗头	5 把	15
22	铜炮枪	1 支	30
23	缅文小钱	10 个	15
24	犁架	2 架	12
25	犁头	1 把	
26	猪	8 头	120
27	鸡	13 只	20

资料来源：西盟县民政局：《翁嘎科区龙坎乡永厅寨失火情况处理的报告》，档案号：27-1-18，西盟县档案馆

当时永厅寨共有 34 户 129 人，而仅此次火灾就烧掉了大半个寨子，受灾户数占到 61.7%，且从表 15-可以看出本次火灾还烧毁了各类粮食和生产生活资料

及家畜等，而且这次火灾距1963年的火灾仅隔了4年。所以可以说，这次火灾对永厅寨的打击几乎是毁灭性的，一夜之间所有的财产基本化为乌有，不仅在经济上造成重大损失，也在心理和精神上给民众带来了沉重的打击。导致“在3月28、29、30日，整个寨子的群众都不出工，有的老大妈（岩同的妈妈）哭哭啼啼的说：‘我不在家，我的东西全部烧光了，我的两只小狗和鸡也都烧掉了，我的衣服、毯子也都全部烧光啦，我一点东西都没有拿出来。’有的群众思想上非常难过，如岩同的妈妈一见我们就哭。其他群众都在失火后的房子外围的仓库住，没有仓库的就在草地里头住，情绪当时很低落。”①

3年之后（即1970年）龙坎大队永些生产队发生了火灾，据《关于对翁嘎科龙坎大队永些生产队岩石等 3 户失火补助的请示》记载，这次火灾导致岩石、岩金、岩哄三户全部财产被烧毁，且火灾延及仓库，烧掉了种粮。②从1963年至1970年仅7年时间，龙坎村就发生了3次火灾，足见其频率之高。

1979年3月，龙坎村平掌组因小孩玩火再次引发火灾。龙坎村YQ说道：“由于当时几乎都是茅草房，所以那次火灾烧掉了很多房子，灾后受灾户多改为石棉瓦房了。”③虽然这次火灾的受灾情况没有直接的资料记载，但从其救火物资的发放情况（表15-2）可以间接推知。

表15-2　1979年5月8日平掌火灾救灾物资发放情况

序号	物品名称	数量	折合人民币（元）
1	谷子	14 700斤	1 396.50
2	大米	300斤	41.40
3	食盐	117斤	17.55
4	棉布	644尺	387.00
5	棉毯	33床	273.57
6	铝锅	49口	232.95
7	铁锅	14口	33.40
8	长刀	37把	124.28
9	锄头	62把	161.20

资料来源：西盟县民政局：《平掌火灾救济》，1979年5月8日，档案号：27-1-18，西盟县档案馆

① 西盟县民政局：《翁嘎科区龙坎乡永厅寨失火情况处理的报告》，档案号：27-1-18，西盟县档案馆。

② 西盟县民政局：《关于对翁嘎科龙坎大队永些生产队岩石等三户失火补助的请示》，1976年4月4日，档案号：27-1-18，西盟县档案馆。

③ 讲述者：YQ，龙坎村村民，时间：2019年1月25日，地点：龙坎村村委会。

从表 15-2 虽难以知晓具体的受灾户数和人数，但从发放大量的谷子和大米可以看出，本次火灾不仅烧毁了住房，而且延及粮仓（为了防火，佤族多将粮仓建在远离住房的寨子周边），烧掉了大量的粮食和生产生活资料。

龙坎村村民 YQ 介绍道："仅时隔一年后，也就是 1980 年 3、4 月，戈斗组一户人家因做饭时没注意而引发大火，烧掉了一百多户，整个寨子被烧毁。"①

龙坎村戈斗上组村民 YML 说道："1986 年 4 月的一天，凌晨五点左右戈斗组再次发生火灾，原因是当时有一对夫妇吵架，男的在床上抽烟，不小心火星掉到了被子上而引发的火灾。由于当时的房子多为茅草房，整个寨子 60 多户全部被烧毁。"②

从以上所列举的资料可以看出，从 1963 年至 1986 年这 23 年间，龙坎村共发生了 6 次火灾，平均 3.8 年就发生一次，在这么小的时空里，足见其火灾之频繁。而其受灾程度之大，有的甚至将整个寨子烧毁。频繁的火灾无论是在物质上还是在心理上都对当地村民造成了巨大的打击，严重影响他们的生产生活，亦成为这一地区长期贫困的一个原因。

第二节　阿佤山区火灾频发的原因分析

佤族聚居区频繁的火灾，虽然亦有自然因素引发的，但绝大多数是人为引起的。从以上龙坎村火灾概况来看，除了 1963 年的火灾由雷击引发外，其余几次都是人为引起的。据所收集的口述资料和档案资料，虽然引发火灾的原因多种多样，但当时佤族人民的用火方式及简陋的住房结构和居住习俗是火灾频发最主要的原因。

（1）保存火种的传统用火方式。佤族是我国最古老的民族之一，也是我国少有的几个"直过民族"之一，直至中华人民共和国成立前夕，他们仍然处于原始社会末期的发展阶段。所以中华人民共和国成立后，他们在生产生活的某些方面仍然保留有原始社会时期的习俗，如保存火种的传统用火方式便是其中的典型代表。直至现代电力及各种家用电器在农村普遍使用之前，佤族很多

① 讲述者：YQ，龙坎村村民，时间：2019 年 1 月 25 日，地点：龙坎村村委会。

② 讲述者：YML，龙坎村戈斗上组村民，时间：2019 年 1 月 26 日，地点：龙坎村戈斗上组。

地区仍然保留着保存火种的传统用火方式。

他们认为："每年只能引一次火，直到大年三十才能让它熄灭，中途不能熄灭，出去做农活的时候，就用木灰盖住火种。如果中途火熄灭了会很不吉利，预示着将会有不好的事情发生，所以要保存好火种。"①他们对火的这种特殊认知促使各家各户想尽办法将火种保存至年底。而且从新火节的活动可知，第一天灭旧火，第二天取新火，新的火种取回去之后，又要保存一年，而且保存的方式只是简单地用木灰盖住，大风一吹火星就会暴露出来，这就造成了很大的火灾隐患，可以说这是佤族地区火灾频发的一个重要原因。

如龙坎村永厅寨 1967 年 3 月的这次大火就是"因岩甩吃饭后火塘没有熄灭，就出工去抬芭蕉树去了。出工走后，大约在 11 点钟，因其未把火熄扑，所以柴头又烧着起来。"②又如 1978 年 6 月永业大队第一生产队（现勐卡镇永业村）因"一队社员岩朗（中农）起来吃早饭后……火塘里的火没有捂起来就出工了，因当天风比较大，火被风吹起来就然着竹笆"③，从而引发了火灾。所以说保存火种的这一传统用火方式是导致佤族聚居区火灾频发的重要原因之一。

但佤族各村寨自通电以后，随着各类家用电器的普及，现除了有"中国最后一个原始部落"之称的沧源县勐角乡翁丁村大寨至今仍保留这一传统外，其他地方已经不再保留保存火种的传统用火方式，"以前有年终才灭火和取新火的传统，但现在用电多，用柴火少，所以每天做好饭菜都会让火自然熄灭"④。甚至翁丁村的新牙寨也已摒弃这一传统，"现在已经不保留家火一年一灭的传统了，做好饭菜就熄火了，因为保留火种很浪费柴火"⑤。

（2）住房结构与生活燃料。由于我国佤族是一个从原始社会直接过渡到社会主义社会的民族，加上其地处西南边境，山脉众多，交通不便，其生产生活方式及社会经济较其他地方相对落后。

20 世纪 90 年代之前，很多佤族聚居区的大多数房子都是茅草房，结构多是

① 讲述者：YJG，翁丁村大寨村民，时间：2019 年 1 月 14 日，地点：翁丁村大寨。

② 西盟县民政局：《翁嘎科区龙坎乡永厅寨失火情况处理的报告》，档案号：27-1-18，西盟县档案馆。

③ 西盟县民政局：《关于永业大队第一生产队失火情况的报告》，1978 年 6 月 17 日，档案号：27-1-18，西盟县档案馆。

④ 讲述者：ZYH，岩帅村村民，时间：2019 年 1 月 18 日，地点：岩帅村村委会。

⑤ 讲述者：DMY，翁丁村新牙寨村民，时间：2019 年 1 月 16 日，地点：翁丁村新牙寨。

茅草封顶、竹木支架，极其简陋，现在这类房子的代表是沧源县的翁丁村大寨（图 15-1）。

图 15-1　沧源佤族自治县勐角乡翁丁村大寨（谢仁典摄）

而茅草及竹木，到了干旱季节都是极易燃的材料，加上佤族村寨多建在山坡上，依山势而建，房子相对密集，山上干燥、风大，一旦失火，难以扑救，损失严重，有时甚至会将整个寨子烧毁，龙坎村戈斗组 1980 年和 1986 年的两次火灾即是例子。另外，由于通电之前，茅草和竹、木是其做饭、取暖、照明的最主要燃料，所以家家户户在干旱季节都会找好柴火，堆满柴房及房子周边，以备雨季和过冬用。但这些成堆的柴火也会成为火源延及各家各户的重要媒介，在一定程度上，这成为加速火灾扩散的速度、减少救灾的时间，从而扩大火灾受灾面积和受灾人数的重要原因。

1967 年，龙坎村永厅寨的火灾烧毁了大半个寨子，即便是距岩甩家（起火点）有四排[①]远的岩同家，也是一点东西都没有救出来，岩同的妈妈说："我不在家，我的东西全部烧光了，我的两只小狗和鸡也都烧掉了，我的衣服、毯子已都全部烧光啦，我一点东西都设有拿出来。"[②]当时岩甩家周边的情况如图 15-2 所示，岩甩家与岩同家之间的柴堆可能是火源向下蔓延的重要媒介。

① 注："一排"的长度没有具体规定，佤族地区通常以一个成人伸开双臂的长度为一排。

② 西盟县民政局：《翁嘎科区龙坎乡永厅寨失火情况处理的报告》，档案号：27-1-18，西盟县档案馆。

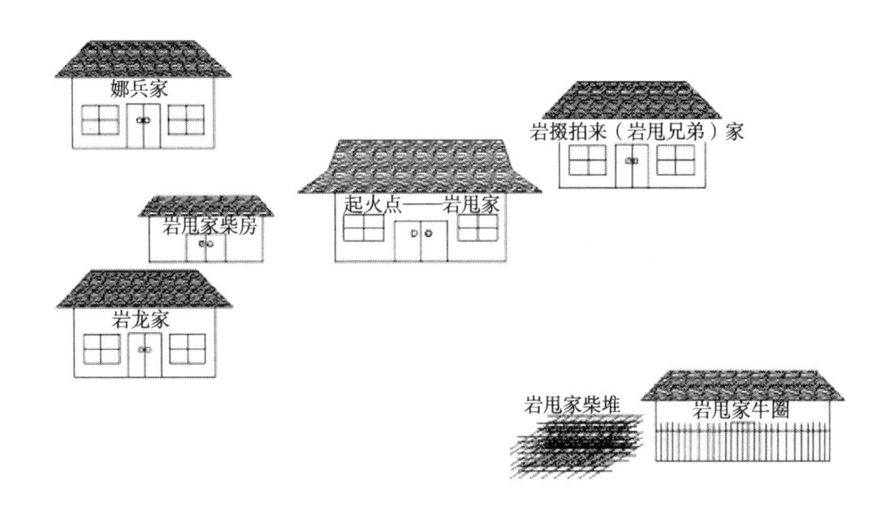

图 15-2　龙坎村永厅寨 1967 年火灾起火点岩甩家周边情况示意图

岩甩家起火周围的情况是：岩甩的兄弟岩掇拍来在岩甩家东北边住，距离有一排远；娜兵家在岩甩家西北角，距离有一排半远；岩甩家西边有自家柴房，距离有一排远；岩甩家东南边是牛圈和柴堆，距离有二排远；岩甩家正南边是岩同家，距离有四排远；岩甩家西南边是岩龙家，距离有一排半远。[①]

（3）传统的居住习俗。佤族房屋内部通常都设有两个火塘，即主火塘与客火塘，主火塘主要用于生火做饭，客火塘主要用于煮猪食或祭祀。而“用于日常煮饭烤茶的主火塘，紧靠主人的床，叫做‘比阿料’（‘比阿’拼

① 西盟县民政局：《翁嘎科区龙坎乡永厅寨失火情况处理的报告》，档案号：27-1-18，西盟县档案馆。

读）”[①]，而客火塘周边则是其他家庭成员睡觉的地方。由于睡觉的地方靠近火塘，而棉被、毯子及衣物等都是极易燃的物品，这亦造成很大的火灾隐患。如 1967 年龙坎村永厅寨的火灾就是“因人的睡铺离火塘很近，就烧着了睡铺上的篾笆和衣服、毯子，后来火就从睡铺旁墙边冲烧房顶（原文写作丁）上去”[②]。

因此，睡铺靠近火塘的这一居住习俗使易燃物靠近火源，这也是引发火灾的一个原因。最后，佤族住房“一般分为上下两层，上层住人，下层堆放柴火以及饲养猪、鸡或牛、马，楼板用竹笆或劈板铺成”[③]。具体情况如图 15-3 所示：

图 15-3　佤族竹笆铺成的楼板（谢仁典摄）

可以看出，地板用竹笆铺成，极其简陋，竹笆有很多空隙，尤其是竹板与火塘四边连接处的空隙足以让火星掉入下层，而下层又堆放有柴火和杂物，一旦火塘里的火星掉下去，就极有可能引发火灾，这亦是一个严重的火灾隐患。

① 刘军，梁荔：《阿佤人 阿佤理：西盟佤族传统文化调查行记》，昆明：云南民族出版社，2008 年，第 17 页。

② 西盟县民政局：《翁嘎科区龙坎乡永厅寨失火情况处理的报告》，档案号：27-1-18，西盟县档案馆。

③ 陈国庆：《中国佤族》，银川：宁夏人民出版社，2012 年，第 77 页。

从以上对佤族地区火灾频发原因的分析可以看出，在生活用电普及之前，佤族传统的用火方式及简陋的住房条件、成堆的柴草和传统的居住习俗是其三大主要原因。此外，其居住的自然环境，旱季长，干燥、多风等成为火灾多发的自然因素。当以上人为因素和自然因素集中在一个地区的时候，该地区就会成为火灾的频发区。

第三节　灾前防范与灾后应对

从本次调研获取的访谈资料及档案资料来看，自1986年以后佤族聚居区火灾发生的频率显然较之前低很多，受灾程度亦小很多，没有对群众造成太大的损失和伤害，所以在访谈过程中他们才没有提及或者说他们根本就没有印象。而造成1986年前后火灾频率发生如此巨大变化的因素有很多，但在政府的帮助下，当地群众所逐渐形成的有效的防范措施及生活条件改善之后，人们生活方式的变化和房屋结构的改变是其中最主要、最根本的因素。

一、灾前的预防措施

（1）旱季巡寨制度。旱季巡寨制度是佤族许多村寨至今仍保留的一种非常有效的防火措施。即到“旱季（通常1—6月），由于白天大家都出去干活，所以每天都会派人轮流巡寨。以前按劳动力（18—59岁），现在按家庭人数（有多少人就值班多少天）。大寨每天两个人巡寨，小寨每天一个人。主要工作就是到每家每户看是否有火星（当地出门干活只是关门，不会锁门），有的话立刻灭掉，门口的竹桶是否装好水，没装的要装满，把门窗关好，不让风吹进来，并提醒小孩不要玩火。6月以后，雨多潮湿，就不用巡寨了。”①

旱季巡寨制度是佤族地区在中华人民共和国成立后，由于当地火灾频发，给百姓带来重大的损失，严重影响了他们的生产生活，所以在政府的倡导下逐渐形成的一项有效的防火措施。如翁丁村“1959年1月发生过一次大火，烧毁了整个寨子，损失惨重……那次火灾以后，在政府的倡导下，我们逐渐专门安

① 讲述者：YG，龙坎村戈斗下组村民，时间：2019年1月26日，地点：龙坎村戈斗下组。

排人来巡寨看火”[①]。

但这一制度最初并没有这么明确的规定，也没有得到当地村民的足够重视和认真执行，所以最初效果并不明显。如 1967 年龙坎村永厅寨大火发生后，岩甩的兄弟岩掇拍来对他说：“政府和解放工作同志经常天天教育我们说‘你们要好好把火防好，不要失火烧了寨子，但是你们为什么不好好听话？为什么不把火防好？如果在旧社会我们还不知道要赔人家多少东西的。’”[②]直至 20 世纪 80 年代后，这一措施才逐渐得到当地村民的重视和完善。显然，旱季巡寨制度能有效消除很多火灾隐患，是降低火灾发生频率的一个重要措施。

（2）佤族传统的防火减灾措施。消防工作是佤族因长期以来遭受火灾之害而逐渐形成的重要防灾方式，包括修理水塘、清理水沟等，能有效减少火灾隐患并做好应对准备。另外，将火塘边界不断向外延伸，能有效降低火星掉入下层柴堆的概率，以及扩大火星与竹、木地板接触的距离；而“火塘上空 1 米多的高处，悬挂着一个炕笆，是防火及炕谷物之用”[③]。具体如图 15-4 所示：

图 15-4　火塘上方悬挂的炕笆（谢仁典摄）

① 讲述者：AN，翁丁村大寨村民，时间：2019 年 1 月 15 日，地点：翁丁村大寨。

② 西盟县民政局：《翁嘎科区龙坎乡永厅寨失火情况处理的报告》，档案号：27-1-18，西盟县档案馆。

③ 陈国庆：《中国佤族》，银川：宁夏人民出版社，2012 年，第 78 页。

炕笆能有效防止大火直接烧到房顶的茅草，起到阻挡与缓冲的作用。所以说火塘边界的外延及火塘上悬挂的炕笆，在一定程度上亦能有效减少火灾的发生。最后，建粮仓也是佤族一个有效的减灾措施（图 15-5）。“为了防火、防潮、防鼠等，佤族人通常会编一个大的竹框或者在木材多的地方直接建一个粮仓来储藏粮食，且建在远离寨子的地方，通常会高出地面 20—30 厘米。”① “粮仓建在离房子远的地方更安全，因为离得远，即使房子着火，粮仓也没事，可以保护粮食。”②而且粮仓不只是保存粮食，“到干旱季节，各家各户都会把家里贵重的东西拿到仓库存放”③。

可见，建粮仓能够有效减少火灾发生时所造成的损失，保存粮食和一些贵重物品，帮助人们度过艰难时期，这在一定程度上亦能起到维护社会稳定的作用，是一种重要的减灾措施。

图 15-5 建在寨子周边的佤族粮仓（谢仁典摄）

（3）摒弃传统的用火方式及改变简陋的房屋结构。自 20 世纪 90 年代以后，生活用电及各类家用电器逐渐普及至佤族聚居地区，人们的生产生活方式及住房条件都有了很大的改善。电能逐渐取代各种柴火成为佤族人民主要的生活能源，这一转变对减少火灾的发生起到了极其重要的作用。一方面，之前保存火种的传统用火方式逐渐被摒弃，“以前有年终才灭火和取新火的传

---

① 讲述者：BZC，莱片村村民，时间：2019 年 1 月 10 日，地点：莱片村村委会。

② 讲述者：YJG，翁丁村大寨村民，时间：2019 年 1 月 14 日，地点：翁丁村大寨。

③ 讲述者：YZJ，翁丁村村民，时间：2019 年 1 月 16 日，地点：翁丁村村委会。

统，但现在用电多，用柴火少，所以每天做好饭菜都会让火自然熄灭”[①]。这就大大减少了长期保存火种所存在的隐患。另一方面，由于柴火使用量的逐渐减少，之前房子的下层及周边乱堆的柴草也逐渐减少甚至消失，这就消除了易燃物的存在。而火源与易燃物的存在是火灾发生的两个必要条件，这两个条件的减少自然能有效降低火灾的发生概率。

另外，随着当地社会经济的发展，人们的住房条件亦有了很大的改善，由先前竹、木结构的茅草房逐渐转变为混凝土结构的砖瓦房，这就进一步减少了易燃物的存在，且混凝土结构的砖瓦房密闭性能远高于茅草房，能有效减少因风吹或火星掉落引起火灾的概率。因此，传统用火方式及房屋结构的改变成为有效减少当地火灾发生的客观原因。

从以上分析可知，旱季巡寨制度与佤族传统的防火减灾措施是佤族人民灾前防范的主要方式；而随着当地社会经济的发展，人们生活方式及房屋结构的变化则成为佤族地区火灾减少的重要客观原因。

二、灾后乡里互助

灾后的乡里互助。团结互助是中华民族的传统美德，而这一点在佤族地区得到了很好的体现，火灾之后的乡里互助便是典型代表。在佤族地区，若是某个寨子发生了火灾，灾后远近的乡里都会主动送来竹、木、茅草及米、水酒或者出工帮忙盖新房等，帮助灾民渡过难关。如 1967 年龙坎村永厅寨火灾发生后，除了政府救济外，乡里互助亦发挥了很大的作用，“各乡寨群众听到了永厅寨失火烧掉了房子，发动群众互相帮助，互相爱护。如：因候乡（现英候村）有 120 多人背着草，抬着木头，抬着竹子来慰问永厅寨。本乡平长寨（现写作平掌寨）也送来草、竹子和木头，有的还背着水酒送过来。又如石头寨、班东寨、永朗寨等也都发动群众送来不少的东西”[②]。具体情况如表 15-3 所示。

表 15-3　1967 年 3 月 27 日龙坎乡永厅寨火灾群众互助情况统计表

互助物品类别	茅草	木头	竹子	大米	小红米水酒
数量	602 把	38 根	124 棵	110 斤	190 斤

① 讲述者：ZYH，岩帅村村民，时间：2019 年 1 月 18 日，地点：岩帅村村委会。

② 西盟县民政局：《翁嘎科区龙坎乡永厅寨失火情况处理的报告》，档案号：27-1-18，西盟县档案馆。

又如1959年翁丁村火灾发生后，“当时下寨、新牙的人都过来帮忙盖房，邻里之间也互相帮助”[①]，等等。

佤族地区至今仍然保留着这种原始的互助形式，这不仅可以在物质上帮助受灾群众减轻因灾造成的重大损失所带来的生活压力，也可以在心理和精神上鼓励受灾群众振作起来渡过难关。此外，这还有利于促进村寨之间的团结和社会的稳定。

隆重的禳灾仪式，其主要目的虽然是避免火灾再次发生，但这背后反映出佤族地区长期以来遭受火灾之害对当地百姓所造成的心理恐慌，所以说其深层的目的则是消除人们内心的恐惧和获得精神上的安慰。

通过以上分析可知，旱季巡寨制度、佤族传统的防火减灾措施（新火节的消防活动；火塘边界的外延及火塘上方的炕笆；建粮仓等），以及随着当地社会经济的发展，摒弃传统的用火方式及改变简陋的房屋结构，成为佤族地区灾前防范的主要方式。而灾后的乡里互助在物质和精神上有效减少了受灾群众的负担，成为佤族地区灾后的重要应对方式。

本章小结

云南佤族聚居区频繁的火灾给当地百姓的生产生活造成了重大影响，而在长期应对火灾的过程中，亦逐渐形成了独具佤族特色的“火文化”——新火节，以及灾前灾后诸多有效的防火减灾措施，如旱季巡寨制度，新火节中的消防检查、修水塘、清理水沟活动，建粮仓及体现中华民族传统美德的灾后乡里互助传统等。这些措施不仅有效降低了火灾发生的概率，减少了受灾群众的负担，而且有利于促进民族团结和地方社会的稳定，是我们今天在应对火灾的过程中应该学习和借鉴的好经验、好方法。

① 讲述者：AN，翁丁村大寨村民，时间：2019年1月15日，地点：翁丁村大寨。

第十六章　近二十年中国古代瘟疫史研究的回顾与展望

在中国，医学史是一个古老又年轻的学科。其古老在于传统医学留下了大量医学典籍，这些典籍大都建立在梳理、继承前人的医学观念之上，进而自发形成了中国医学史研究的雏形；其年轻又在现代医学于清朝后期才传入中国，传统医学观受到外来医学观念的冲击，医学史逐渐呈现当代特质进入自觉时代。20 世纪 30 年代成书的《中国医学史》[①]是中国医学史独立发展的标志，该书对中国医学发展史做出系统总结，为该学科的发展开辟了道路。20世纪90年代中国台湾学者杜正胜提出新社会史的口号并与医学史研究结合组建“疾病、医疗与文化”研究小组，医疗社会史浮出水面[②]，史学界逐步参与医学史研究。同时带有地学背景的学者龚胜生、梅莉、晏昌贵等人也开始关注瘟疫史研究，提出“环境疾病”[③]的说法。自此，医学史分类越来越细，涉及疾病的研究受到学界较高关注。目前，学界可见的相关综述主要有从中医医史角度撰写的《近 50 年的中国古代疫情研究》[④]，从史学研究出发着重述评的《中国史学

---

* 本章由国家社科基金重大项目“中国西南少数民族灾害文化数据库建设”（项目编号：17ZDA158）成员吴博文的中期研究成果《近二十年中国古代瘟疫史研究的回顾与展望》改编而成。

① 陈邦贤：《中国医学史》，上海：上海书店出版社，1984 年。

② 杜正胜 1995 年发表在《新史学》上的《作为社会史的医疗史——并介绍“疾病、医疗与文化”研讨小组的成果》是“医疗社会史”概念发展中的一大标志性事件。

③ 梅莉，晏昌贵，龚胜生：《明清时期中国瘴病分布与变迁》，《中国历史地理论丛》1997 年第 2 期。

④ 赖文抟：《近 50 年的中国古代疫情研究》，《中华医史杂志》2002 年第 2 期。

界疾病史研究的回顾与反思》[①]、《中国疾病史研究刍议》[②]，着重回顾的《21世纪以来中国史学界关于疾病史研究综述》[③]，以及断代疾病史综述《近 20 年隋唐疾病问题研究综述》[④]、《医学与社会文化之间——百年来清代医疗史研究述评》[⑤]等。针对近 20 年来中国古代瘟疫史研究，还未有学者进行系统回顾。本章以该时段瘟疫史研究的发展情况为基础，根据历史时期医学发展状况和民众对医学的认知情况将中国古代的时间下限定在1911年帝制覆灭，上限延伸至史前，将近20年该时段瘟疫史研究的代表性成果归纳梳理，分七类进行回顾，最后就当前研究的问题和未来发展方向进行分析、展望。由于当前相关研究成果十分广泛，对部分成果分类可能存在交叉，限于个人能力也难免有所遗漏，若有不妥之处，望各位方家多多批评指正。

第一节　中国古代瘟疫史的理论探讨

中国医学史研究起步较晚，相关理论探讨也较少，目前涉及较多的是有关医学史学科属性及“瘟疫”概念范围特点等内容的分析。

一、学科属性的理论探讨

一直以来医学界都是医学史研究的主力军，尤其以中医医史文献领域内的学者为众。直到20世纪70年代，史学界才逐渐向医学史投以目光。因此针对医学史的学科属性，许多学者持有将医学界和史学界的研究划分为“内史”与“外史”的看法。“由医学专业工作者所进行的纯粹科学技术史研究，通常被人称为‘内史’；而由历史学界进行的与专业技术有关的社会史研究，则被人称为‘外史’”[⑥]。20 世纪 90 年代后半期，史学界先后提出“医疗社会

---

① 王小军：《中国史学界疾病史研究的回顾与反思》，《史学月刊》2011年第8期。

② 林富士：《中国疾病史研究刍议》，《新华文摘》2004年第6期。

③ 彭庆鸿：《21世纪以来中国史学界关于疾病史研究综述》，《三门峡职业技术学院学报》2016年第1期。

④ 郑言午：《近20年隋唐疾病问题研究综述》，《中国史研究动态》2019年第3期。

⑤ 余新忠，陈思言：《医学与社会文化之间:百年来清代医疗史研究述评》，《华中师范大学学报》（人文社会科学版）2017年第3期。

⑥ 曹树基，李玉尚：《鼠疫：战争与和平:中国的环境与社会变迁（1230—1960年）》，《历史人类学学刊》2008年第1—2期。

史”及“环境疾病”的概念，“内史”与“外史”的边界在史学界新理论之下变得越来越明确。从此，史学界与医学界间几乎达成默契，沿各自的研究路径渐行渐远。诚然，对于一门学科的发展而言，方向和门类迈向精细化无疑是其进步的重要标志。但医学史更像是一门包罗万象的交叉学科，是人类社会与自然内部各相关要素组成的一个系统。特别是在医学史研究中以疾病尤其是瘟疫为研究对象的成果，往往表现出牵一发而动全身的特点，把医学史用“内史”和“外史”两种路径进行区分并做主题研究，对于中国医学史乃至古代瘟疫史的长远发展反而不利。这种理论导向也是当前瘟疫史研究出现困境的一大原因。

二、瘟疫史的名实之辩

关于“瘟疫”的说法有很多，大体可分为传统医学和现代医学两种表述系统，尽管表述各异，但范围多有重叠。2000 年前后日本医史学界重要的学术期刊《日本医史学杂志》就已开始关注这一问题并刊登了相关文章。邵沛在《日中疫病史の中の「疫」と「瘟」》[①]中，对中日最古老的医学典籍《黄帝内经・素问》及《古事记》进行考察，分析了“疫”和“瘟”在中日文献中的源流，其认为“疫”源于中国军队的传染病，日本则指死亡人数甚众的疾病，而“瘟”则与温病相关。其后，邵沛在《中日疫病史における伝染説提唱の先覚者ー呉有性と橋本伯寿》[②]中对先世疫病史研究者进行考证时，使用了“传染病”这一名词对传统医学中的疫病进行概括。国内学者李玉尚在其博士学位论文《环境与人：江南传染病史研究（1820—1953）》中对相关概念进行系统分析回顾后，也选择采用现代医学概念进行归纳，其采用了世界卫生组织的国际疾病分类标准，并把寄生虫病也纳入其中[③]。而中医医史学界由于研究依据的典籍成书较早及传统医学的特点，多选用传统医学的概念。张志斌的《疫病含义与范围考》是这一阶段从中医角度对其讨论的代表，其通过考证“疫”字的字源和最早记载相关内容的几本典籍指出：“疫病是指具有传染或流行特征而

① 邵沛：《日中疫病史の中の「疫」と「瘟」》，《日本医史学雑誌》2000 年第 3 號。

② 邵沛：《中日疫病史における伝染説提唱の先覚者ー呉有性と橋本伯寿》，《日本医史学雑誌》2000 年第 3 號。

③ 李玉尚：《环境与人：江南传染病史研究（1820—1953）》，复旦大学 2003 年博士学位论文。

且伤亡较严重的一类疾病。包括的病种是相当广泛的，包括多种传染病，也可能包括某些非传染性流行病。”[①]对于现代医学同传统医学间的差异，他认为“要追究以上所言疫病范畴中都具体包括了现代医学中的哪些传染病，则很难一一对号入座。”[②]另外，研究中使用明末吴又可在《温疫论》中所讲“温病”[③]说法的学者也有不少。但温病是以温邪引起以发热为主症的疾病，所包含的范围较大，寒疫、湿疫又不在其中，这一概念还是存在一定的局限性。赖文等人则借鉴《中医大辞典》中的说法将瘟疫定义为“具有剧烈流行性、传染性的急性疾病。”[④]这种理论应该说是对上述情况进行回应的一种折中定义方法。

事实上，传统医学与现代医学概念很难等同。现代医学中内涵与瘟疫有密切联系的概念即传染病，这类病“由病原体引起，能在人与人、动物与动物或人与动物之间相互传播……病原体种类繁多细菌、病毒、衣原体、立克次体、支原体、螺旋体、真菌、原虫和蠕虫等”[⑤]均属于病原体。但传统医学中内涵相关的概念则有温病、温疫、瘟疫等。温病包括一切具有温热性质的外感疾病，“既包括具有强烈传染性和流行性的一类温病，也包括传染性、流行性较小及少数不具传染性的温病。温疫则是指温病中具有强烈传染性和流行性的一类，所以温疫属于温病范围”[⑥]。瘟疫与温疫间的差别则在于瘟疫还有寒疫、湿疫等其他分类。应该说，瘟疫的概念包含了温疫的全部。瘟疫的核心要素是强烈的流行性和传染性，因此一些寄生虫病也能纳入其中。另外“疫情”也是学术界使用较多的概念，这是一个范围概念，只有形成大量病人感染才能称为疫情。通过上述分析及当前研究状况，显然，我们无法达成绝对明确的概念，但使用“瘟疫”一词进行概括，与现代医学的“传染病”比照或许比其他提法更恰当一些。

① 张志斌：《疫病含义与范围考》，《中华医史杂志》2003 年第 3 期。

② 张志斌：《疫病含义与范围考》，《中华医史杂志》2003 年第 3 期。

③ 温病指的是感受温邪所引起的一类外感急性热病的总称。又称温热病。属广义伤寒范畴。以发热、热象偏盛（舌象、脉象、便溺等热的征象）、易化燥伤阴为临床主要表现。

④ 赖文，李永宸：《古代疫情资料整理方法初探》，《中华医史杂志》2001 年第 1 期。

⑤ 聂刚基主编：《传染病学》，郑州：河南医科大学出版社，1996 年。

⑥ 马健主编：《温病学》，北京：中国中医药出版社，2016 年。

第二节　中国古代瘟疫史史料学研究

“研究历史必须具备两个基本条件：一是正确的理论，一是足够的史料……史料是历史研究的基础。”[①]中国古代瘟疫史作为中国史的分支，瘟疫史史料研究非常必要。史料研究在医史学界一直具有很高的关注度。这一阶段从事相关研究的主要有广州中医药大学赖文和福建中医药大学林楠分别带领的两大团队。

较早从事瘟疫史史料学研究的是广州中医药大学的赖文团队，其申报了广东中医药管理局资助课题“岭南古代疫病史研究”，在岭南瘟疫史料整理方面取得了长足进展。其中，赖文同李永宸共同撰写的《古代疫情资料整理方法初探》“以岭南古代疫情资料为例，从疫情资料的界定、相关因素的筛选、疫情时间、地点、烈度确定等方面探讨以流行病学方法指导整理古代疫情资料”。[②]在瘟疫相关史料的录入筛选原则上，其提出：“疫情资料应当来源于记实性文献，如史书、地方志、官府文牍、报刊、杂记、碑刻、宗谱、书信、传记等；疫情记录必须有明确的时间、地点，否则不列入疫情统计，只保留在‘原始资料汇编’中；瘟疫病的散发病例不列入疫情统计，但将其保存在‘原始资料汇编’中，以备存查……参考流行病学的一般统计方法，把一个县一年内因同一瘟疫病种而死的人数在个位数、或发病人数在20人以下者，定为‘散发病例’。”[③]这一理论区别于帝制时期中医医史文献整理的方法，也开创了中医医史文献数据化整理的新思路。

福建中医药大学林楠团队的瘟疫史料整理立足福建并兼及周边地区。这些成果有长时段小区域的《福州古代疫病文献资料研究》[④]，有短时段大区域的《福建清代疫情资料分析及研究》[⑤]、《明清闽北疫情资料整理与研究》[⑥]，以

① 何忠礼：《中国古代史史料学》，上海古籍出版社2004年硕士学位论文。
② 赖文，李永宸：《古代疫情资料整理方法初探》，《中华医史杂志》2001年第1期。
③ 赖文，李永宸：《古代疫情资料整理方法初探》，《中华医史杂志》2001年第1期。
④ 宿佩勇：《福州古代疫病文献资料研究》，福建中医学院2005硕士学位论文。
⑤ 王志良：《福建清代疫情资料分析及研究》，福建中医学院2009硕士学位论文。
⑥ 熊益亮：《明清闽北疫情资料整理与研究》，福建中医药大学2014硕士学位论文。

及短时段聚焦治疗方法的《明清疫病文献针灸防治资料整理与研究》[1]等。这些成果大多从"正史、福建通志、府志、福州历代所辖县区以及部分外周县份的县志、笔记、文集、医书、期刊、资料汇编等"[2]提取瘟疫相关资料进行整理分析。值得注意的是，林楠团队并不拘泥于传统医学文献，其对史学文献也投以关注，成果也非罗列材料或就史料谈史料，而是在采用统计学方法进行流行病学分析后，对瘟疫发生的原因也做探讨，并注意社会、环境两大因素，是"内史"学界较大的突破。

除上述团队展开研究以外，天津中医药大学王玉兴所整理的从春秋战国到中华民国成立前的"中国古代疫情年表"[3]也是医史学界较为重要的成果。该年表将正史及部分医学典籍中有关疫情时间、地点的史料辑录出来以时间顺序进行排列，是目前可见具有通史性质且较详细的古代疫情年表。虽然该年表对史学与医学文献均有关照，但实录、报刊、档案资料均未能参照实为一大遗憾。

总体来看，医史学尤其是医史文献领域学者是瘟疫史史料学研究的主力。因此传世医学文献是瘟疫史史料整理的重点，并兼及正史、地方志为代表的史学文献，但他们缺乏对实录、档案、报刊等文献的关照。可见，中国古代瘟疫史史料学既有传统史料学特点，又有其自身源于交叉学科的独特性，目前依旧处于起步阶段。

第三节　中国古代瘟疫史的长时段研究

以长时段[4]对某具体史学问题进行研究，能更好地把握研究主体脉络和演进关系，进而发现掩藏在表面史实下的历史潜流。在近二十年瘟疫史的长时段研究中，既有对某一地区古代疫情的宏观研究，也有聚焦于具体医学防疫方

① 戴俊荣：《明清疫病文献针灸防治资料整理与研究》福建中医药大学 2015 年硕士学位论文。

② 宿佩勇：《福州古代疫病文献资料研究》，福建中医学院 2005 硕士学位论文。

③ 王玉兴：《中国古代疫情年表（一）（公元前 674 年至公元 1911 年）》，《天津中医学院学报》2003 年第 3 期；王玉兴：《中国古代疫情年表（二）（公元前 674 年至公元 1911 年），《天津中医学院学报》2003 年第 4 期。

④ 此处所指"长时段"研究多为以整个中国古代作为研究时段的成果，但涉及文化史的部分为保证成果的代表性，一些以某一朝代、时期为研究时段的成果也纳入其中做梳理比较。

法、思想、机制的研究。

一、大区域综合研究

广州中医药大学赖文、李永宸的《岭南瘟疫史》[①]是综合研究的代表。该书对岭南瘟疫资料进行整理，以天花、霍乱、鼠疫等瘟疫的流行病学分析为切入点，对疫情发生发展的社会、自然等因素及岭南人民对瘟疫的应对和瘟疫对社会的冲击进行研究。既有医史学的研究特点，又将相关社会因素纳入考量范围。不仅是当前岭南瘟疫史研究的代表作，也是近二十年来长时段大区域综合研究的代表作之一。李永宸、赖文的另一研究《岭南地区 1911 年以前瘟疫流行的特点》则总结了岭南瘟疫发生的规律，其认为岭南瘟疫多“集中在清代光绪、宣统年间；主要发生于春夏两季；疫情主要分布在沿海地区；疫种以鼠疫、霍乱、天花为主；疫情总体与旱、饥、兵灾关系最密切；鼠疫与地震、霍乱与旱灾的伴发次数较高”[②]。他们还对医史学视域下区域瘟疫史研究的思路做出总结，《四川古代疫情研究》便是其这种研究思路的典型代表。这类研究多从数据提取、分析和展望三方面对某区域疫情进行流行病学考察。专注医学考察，忽略社会、环境等因素是他们开展瘟疫史研究的特点。随着《岭南瘟疫史》的出版，他们的这种研究思路有所完善，研究开始关注到社会、环境等因素。

吴娅娜的《湖湘疫病史研究》[③]是医史学研究范式完善的代表，该文除流行病学考察外，对湖湘官方、民间对瘟疫的应对都进行了分析，其重点回顾了传统医学对疫病的认识和治疗。最重要的是，其立足湖湘地区特点对巫医文化进行论述，是该文的最大亮点。其后还有王晓琳的《陕西古代疫情研究》[④]、李峰的《山西古代疫情研究》[⑤]，两篇硕士学位论文研究逻辑类似，均从某区域先秦瘟疫情况梳理至中华民国成立前后，对疫情发生的时代、季节、地理等特点进行分析，并将人口、战争、灾害等诸多因素对疫情出现的影响及政府抗

① 赖文，李永宸：《岭南瘟疫史》，广州：广东人民出版社，2004 年。22

② 李永宸，赖文：《岭南地区 1911 年以前瘟疫流行的特点》，《广州中医药大学学报》1999 年第 4 期。

③ 吴娅娜：《湖湘疫病史研究》，湖南中医药大学 2012 年硕士学位论文。

④ 王晓琳：《陕西古代疫情研究》，陕西中医学院 2013 年硕士学位论文。

⑤ 李峰：《山西古代疫情研究》，山西中医学院 2016 年硕士学位论文。

疫做出考察。运用统计学方法和考察灾害与疫情的关系是这两篇文章的亮点。值得一提的还有杨青海和宝音图撰写的《古代蒙古地区疫病史考》[①]，这篇文章除研究区域鲜有前人涉猎外，其研究主题是关注蒙医在瘟疫应对上的作用，这对民族地区瘟疫史的研究实践起到了示范作用。

二、瘟疫对策及文化史研究

瘟疫在具体内容层面的研究可分为对策和文化史研究两类。邓铁涛主编的《中国防疫史》[②]是目前瘟疫对策研究中里程碑式的成果。该书从先秦防疫梳理至当代抗击 SARS，按防疫政策特点做针对性评述。最难能可贵的是其在论述先秦防疫时借鉴了体质人类学的研究方法，在论及秦汉防疫时又注意利用出土医简等新资料，这是瘟疫史研究的一大创新和突破。王玉德的《试论中国古代的疫情与对策》从政府、民间和医家三方面对中国古代瘟疫对策进行梳理，其认为历代政府对防疫都较为重视，在医学上“以医师为主体对付各种疾病和疫情，有从上到下的庞大医疗网络、隔离疫病的场所、种痘防疫的举措”。民间“经常用烟薰火烧等方式防疫。为了对付疫疾，先民有送瘟神的风俗。民间曾用道术逐疫。每有疫情，民间就要大张旗鼓的做卫生。”[③]王文远的《古代中国防疫思想与方法及其现代应用研究》[④]从中医学角度对古代防疫方法进行分析，其论述了先民对瘟疫特点、病因的认识及瘟疫发生的其他相关因素的理解。文章第二部分对中医在瘟疫发生前、发生时及发生后的医学应对方法和时人对此法的理解做了具体分析，是前人研究中未曾详细涉及的内容。另外，该研究也具有现实关怀，对传统医学方法在非典型性肺炎、禽流感和甲型 H1N1 流感中的应用也提出其看法。近年来，瘟疫防治研究成为热门。张艺萍和沈玮玮所撰《古代中国依法防控疫情之道》从法律史角度对中国古代防控疫情做出解读，她们认为：“依法防疫制度举措的基本思路中及时获悉疫情并迅速确诊是抗疫的前提。强调个人卫生、整治环境，采取减免赋税、祭祀祈福等”是重

---

① 杨青海，宝音图：《古代蒙古地区疫病史考》，《内蒙古民族大学学报》（自然科学版）2016 年第 2 期。

② 邓铁涛：《中国防疫史》，南宁：广西科学技术出版社，2006 年。

③ 王玉德：《试论中国古代的疫情与对策》，《江汉论坛》2003 年第 9 期。

④ 王文远：《古代中国防疫思想与方法及其现代应用研究》，：南京中医药大学 2011 年硕士学位论文。

要举措，同时“加入市场和科技带来的防控新法”，最终形成“政府干预和市场调配协调抗疫的体系。”[①]王星光[②]则借助当前学术动态按照时间线索对先民应对瘟疫的情况作简单梳理，为大家展现出一个延续发展的防疫脉络。

在瘟疫思想史方面，除前文所述王文远的《古代中国防疫思想与方法及其现代应用研究》较大篇幅论及防疫思想史外，董维的《中国古代卫生防疫思想变迁的研究》是防疫思想史研究的代表。其认为：“疫病认识是由最初的鬼邪致疫，逐渐发展为‘四时’‘六淫’致疫，到病原学思想‘戾气说’”的过程，“随着认识的提高形成了中国传统医学特有的防疫思想”。同时其认为：“防疫思想的变迁也与自然环境和社会发展状况密不可分，特别是与人类生活存在极其密切关系的政治、经济、科技水平、意识形态等因素会起到很强的能动效应作用。”[③]

长时段瘟疫文化史研究是目前使用史料种类最丰富的研究方向之一，部分成果研究时段尽管不及前文以整个古代进行阐释，但也基于某一特定时期进行脉络分析。日本学界的伊藤清司早在 1970 年就在其文《古代中国の民間医療（三）》[④]使用了中国上古文献《山海经》进行瘟疫文化史研究。到了 21 世纪之交，和田裕一的《中国古代における一般的医学観について》利用小说《三国演义》及经学《论语》《韩非子》等对中国古代以阴阳五行学说为基础的瘟疫文化观进行阐释。小高修司在 2004 年发表的《蘇軾（東坡居士）を通して宋代の医学・養生を考える：古代の気候・疫病史を踏まえて『傷寒論』の校訂を考える》[⑤]是该阶段日本学界对中国瘟疫文化史研究中最值得关注的作品之一。该文结合传世医学文献《伤寒论》、正史、诗词等内容，以苏东坡为切入点思考宋代医学养生。其中包含对气候、道术与温疫、寒疫关系的分析，以及时人的医学养生认识。该成果不仅史料多样、思路新颖，而且其对瘟疫内涵的解读给人以耳目一新的感觉。日本学界对新材料的使用，不仅是对中国瘟疫史研究的创新，也是对今后我们从事相关研究的启发。这一时期中国学界瘟疫文

① 张艺萍，沈玮玮：《古代中国依法防控疫情之道》，《民主与法制时报》2020 年 3 月 15 日，第 7 版。

② 王星光：《中国古代对疫病的认识与防治》，《河南日报》2020 年 2 月 28 日，第 9 版。

③ 董维：《中国古代卫生防疫思想变迁的研究》，黑龙江中医药大学 2015 年硕士学位论文。

④ 伊藤清司：《古代中国の民間医療（三）》，《史学》1970 年第 4 號。

⑤ 小高修司：《蘇軾(東坡居士)を通して宋代の医学・養生を考える：古代の気候・疫病史を踏まえて『傷寒論』の校訂を考える》，《日本医史学雜誌》2004 年第 3 期。

化史研究的材料也呈现出多元化特征，如小说、宗教典籍、墓志均纳入材料凭借。张蕊蕊的《浅析明清小说中的瘟疫描写》[①]利用明清小说对瘟疫描写进行文学批评研究。马芸的《医治与神治——道教传染病治疗研究》[②]利用《道藏》对道教应对疫病及道教瘟疫文化进行梳理。张梦莹在《唐长安地区疾病史初探——以长安墓志为中心》[③]一文中利用墓志内容对长安地区瘟疫发生和社会情况进行研究，从瘟疫史角度开辟了墓志利用的新视角。

从宏观上看，瘟疫史研究基本脉络已比较清晰，只是尚为雏形有待进一步完善。从地域上看，南方研究显著多于北方。从内容上看，医疗社会史视域下的对策研究已比较深入，医史学更是如此，但防疫思想史研究较薄弱，心理史学等方法还未见明确引入，这也应成为未来相关研究发展的方向。

第四节　断代瘟疫史研究

断代瘟疫史研究相比长时段研究更易把控，是瘟疫史成果相对丰富的部分，出现了运用新史学方法从环境史、心理史、计量史学等方向进行思考的案例[④]。这类研究的时段集中于明清，其次是唐五代时期。

一、地学与医学界对断代瘟疫史研究的关注

断代瘟疫史已不是医史界一枝独秀，而是多学科研究者百花齐放，尤其是具备理科特别是地学研究背景的学者。这些学者在选题角度、论证逻辑上多与一般学者侧重点不同，其更关注气候、人口、环境等地学因素对瘟疫发生发展的影响，梅莉、晏昌贵是其中的代表人物。两人合撰的《关于明代传染病的初步考察》认为明代传染病的地理分布情况是“南方明显多于北方。南方主要集中在长江中下游及福建省”，以及“影响明代传染病地理分布的原因，除地理环境、气候条件、灾荒与战争外，很大程度上与南方山地开发、流民移动方向

---

① 张蕊蕊：《浅析明清小说中的瘟疫描写》，《文教资料》2017 年第 35 期。

② 马芸：《医治与神治—道教传染病治疗研究》，山东大学 2017 年硕士学位论文。

③ 张梦莹：《唐长安地区疾病史初探——以长安墓志为中心》，《中医药文化》2020 年第 1 期。

④ 由于后文第七部分中会对瘟疫史研究中涉及环境史、计量史学的新动向进行详细论述，因此涉及这些方面的断代瘟疫史研究在本节不予赘述。

息息相关。”[①]医史学界继续沿袭流行病学分析兼及社会变迁的思路进行，曾毅凌的《明清闽南疫病流行状况研究》是其中较具代表性的一篇。该文“对明清闽南疫情文献资料作系统全面的调查与整理分析，结合疫病种类及时空分布、自然环境和社会背景，探讨明清闽南疫病流行的特点和规律。并对明清闽南地区的瘟疫防治情况进行分析”，进而发现瘟疫“清代较明代频繁，疫病流行时间多发生于夏季，漳、泉、厦三地流行次数分布较平均疫病种类多，其中以鼠疫发生频次最多，自然灾害及社会事件可以引发或加重疫病流行”[②]。

二、史学界对医疗社会史的关注

这一阶段医疗社会史的概念渐趋完善，史学界出现了一批从医疗社会史出发进行瘟疫史研究的成果，首推南开大学余新忠的研究。余新忠的《清代江南的瘟疫与社会——一项医疗社会史的研究》[③]一书从医疗社会史重构了清代的社会变迁情况，将医学现代化与中国的近代化主题相联系，研究深度和广度都获得极高地提升。该书不仅借鉴了传统医学关于瘟疫的概念，也兼顾到现代医学的相关概念，其在第四、五章中对两者关系也做出阐释。这一重量级研究掀起史学界关注医疗社会史的小高潮，产出了一批研究成果。这些研究主要有《唐五代瘟疫与社会研究》，该文通过“考察唐、五代时期瘟疫流行情况，运用医学、社会学、环境卫生学、历史学的理论和方法来研究唐、五代时期的瘟疫与社会的关系，探讨瘟疫频发的自然生态与人类社会因素……进而揭示瘟疫在这一时期社会发展变迁中所担任角色”[④]。此外，还有通过瘟疫资料整理和社会史分析探讨“瘟疫与社会变迁”的《明代瘟疫与明代社会》[⑤]，以及着重论述疫情应对的《唐代疫灾防治研究》[⑥]、《明代湖南疫灾防治研究》[⑦]、《唐代疫疾流行与社会主要应对机制研究》[⑧]，等等。

---

① 梅莉，晏昌贵：《关于明代传染病的初步考察》，《湖北大学学报》（哲学社会科学版）1996 年第 5 期。

② 曾毅凌：《明清闽南疫病流行状况研究》，福建中医药大学 2010 硕士学位论文。

③ 余新忠：《清代江南的瘟疫与社会——一项医疗社会史的研究》，北京：中国人民大学出版社，2003 年。

④ 李曼曼：《唐五代瘟疫与社会研究》，安徽师范大学 2006 年硕士学位论文。

⑤ 陈旭：《明代瘟疫与明代社会》，西南大学 2011 年硕士学位论文。

⑥ 郑秋实：《唐代疫灾防治研究》，中央民族大学 2012 年硕士学位论文。

⑦ 蒋明明：《明代湖南疫灾防治研究》，广西师范大学 2015 年硕士学位论文。

⑧ 高云波：《唐代疫疾流行与社会主要应对机制研究》，云南师范大学 2019 年硕士学位论文。

第五节　基于特定内容开展的中国古代瘟疫史研究

瘟疫在社会运转中并非独立单元，其往往作为社会要素与其他要素相互作用进而引起整个系统的变动。针对这一特点，学者在进行研究时也会着重对某一特定内容深入剖析，史学界在这一方面的研究比较突出。

一、关注特殊病种

瘴病在文献中时有出现，但什么是瘴病、瘴病怎么产生等在文献中却非常模糊。早在1991年，龚胜生就关注到瘴病这一研究主题，并以《2000年来中国瘴病分布变迁的初步研究》[①]为题，对 2000 年以来瘴病的流行情况及分布变迁作出考证，确定瘴病与疟疾有关。后来，梅莉、晏昌贵和龚胜生共同撰写了《明清时期中国瘴病分布与变迁》，三位均为较早关注瘴病的一批学者，经三人考证，进一步肯定瘴病是指“具有传染性的流行性疾病——恶性疟疾”[②]，并从地理分布和经济开发两方面对瘴病做了细致分析。尤其是从瘴病流行区移民和土地开发角度来思考瘴病变迁，使该研究的深度大大推进，这也是瘟疫史研究中极具新意的创举。而后，李玉尚与杨雨茜从明清美洲作物传入这一历史过程出发，在《番薯、玉米与清初以来四川的钩虫病》[③]一文中从耕作技术、肥料使用、作物推广等方面结合流行病调查阐述了四川地区钩虫病高发的原因。其从外来物种带来的生态影响开展瘟疫史相关研究，是对研究视角的一大创新。

二、关注动物瘟疫

目前学界对瘟疫史的研究大多聚焦于人类易患疾病，动物瘟疫中以鼠疫[④]关注度最高，将动物瘟疫真正分离出来作为研究对象进行宏观研究的较少，对人畜共患病及动物瘟疫关注度不够。尹美霖较早关注到动物瘟疫，并从宏观角

---

① 龚胜生：《2000 年来中国瘴病分布变迁的初步研究》，《地理学报》1993 年第 4 期。

② 梅莉，晏昌贵，龚胜生：《明清时期中国瘴病分布与变迁》，《中国历史地理论丛》1997 年第 2 期。

③ 李玉尚，杨雨茜：《番薯、玉米与清初以来四川的钩虫病》，《科学与管理》2013 年第 6 期。

④ 如后文提及刘雪松的《清代云南鼠疫的环境史研究》，在此对鼠疫不作过多赘述。

度对其进行研究，其在《宋代动物灾害》[①]一文中对动物瘟疫的发生、发展和应对做了细致研究。在“环境致灾观”一节对当时的牛疫进行梳理，并探讨了旱灾和牛疫之间的关系。孙烨在《宋代军医研究》中也对牲畜瘟疫有所论及，其通过对宋代军队兽医的培养、组织及治疗机制研究后，发现“宋代牲畜疫病较多”这一因素“推进了兽医技术的进步”[②]。任兆杰则从文化史角度发现人、牛、疫之间的微妙关系。魏晋以来“中国古代出现许多杀牛吃牛者遭疫病、得恶报，不杀不吃者可免疫、得善报的记载，开始形成赓续不绝的‘牛戒’传统。”[③]在其所撰《不食牛肉，家无疫患——中国古代“牛戒”故事研究》一文中，他认为“牛戒”源于瘟疫流行，“体现了地方社会与官府法令的博弈，而且一定程度上还反证宋代以来养殖业和屠宰业的发展。在牛戒观念影响下，‘屠夫’在古代社会中的形象也从‘屠牛酤酒’的姜尚和庄子笔下‘庖丁解牛’等治国之才的形象，逐渐沦为文人眼里的‘无赖’‘奸民’等”[④]，她以瘟疫故事作为切入点，对当时的文化观念进行研究，无疑是瘟疫文化史的一大突破。

第六节　中医科技史研究

中医科技史是瘟疫史中最专业的领域，对针灸、配伍、汗法等进行研究需要建立在扎实的中医知识基础上，研究者以中医学界为众。

一、传统医学抗疫治疗方法研究

陈玫芬的《疫病之中医预防研究》[⑤]是中医抗疫方法研究中的代表作。其硕士学位论文在对中西医疫病相关基础理论及中国古代疫情状况梳理的基础上，总结了瘟疫发生的病因与致病机理，并从治未病中“未病”“即病”和“瘥后”三个阶段来介绍中医学对瘟疫的预防。其硕士学位论文第五章也着重

① 尹美霖：《宋代动物灾害》，四川师范大学 2017 年硕士学位论文。
② 孙烨：《宋代军医研究》，河南大学 2018 年硕士学位论文。
③ 任兆杰：《不食牛肉，家无疫患——中国古代“牛戒”故事研究》，《史林》2019 年第 5 期。
④ 任兆杰：《不食牛肉，家无疫患——中国古代“牛戒”故事研究》，《史林》2019 年第 5 期。
⑤ 陈玫芬：《疫病之中医预防研究》，南京中医药大学 2011 年硕士学位论文。

对中医瘟疫预防方法进行了概述。尹高云的《中医汗法治疗疫病的文献研究》立足中医医史文献“对中医汗法治疗传染病的古代文献整理归纳。总结中医学自秦汉至明清关于疫病认识方面的文献。探讨中医学对疫病病因病机的认识及历代医家汗法特点，以张仲景《伤寒论》及明清时期著名医家吴又可《温疫论》等为主要线索分析研究，探讨中医学采用汗法治疗疫病的普遍规律及应用方法”[①]。该文的一大价值是对张仲景《伤寒论》的探讨。前人研究多集中于强传染性与高致死率的瘟疫，对《伤寒论》中所涉及的传染性强但致死率低的病种关注较少，该文是对这类瘟疫研究的一大补充。

二、中药抗疫方剂学研究

除中医抗疫方法研究外，中药药物学及配伍方法研究也是中医科技史中较受关注的部分。这类研究的最大特点是借助统计学及算法对数据进行精确分析，其可靠性大大提高。蔡婉婷等人通过分析发现：“古现代中医虽疾病名称相同，但含义并不完全相同。古代中医的疾病概念往往大于现代。古代痢疾用药多立足于清热，行气止痛；霍乱用药多立足于温补脾肾。现代细菌性痢疾用药多立足于清热泻火；霍乱多立足于清热解毒。霍乱的治疗古今是有明显差异的。”[②]黎钲晖等人“以 70 多个古代瘟疫方剂作为研究样本，通过两种算法分别挖掘出 19、17 种核心药物，对结果进行分析对比，最终确定对抗瘟疫的 15 种核心药物。综合分析表明 15 种核心药物对治疗瘟疫疗效确切”[③]。张稚鲲、王若尧和陈仁寿“在收集整理古今肺系疫病临床文献的基础上，利用数据挖掘方法了解古今疫病组方特点。发现古今肺系疫病组方用药有相似之处，均以清热药使用最多，并常配伍解表药、化痰药、理气药、泻下药、活血药、止血药、补气药等。提示高热、疫毒瘀滞、痰凝气阻、血瘀血滞、迫血妄行、耗气伤阴等在肺系疫病中最为普遍，但古代方辛散之药更为多用，散邪治疫特点突出，而现代方清热药使用最多，更侧重清泻热邪。”[④]确定文献所载病种一直

① 尹高云：《中医汗法治疗疫病的文献研究》，山东中医药大学 2012 年硕士学位论文。

② 婉婷，李新霞，陈仁寿：《基于 Apriori 算法的古现代疫病用药比较与分析》，《时珍国医国药》2017 年第 6 期。

③ 黎钲晖，郑晓梅，刘迪：《古代疫病中方剂核心药物的发现算法比较》，《智慧健康》2018 年第 8 期。

④ 张稚鲲，王若尧，陈仁寿：《古今肺系疫病方配伍特点对比研究》，《中医药信息》2018 年第 4 期。

是疾病史研究的一大难点。中药学研究从表面上看似乎与史学关联度不高，但从侧面看，其对突破某些病种难以确定的困境或许能起到一定作用，对了解古代瘟疫防治进展也有较大意义。

第七节　瘟疫史新动向——环境疾病史与计量疾病史研究

20 世纪史学界最引人注目的进展就是新史学的涌动，产生了心理史、社会家庭史、环境史、计量史学等新的史学研究方向。中国医学史学科的形成发展也受到新史学潮流的影响，其中最具代表性的两大方向就是环境疾病史和计量疾病史研究，虽然目前产出成果不多，但依旧能看到这两个领域未来的巨大潜力。

一、环境史、环境疾病史与瘟疫史研究

环境史视域下的瘟疫史研究目前已有不少成果产出。早在 1995 年，曹树基就发表了《地理环境与宋元时代的传染病》[①]一文，其已经开始思考环境与传染性疾病间的关系。两年后，梅莉、晏昌贵和龚胜生三人的《明清时期中国瘴病分布与变迁》在开篇就提出“环境疾病”这一说法，他们认为“环境疾病是古今人类都必然面对的环境灾害之一，它不仅直接影响着人类群体的身心健康，而且间接影响着人类社会深层系统。探讨历史时期环境疾病的演变规律，不仅能揭示疾病对区域社会发展影响及区域社会对疾病的反馈机制，而且能为环境疾病防治和人口优生优育提供历史依据。”[②]因此，“环境疾病”这一小的研究方向正式登场。李玉尚 2003 年发表的《环境与人：江南传染病史研究（1820—1953）》是这一领域的代表作。他在结论部分写道：“在变化的环境中，病原体与人互动，呈现平衡与不平衡。表现在传染病的流行上，则有散发、暴发、流行与大流行……在这一过程中，公共卫生成为国家现代性的重要方面，环境、病原体与人的关系也因此达成新的平衡。尽管如此，由于人与微生物环境都在不断发生变化，而生态系统中某些毫不起眼的变化，往往对传染

① 曹树基：《地理环境与宋元时代的传染病》，中国地理学会历史地理专业委员会《历史地理》编辑委员会：《历史地理》第 12 辑，上海：上海人民出版社，1995 年。

② 梅莉，晏昌贵，龚胜生：《明清时期中国瘴病分布与变迁》，《中国历史地理论丛》1997 年第 2 期。

病的类型和特征产生很大的影响。”[①]文中作者将人与各种病原体置于环境结构中考察，并由此思考江南传染病史的流变，是对从资料整理到流行病学分析，再到应对考察研究范式的突破。余新忠的大作《清代江南的瘟疫与社会——一项医疗社会史的研究》也是如此，虽然环境因素不是其研究的重点，但其中涉及生态背景的问题也着墨不少。到了 2011 年，《历史时期长江中游地区人类活动与环境变迁专题研究》[②]一书第二章“长江流域环境史研究的回顾与展望”专门就长江流域人类疾病分布进行梳理，可见，此时学界对环境史与疾病史研究的结合已相当重视。

刘雪松的《清代云南鼠疫的环境史研究》以环境史为视角，对清代云南鼠疫进行系统研究，他认为清代云南鼠疫“影响了云南自然环境和社会环境的变迁而云南自然环境和社会环境的变化，又帮助鼠疫由疾病形态转变成环境灾害。由此，不难看出环境疾病与自然环境之间存在着既彼此制约，又彼此推动的互动关系”[③]。王飞在《3—6 世纪中国北方地区的疫病与社会》也提出：“就生态环境而言，由于森林等植被较前代受到较为明显的破坏，人口相对集中的关中及中原地区民众的生活环境有所恶化。特别是这一时期气候出现严重异常现象，北方地区在较长时间内处于寒冷与高湿之中。就是在这样的社会及生态背景下，北方地区频繁暴发大规模疫情，中国古代社会进入第一次疫情高峰期。”[④]其进一步得出生态环境变迁是导致疫情发生的主要因素。此外，金贤善的《明清两湖疫灾：空间分布、影响因素与社会应对》[⑤]和尹美霖的《宋代动物灾害》[⑥]对环境与瘟疫的关系亦有相关论述。

二、计量史学与瘟疫史研究

笔者目力所及从计量史学进行进行瘟疫研究的成果凤毛麟角。一是丁慧芬等人所撰写的《华北地区古代疫情季节分布及相关因素分析》。该文“采用文

① 李玉尚：《环境与人：江南传染病史研究（1820—1953）》，复旦大学 2003 年博士学位论文。

② 张建民，鲁西奇主编：《历史时期长江中游地区人类活动与环境变迁专题研究》，武汉：武汉大学出版社，2011 年。

③ 刘雪松：《清代云南鼠疫的环境史研究》，云南大学 2011 年硕士学位论文。

④ 王飞：《3—6 世纪中国北方地区的疫病与社会》，吉林大学 2011 年硕士学位论文。

⑤ 金贤善：《明清两湖疫灾：空间分布、影响因素与社会应对》华中师范大学 2016 年硕士学位论文。

⑥ 尹美霖：《宋代动物灾害》，四川师范大学 2017 年硕士学位论文。

献学和流行病学方法，建立华北地区古代疫情资料数据库。运用Epidata软件进行数据录入（双人录入），并通过逻辑比对进行查错。采用SPSS11.5统计软件包进行数据处理，计算各指标的构成比”。最终发现“清代疫情资料不仅数量最多，而且相关因素伴发比例也明显高于其它各组，可能与清代社会文化发展进步，各地方志大量涌现及记述较为详尽有关。”①二是刘迪等人所撰写的《基于 Spark 的因子分析法对古代疫病数据的分析与研究》，该文主要介绍分析模型的原理及实验处理的优势。这一分析方法“利用 QR 分解法对因子分析法中相关系数矩阵进行分解，并使用 Spark 对分解矩阵进行分布式运算，再将计算结果进行胶合，从而提高大样本数据、高迭代次数下因子分析法的运行效率。”②虽然作者最后没有代入大量数据进行实验，但这一模型的提出，给瘟疫史研究开拓了计量分析的新思路。

本章小结

中国医学史经近百年发展已取得显著成就，瘟疫史作为其中的分支也是如此，从理论到实践均获得长足进步，但该分支目前仍处于初创阶段，有较多值得深入挖掘的领域。

第一，瘟疫史理论是研究突破的关键。纵观近二十年研究成果中的核心概念有疫情、瘟疫、疫病、疫疾、传染病等，这些概念表面相似，实则有不少差别。在分期问题上，尽管当前已有不少长时段研究，但分期大多从现代流行病学出发，而非从时人立场出发。目前研究似已进入瓶颈期，如果不转向对前一阶段研究的总结反思，研究便难以突破当前的固定模式。

第二，内史与外史亟待深度融合。中国医学史研究长期遵循医学和其他学界两条不同路径进行研究，进而产生内外史之说。这种理论使得本来模糊的边界清晰起来，两种研究路径渐行渐远，导致综合性研究相对匮乏。医家不注重运用史学文献、借鉴史学成果，地学、史学等研究者对医学素养的提升也不够

① 丁慧芬等：《华北地区古代疫情季节分布及相关因素分析》，《中医研究》2008 年第 11 期。

② 刘迪，郑晓梅，黎钲晖：《基于 Spark 的因子分析法对古代疫病数据的分析与研究》，《无线互联科技》2018 年第 13 期。

重视。笔者认为社会及环境系统应是一个综合性研究对象，就医学论医学、就历史论历史都是不可取的，交叉学科的发展道路才是瘟疫史研究深入发展的方向。

第三，地域、时间与研究内容的不平衡。开展瘟疫史研究较早的福建、岭南已从理论、史料、实践等多方面进行了研究，而北方的研究大多还处于起步阶段。由于明清遗留史料较多，涉及明清的成果最为丰富，其次是隋唐瘟疫史，先秦瘟疫史的研究最为薄弱，考古报告中病理学材料鲜有学者使用。此外，研究内容多以烈性传染病为主，对温和型传染病的研究寥寥无几。并且藏医、蒙医、壮医等民族医学在防治瘟疫中的研究中也较少有人涉及。这些地域、时间和内容的不平衡性也正是未来研究亟待填补的方向。

第四，史料运用单一与瘟疫思想文化史研究的不足。目前，医史界学者在瘟疫史研究中依旧占据主导，文献凭借多为医史文献、正史和地方志。此类文献涉及民众及社会的材料较少，因此社会心理、文化史相关研究相对较为薄弱。新史学强调泛史料化，日记、家谱、报刊、笔记小说、诗歌等均可作史料。这些材料能够反映出不同阶层对瘟疫的认知。运用新史料进行瘟疫思想文化史研究可能会成为未来研究的重点领域。

第五，走出“假面新史学”。尽管环境疾病史、计量疾病史等提法已在学界浮现，但不乏空有其名而无其实的研究。如社会心理史研究，能够见到的只是“社会心态”的总结，而非运用“社会心理学”的理论分析框架。环境疾病史研究亦是如此。“环境疾病”应是一体两面的专有名词，而非“环境”和“疾病”的叠加概念。瘟疫的发生、烈度、预防等均与环境密切相关，将瘟疫置于环境系统中考察才能真正体现出“环境疾病”的特点。

第六，发展大数据瘟疫史研究。当前医史文献领域专家对相关文献的整理已取得很大成就。但涉及数据分析依旧采用的是传统统计学方法，仅仅只是套用 SPSS 等统计软件。虽然这些方法已经非常成熟，但无法针对学科特点进行个性化分析。因此形成适合瘟疫史数据分析的数学模型将是在大数据背景下值得期待的一大研究方向。

总之，中国古代瘟疫史在理论、史料整理、长时段瘟疫史、断代瘟疫史、中医科技史及新史学层面都取得了不少成就。但瘟疫史研究依旧处于起步阶段，值得各方学者继续深入耕耘。瘟疫作为人类不得不面对的危机将一直存在，瘟疫史作为充满现实关怀的一门学问，也势必会与史学研究长期共存。进行瘟疫史研究也是提醒我们警钟长鸣，“因为危机始终存在，我们没有理由对于人类将来的历程持乐观的态度”[①]。

① 李玉尚：《环境与人：江南传染病史研究（1820—1953）》，复旦大学 2003 年博士学位论文。

参 考 文 献

一、基本史料

“故宫博物院”：《宫中档光绪朝奏折》，台北：“故宫博物院”，1973年。

“故宫博物院”：《宫中档乾隆朝奏折》，台北：“故宫博物院”，1982年。

“故宫博物院”：《宫中档雍正朝奏折》，台北：“故宫博物院”，1977年。

《清会典事例》，北京：中华书局1991年影印本。

《清实录》，北京：中华书局，1985—1987年影印本。

赵尔巽等：《清史稿》，北京：中华书局，1977年。

中国第一历史档案馆：《道光朝上谕档》，桂林：广西师范大学出版社，2008年。

中国第一历史档案馆：《光绪朝朱批奏折》，北京：中华书局，1995—1996年。

中国第一历史档案馆：《光绪宣统两朝上谕档》，桂林：广西师范大学出版社，1996年版。

中国第一历史档案馆：《嘉庆朝上谕档》，桂林：广西师范大学出版社，2008年。

中国第一历史档案馆：《康熙朝汉文硃批奏折汇编》，北京：档案出版社，1984年。

中国第一历史档案馆：《乾隆朝上谕档》，桂林：广西师范大学出版社，2008年。

中国第一历史档案馆：《咸丰同治两朝上谕档》，桂林：广西师范大学出版社，1998年。

中国第一历史档案馆：《雍正朝汉文谕旨汇编》，桂林：广西师范大学出版社，1999年。

中国第一历史档案馆：《雍正朝汉文硃批奏折汇编》，北京：档案出版社，1986年。

二、古籍整理成果

陈高傭：《中国历代天灾人祸表》，上海：上海书店出版社，1986年。
龚胜生：《中国三千年疫灾史料汇编》，济南：齐鲁书社，2019年。
古永继：《云南15种特有民族古代史料汇编》，昆明：云南大学出版社，2016年。
广西第二图书馆：《广西自然灾害史料》，南宁：广西第二图书馆出版社，1978年。
广西壮族自治区通志馆：《广西各市县历代水旱灾纪实》，桂林：广西人民出版社，1995年。
国家档案局明清档案馆：《清代地震档案史料》，北京：中华书局，1959年。
李文海、夏明方、朱浒主编：《中国荒政书集成》，天津：天津古籍出版社，2010年。
林继富：《中国少数民族经典民间故事》，成都：四川民族出版社，2018年。
刘叶林主编：《桂林史志》第1辑《桂林自然灾害史料专辑》，内部资料，1987年。
普学旺：《云南少数民族古籍珍本集成》，昆明：云南人民出版社，2020年。
谭徐明主编：《清代干旱档案史料》，北京：中国书籍出版社，2013年。
云南省少数民族古籍整理出版规划办公室：《云南少数民族古典史诗全集》，昆明：云南教育出版社，2009年。
云南省水利水电勘测设计研究院：《云南省历史洪旱灾害史料实录》，昆明：云南科技出版社，2008年。
《中国贝叶经全集》编辑委员会：《中国贝叶经全集》，北京：人民出版社，2008年。
《中国气象灾害大典》编委会：《中国气象灾害大典·云南卷》，北京：气象出版社，2006年。
邹建达：《清前期云南督抚边疆事务奏疏汇编》，北京：社会科学文献出版社，2015年版。

三、地方志文献

（清）常明、杨芳灿等：《四川通志》，成都：巴蜀书社，1984年。
道光《大定府志》，清道光二十九年（1849年）刻本。
道光《贵阳府志》，清咸丰二年（1852年）刻本。
道光《陆凉州志》，清道光二十五年（1845年）刻本。
道光《南宁府志》，清宣统元年（1909年）石印本。
道光《黔南职方纪略》，清道光二十七年（1847）刻本。

道光《黔西州志》，清光绪十年（1884 年）刻本。

道光《思南府续志》，1966 年油印本。

道光《云南通志稿》，清道光十五年（1835 年）刻本。

光绪《黔西州续志》，清光绪十年（1884 年）刻本。

光绪《云南通志》，清光绪二十年（1894 年）刻本。

嘉靖《贵州通志》，嘉靖三十四年（1555 年）刻本。

嘉庆《广西通志》，清同治四年（1865 年）年刻本。

康熙《楚雄府志》，清康熙五十五年（1716 年）刻本。

康熙《贵州通志》，清康熙三十六年（1697 年）刻本。

康熙《云南府志》，清康熙三十五年（1696 年）刻本。

康熙《云南通志》，清康熙三十年（1691 年）刻本。

民国《贵州通志》，1948 年铅印本。

民国《新纂云南通志》，1949 年铅印本。

乾隆《大理府志》，清乾隆十一年（1746 年）刻本。

雍正《云南通志》，清乾隆元年（1736 年）刻本。

四、今人研究论著

（一）著作

〔保〕艾丽娅·查内娃，方素梅，〔美〕埃德温·施密特主编：《灾害与文化定式——中外人类学者的视角》，北京：社会科学文献出版社，2014 年。

〔美〕艾志端著，曹曦译：《铁泪图：19 世纪中国对于饥馑的文化反应》，南京：江苏人民出版社，2011 年。

白丽萍：《清代长江中游地区的仓储和地方社会》，北京：中国社会科学出版社，2019 年。

卜风贤：《历史灾荒研究的义界与例证》，北京：中国社会科学出版社，2018 年。

曹树基，李玉尚：《鼠疫：战争与和平——中国的环境与社会变迁（1230—1960 年）》，济南：山东画报出版社，2006 年。

曹树基：《田祖有神：明清以来的自然灾害及其社会应对机制》，上海：上海交通大学出版社，2007 年。

陈海玉：《西南少数民族医药古籍文献的发掘利用研究》，北京：民族出版社，2011 年。

陈金龙：《少数民族优秀传统文化与社会主义核心价值观契合研究》，成都：西南交通大学出版社，2018 年。

陈征平：《近代西南边疆民族地区内地化进程研究》，北京：人民出版社，2016 年。

邓云特：《中国救荒史》，北京：商务印书馆，1993 年。

方国瑜：《云南史料目录概说》，北京：中华书局，1984 年。

方国瑜：《中国西南历史地理考释》，北京：中华书局，1987 年。

耿庆国：《中国旱震关系研究》，北京：海洋出版社，1985 年。

管彦波：《中国西南民族社会生活史》，哈尔滨：黑龙江人民出版社，2005 年。

郝平主编：《中国灾害志·断代卷·清代卷》，中国社会出版社，2021 年。

何光渝，何昕：《原初智慧的年轮——西南少数民族原始宗教信仰与神话的文化阐释》，昆明：贵州人民出版社，2010 年。

何志宁：《自然灾害社会学：理论与视角》，北京：中国言实出版社，2017 年。

和少英：《人类学、民族学与中国西南民族研究》，昆明：云南大学出版社，2015 年。

黄泽编著：《西南民族节日文化》，海口：海南出版社，2008 年。

李文海，夏明方：《天有凶年：清代灾荒与中国社会》，北京：生活·读书·新知三联书店，2007 年。

李永强，王景来主编：《云南地震灾害与地震应急》，昆明：云南科技出版社，2007 年。

梁文清主编：《贵州少数民族民俗文化研究》，武汉：华中科技大学出版社，2018 年。

〔日〕铃木正崇著，陈芳译：《中国南部少数民族民俗记录》，贵阳：贵州大学出版社，2018 年。

〔日〕铃木正崇著，王晓梅、李炯里、何薇译：《中国西南民族文化之嬗变》，贵阳：贵州大学出版社，2020 年。

刘波等：《灾害管理学》，长沙：湖南人民出版社，1998 年。

刘鸿武，段炳昌，李子贤：《中国少数民族文化简史》，昆明：云南人民出版社，1996 年。

刘雁翎：《西南少数民族环境习惯法研究》，北京：民族出版社，2019 年。

毛艳，洪颖，黄静华编著：《西南少数民族民俗概论》，北京：云南大学出版社，2012 年。

蒙祥忠：《西南少数民族传统森林管理知识研究》，北京：知识产权出版社，2020 年。

闵祥鹏：《黎元为先：中国灾害史研究的历程、现状与未来》，北京：生活·读书·新知三联书店，2020 年。

邱泉，谢军：《城市灾害与疾病防控》，北京：光明日报出版社，2016 年。

四川省民族研究所：《四川少数民族》，成都：四川民族出版社，1958年。
汤芸：《中国西南的仪式景观、地景叙述与灾难感知——他山石记》，北京：民族出版社，2016年。
王进：《中国西南少数民族图腾研究》，上海：上海三联书店，2016年。
王文光、龙晓燕、张媚玲：《中国民族发展史纲要》，昆明：云南大学出版社，2010年。
王文光、朱映占、赵永忠：《中国西南民族通史》，昆明：云南大学出版社，2015年。
王郅强主编：《风险、危机与灾害：基于文化视角的解读》，北京：中国书籍出版社，2020年。
吴四伍：《清代仓储的制度困境与救灾实践》，北京：社会科学文献出版社，2018年。
吴燕红编著：《中国少数民族地区自然灾害管理理论与实践》，北京：科学出版社，2017年。
夏明方，郝平主编：《灾害与历史》第1辑，北京：商务印书馆，2018年。
夏明方，郝平主编：《灾害与历史》第二辑，北京：商务印书馆，2021年。
向德平、吕方等：《少数民族社区避灾农业发展研究》，华中科技大学出版社2015年版。
肖应明：《中国少数民族地区社会治理创新研究——以云南省为例》，昆明：云南人民出版社，2017年。
萧公权著，张皓、张升译：《中国乡村：19 世纪的帝国控制》，北京：九州出版社，2018年。
谢仁生：《西南少数民族传统生态伦理思想》，昆明：中国社会科学出版社，2019年。
谢永刚：《中国模式：防灾救灾与灾后重建》，北京：经济科学出版社，2015年。
杨建新：《中国少数民族通论》，北京：民族出版社，2009年。
杨煜达：《清代云南季风气候与天气灾害研究》，上海：复旦大学出版社，2006年。
杨正军等：《云南世居少数民族文化精品传承与发展研究》，昆明：云南大学出版社，2014年。
尤中：《中国西南民族史》，昆明：云南人民出版社，1985年。
余贵忠：《贵州省少数民族地区环境保护法律问题研究》，贵阳：贵州大学出版社，2011年版。
云南省民族研究所：《中国西南民族的历史与文化》，昆明：云南民族出版社，1989年。
张建民，宋俭：《灾害历史学》，长沙：湖南人民出版社，1998年。
张泽洪：《文化传播与仪式象征：中国西南少数民族宗教与道教祭祀仪式比较研究》，成都：巴蜀书社，2008年。
张祖平：《明清时期政府社会保障体系研究》，北京：北京大学出版社，2012年。
章友德：《城市灾害学：一种社会学的视角》，上海：上海大学出版社，2004年。
赵永忠：《当代中国西南民族发展史论》，昆明：云南大学出版社，2012年。
周琼：《清前期重大自然灾害与救灾机制研究》，北京：科学出版社，2021年。
朱凤祥：《中国灾害通史》（清代卷），郑州：郑州大学出版社，2009年。
左玉堂：《民族文化论》，北京：大众文艺出版社，2006年。

（二）论文

安东尼·奥立佛-史密斯，陈梅：《当代灾害和灾害人类学研究》，《思想战线》2015年第4期。
陈业新，李东辉：《灾害文化：透视传统中国的另一个视角》，《云南社会科学》2021年第5期。
崔明昆，韩汉白：《云南永宁坝区摩梭人应对干旱灾害的人类学研究》，《云南师范大学学报》（哲学社会科学版）2013年第5期。
方修琦：《灾害文化的历史继承性》，《史学集刊》2021年第2期。
古永继：《历史上的云南自然灾害考析》，《农业考古》2004年第1期。
何茂莉：《山地环境与灾害承受的人类学研究——以近年贵州省自然灾害为例》，《中央民族大学学报》（哲学社会科学版）2012年第6期。
何术林：《明清时期乌江流域水旱灾害的初步研究》，西南大学2013年硕士学位论文。
胡蝶：《清代云南省疫灾地理规律与环境机理研究》，华中师范大学2014年硕士学位论文。
康沛竹：《清代仓储制度的衰败与饥荒》，《社会科学战线》1996年第3期。
赖锐：《清代云南水旱灾害时空分布特征初探》，《农业考古》2019年第3期。
李伯重：《信息收集与国家治理：清代的荒政信息收集系统》，《首都师范大学学报》（社会科学版）2022年第11期。
李春媚：《自然灾害的文化适应》，南京大学2013年硕士学位论文。
李光伟：《清代普免制度的形成及其得失》，《历史研究》2021年第4期。
李光伟：《清代钱粮蠲缓积弊及其演变》，《明清论丛》2014年第2期。
李光伟：《清代田赋蠲缓研究之回顾与反思》，《历史档案》2011年第3期。
李光伟：《清代田赋灾蠲制度之演变》，《中国高校社会科学》2019年第2期。

韩基风：《清嘉道时期贵州民族地区赈济研究》，贵州民族大学 2017 年硕士学位论文。

李光伟：《清中后期西南边疆田赋蠲缓与国家财政治理》，《史学月刊》2020 年第 2 期。

李鹏飞：《云南文山壮族传统文化与灾害应对——以马关县上布高村寨为中心》，《保山学院学报》2021 年第 3 期。

李苏：《清代云南水旱灾害与社会应对研究》，云南师范大学 2014 年硕士学位论文。

李向军：《清代救荒措施述要》，《社会科学辑刊》1992 年第 4 期。

李向军：《清代救灾的基本程序》，《中国经济史研究》1992 年第 4 期。

李向军：《清代救灾的制度建设与社会效果》，《历史研究》1995 年第 5 期。

李向军：《清代前期的荒政与吏治》，《中国社会科学院研究生院学报》1993 年第 3 期。

李向军：《清代前期荒政评价》，《首都师范大学学报》1993 年第 5 期。

李向军：《清前期的灾况、灾蠲与灾赈》，《中国经济史研究》1993 年第 3 期。

李新喜：《清代云南救灾机制刍探》，云南大学 2011 年硕士学位论文。

李永强：《云南人员震亡研究》中国科学技术大学 2009 年博士学位论文，。

李永祥：《地震、干旱和泥石流灾害的人类学研究简述》，《风险灾害危机研究》2017 年第 1 期。

李永祥：《干旱灾害的西方人类学研究述评》，《民族研究》2016 年第 3 期。

李永祥：《傈僳族社区对干旱灾害的回应及人类学分析—— 以云南元谋县姜驿乡为例》，《民族研究》2012 年第 6 期。

李永祥：《论灾害人类学的研究方法》，《民族研究》2013 年第 5 期。

李永祥：《泥石流灾害的传统知识及其文化象征意义》，《贵州民族研究》2011 年第 4 期。

李永祥：《什么是灾害？——灾害的人类学研究核心概念辨析》，《西南民族大学学报》（人文社会科学版）2011 年第 11 期。

李永祥：《灾害场景的解释逻辑、神话与文化记忆》，《青海民族研究》2016 年第 3 期。

李永祥：《灾害的人类学研究述评》，《民族研究》2010 年第 3 期。

李永祥：《灾害文化与文化防灾的互动逻辑》，《云南师范大学学报》（哲学社会科学版）2022 年第 5 期。

李月声：《清代中前期云南赋役制度变化对农业生产发展的影响》，云南大学 2012 年硕士学位论文。

刘芳：《“灾害”、“灾难”和“灾变”：人类学灾厄研究关键词辨析》，《西南民族大学学报》（人文社会科学版）2013 年第 10 期。

刘红晋：《云南历史旱灾及防控措施研究》，西北农林科技大学 2012 年硕士学位论文。

刘红旭，胡荣：《文化主位的建构主义：灾害社会调查的范式、伦理和方法》，《深圳大学学报》（人文社会科学版）2014 年第 3 期。

刘梦颖：《灾害民俗学的新路径：灾害文化的遗产化研究》，《楚雄师范学院学报》2019 年第 4 期。

刘雪松，王晓琼：《灾害伦理文化对灾害管理制度的评价研究》，《自然灾害学报》2009 年第 6 期。

刘雪松：《清代云南鼠疫的环境史研究》，云南大学 2011 年硕士学位论文。

刘雪松：《清代云南鼠疫流行区域变迁的环境与民族因素初探》，《原生态民族文化学刊》2011 年第 4 期。

隆杰：《壮族传统文化中的灾害叙事与文化记忆——以广西百色玉凤村为中心》，《保山学院学报》2021 年第 6 期。

聂选华：《清代云贵地区的灾荒赈济研究》，云南大学 2019 年博士学位论文。

陶鹏，童星：《灾害社会脆弱性的文化维度探析》，《学术论坛》2012 年第 12 期。

田中重好，潘若卫：《灾害文化论》，《国际地震动态》1990 年第 5 期。

王春英，王文，徐锐：《自然灾害与民族文化转型——以四川省汶川县羌族文化的地震灾后重建为例》，《西藏民族学院学报（哲学社会科学版）》2014 年第 3 期。

王慧平：《历史记忆视角下的灾害文化的“隐喻”》，《保山学院学报》2021 年第 6 期。

王明东：《丽江地震灾害发生后文化恢复重建探析》，《云南民族大学学报》（哲学社会科学版）2009 年第 4 期。

王明东：《清代云南赋税蠲免初探》，《思想战线》2010 年第 3 期。

王水乔：《清代云南的仓储制度》，《云南民族学院学报》（哲学社会科学版）1997 年第 3 期。

王晓葵：《灾害文化的中日比较——以地震灾害记忆空间构建为例》，《云南师范大学学报》（哲学社会科学版）2013 年第 6 期。

王钰婵：《灾害文化视野下哈尼族村寨火灾及应对方式——以云南红河哈尼村寨为例》，《保山学院学报》2021 年第 6 期。

吴才茂，冯贤亮：《请神祈禳：明清以来清水江地区民众日常灾害防范习俗研究》，《江汉论坛》2016 年第 2 期。

吴四伍：《清代仓储的经营绩效考察》，《史学月刊》2017 年第 5 期。

吴薇，王晓葵：《纳木依人的灾害叙事与文化记忆》，《西南边疆民族研究》2018年第3期。
夏明方：《中国灾害史研究的非人文化倾向》，《史学月刊》2004年第3期。
谢仁典：《清代贵州苗疆灾害及苗民灾害文化研究》，云南大学2021年硕士学位论文。
徐凤梅：《明清时期贵州瘴气的分布变迁》，贵州师范大学2014年硕士学位论文。
许厚德：《论灾害"预防文化"》，《自然灾害学报》1995年第2期。
许新民：《近代云南瘟疫流行考述》，《西南交通大学学报》（社会科学版）2010年第4期。
严凤：《清代云南地震灾害及其应对研究》，云南师范大学2014年硕士学位论文。
严奇岩：《明清贵州水旱灾害的时空部分及区域特征》，《中国农史》2009年第4期。
杨春华：《清代清水江流域自然灾害与社会变迁研究》，贵州大学2019年硕士学位论文。
杨庭硕：《麻山地区频发性地质灾害的文化反思》，《广西民族大学学报》（哲学社会科学版）2013年第4期。
姚佳琳：《清嘉道时期云南灾荒研究》，云南大学2015年硕士学位论文。
叶宏：《地方性知识与民族地区的防灾减灾》，西南民族大学2012年博士学位论文。
张明等：《清代清水江流域自然灾害初探——以清水江文书和地方志为中心的考察》，《贵州大学学报》（社会科学版）2016年第6期。
张堂会：《论新世纪自然灾害文学书写与文化功能》，《社会科学辑刊》2016年第3期。
张曦：《地震灾害与文化生成——灾害人类学视角下的羌族民间故事文本解读》，《西南民族大学学报》（人文社会科学版）2013年第6期。
张学渝：《云南历史上的旱灾与应对措施研究》，云南农业大学2012年硕士学位论文。
张岩：《试论清代的常平仓制度》，《清史研究》1993年第4期。
张原，汤芸：《藏彝走廊的自然灾害与灾难应对本土实践的人类学考察》，《中国农业大学学报》（社会科学版）2011年第3期。
赵文婷：《清代贵州灾荒赈济研究》，西南大学2019硕士学位论文。
周琼：《换个角度看文化：中国西南少数民族防灾减灾文化刍论》，《云南社会科学》2021年第1期。
周琼：《农业复苏及诚信塑造：清前期官方借贷制度研究》，《清华大学学报》（哲学社会科学版）2019年第1期。
周琼：《乾隆朝"以工代赈"制度研究》，《清华大学学报》（哲学社会科学版）2011年第4期。
周琼：《乾隆朝粥赈制度研究》，《清史研究》2013年第4期。

周琼：《清代审户程序研究》《郑州大学学报》（哲学社会科学版）2011年第6期。

周琼：《清代赈灾制度的外化研究——以乾隆朝“勘不成灾”制度为例》，《西南民族大学学报（人文社科版）》2014年第1期，

周琼：《清前期灾害信息上报制度建设初探》，《兰州大学学报》（社会科学版）2021年第4期。

周琼：《天下同治与底层认可：清代流民的收容与管理——兼论云南栖流所的设置及特点》，《云南社会科学》2017年第3期。

周琼：《云南历史灾害及其记录特点》，《云南师范大学学报》（哲学社会科学版）2014年第6期。

周琼：《灾害史研究的文化转向》，《史学集刊》2021年第2期。

朱浒：《二十世纪清代灾荒史研究述评》，《清史研究》2003年第2期。

朱浒：《中国灾害史研究的历程、取向及走向》，《北京大学学报》（哲学社会科学版）2018年第6期。

朱加芬：《乾隆时期的救灾制度及在云南的实践》，云南大学2015年硕士学位论文。

后　记

2009年以来，在李文海先生的勉励、指导下，得到林超民先生、尹绍亭先生、夏明方先生及其他不再一一具名的师友的大力支持，笔者才有信心一直坚持进行中国西南地区灾害历史资料的搜集及相关研究工作，并持续进行灾荒史、环境史人才的培养工作，逐步形成了以项目研究带动成员学术成长的模式，在此过程中，冷暖、甘苦自尝自知，但对师友感恩的心，一直都在。

2017年国家社科基金重大项目“中国西南少数民族灾害文化数据库建设”（项目编号：17ZDA158）获得立项，在项目的支持及促进下，笔者开始带领团队成员搜集西南地区的灾害史料，指导研究生围绕项目展开学术研究。并在假期到灾害频繁或历史上灾害较严重的民族地区进行实地的调查及访谈，并整理成调研的音影及文本资料，在此基础上进行相关学术论文的撰写。

中国西南地区灾害文化是中华优秀传统灾害文化不可分割的组成部分。一个国家和地区社会在长期历史发展过程中形成的传统文化，往往会对社会行为、社会规范、习俗、信仰乃至国家制度、发展及未来等产生巨大、深远的影响。因此，不同区域的灾害文化，对灾害防治、救济、灾后恢复及重建等工作，也能够产生极大的影响，甚至规范着灾赈机制、灾赈效果的走向。鉴于此，研究灾害文化与灾害治理的关系，就成为项目研究的方向。围绕着这个核心进行的研究成果，相继发表在学术刊物上，既作为项目成员培养及其练笔、成长的机会，又对项目的研究及推进有所帮助。

在项目即将结项之际，为了展现项目研究的成果，就集结了项目成员在研究中产生的部分已经发表或尚未发表的成果，集结成一个整体，编成此书，期待对灾害文化与灾害治理关系的探讨，有所助益。因时间仓促，灾害文化也是目前研究较少的领域，思考的粗疏、浅陋，再所难免。同时，很多问题都是成员在实地调研中发现后撰写成文的，大家都还处于灾害文化学习及思考的初级阶段，学术水平的有限，限制了成果的深度及高度，尤其是理论思考及探讨还比较欠缺，灾害文化的研究，到底应该采取什么样方式？应该走向何方？除了搜集整理个民族对灾害的认知、思想、信仰、仪式等资料，进行田野调研、口述访谈等工作，去深入了解、贴近灾害的场景及实际状况外，是否还存在其他的路径？……付梓在即，面前的稿子让我惴惴不安，考虑到只有抛转才能有引玉的可能，就将一些不成熟的研究及思考，作为项目的中期成果汇集起来，敬祈诸位方家批评指正！

在书稿付梓之际，奉上对研究成果纳入此书的项目组成员聂选华、杜香玉、谢仁典、鲍光楚、胡广杰、吴博文等同学的感谢之情，在编辑过程中，对各位成员的研究，根据出版及书稿主题的要求，对成果来源进行了标注，也进行了适当的修改及补充，在此感谢团队成员一直来的支持和付出辛苦及努力！

周 琼

2022年9月1日